"十四五"职业教育国家规划教材
"十三五"职业教育国家规划教材

楼宇智能化设备的运行管理与维护

LOUYU ZHINENGHUA SHEBEI DE YUNXING

GUANLI YU WEIHU

◎主　编　刘向勇

重庆大学出版社

内 容 提 要

本书参照智能楼宇管理师国家职业标准,阐述了智能楼宇中的通信自动化系统(CA)、安防自动化系统(SA)、消防自动化系统(FA)、办公自动化系统(OA)、楼宇自动化系统(BA,包含供配电与照明系统、中央空调系统、电梯系统、给排水系统)等5A系统的运行管理与维护保养方法。

本书内容源于工作实际,方法较为实用,通俗易懂,图文并茂。本书知识面较宽,起点较低,比较全面系统地阐述了楼宇各自动化系统的运行管理及维护保养方法。本书既可作为高职高专、技工学校、中职中专学生的教材,也可作为从事楼宇自动化系统维护的技术工人的入门读物。

图书在版编目(CIP)数据

楼宇智能化设备的运行管理与维护/刘向勇主编.—重庆:重庆大学出版社,2017.1(2024.1重印)
中等职业教育机电设备安装与维修专业系列教材
ISBN 978-7-5689-0364-6

Ⅰ.①楼… Ⅱ.①刘… Ⅲ.①智能化建筑—自动化设备—中等专业学校—教材 Ⅳ.①TU855

中国版本图书馆 CIP 数据核字(2017)第 001408 号

楼宇智能化设备的运行管理与维护

主 编 刘向勇
策划编辑:周 立
责任编辑:陈 力 邓桂华 版式设计:周 立
责任校对:邹 忌 责任印制:张 策

*

重庆大学出版社出版发行
出版人:陈晓阳
社址:重庆市沙坪坝区大学城西路 21 号
邮编:401331
电话:(023)88617190 88617185(中小学)
传真:(023)88617186 88617166
网址:http://www.cqup.com.cn
邮箱:fxk@cqup.com.cn(营销中心)
全国新华书店经销
POD:重庆新生代彩印技术有限公司

*

开本:787mm×1092mm 1/16 印张:21.5 字数:523 千
2017 年 1 月第 1 版 2024 年 1 月第 5 次印刷
印数:4 501—5 500
ISBN 978-7-5689-0364-6 定价:49.00 元

前　言

　　为了贯彻落实"国务院关于大力推进职业教育改革与发展的决定",大力推进职业教育结构调整,实现专业与产业对接、课程内容与职业标准对接、教学过程与生产过程对接、学历证书与职业资格证书对接、职业教育与终身学习对接。在充分调研和企业实践的基础上,编写了本书。

　　本书参照了智能楼宇管理师中级工、高级工、技师的职业标准,根据技术工人理论够用为准的原则,强化应用,突出实践技能操作。本书按照项目设计,共有9个项目:楼宇智能化系统的认知、通信网络系统的运行管理与维护、安全防范系统的运行管理与维护、消防系统的运行管理与维护、供配电与照明系统的运行管理与维护、中央空调系统的运行管理与维护、电梯系统的运行管理与维护、给排水系统的运行管理与维护、建筑设备监控系统的运行管理与维护。

　　本书可以作为高等职业院校、中等职业院校和技工学校智能楼宇、物业相关专业的教材,也可作为相关企业职工的参考资料和培训教材。

　　在本书编写过程中得到了各兄弟院校的大力支持和帮助,并提出了许多宝贵意见,在此一并致以衷心感谢。同时,在编写过程中,参阅了网络上大量的相关资料,由于均未署名,无法列出相关名字,在此一并表示感谢。

　　由于编者水平有限,错误和不妥之处在所难免,敬请各位读者批评指正。

编　者

2017 年 1 月

目录

项目一
楼宇智能化系统的认知

近年来,随着电子技术、计算机技术、网络通信技术等先进科学的发展,现代社会高度信息化。在建筑物内部,应用信息技术、古老的建筑技术和现代的高科技相结合,产生了"楼宇智能化"。楼宇智能化是采用计算机技术对建筑物内的设备进行自动控制,对信息资源进行管理,为用户提供信息服务,它是建筑技术适应现代社会信息化要求的结晶。

任务一 智能楼宇的认知

教学目标

终极目标:能够正确划分智能楼宇类别。

促成目标:1. 熟悉智能楼宇的发展。

2. 掌握智能楼宇的概念。

工作任务

1. 参观一座 5A 甲级写字楼。

2. 设计未来的智能楼宇。

相关知识

一、智能楼宇的起源

1984 年,美国联合科技的 UTBS 公司在康涅狄格(Connecticut State)州哈特福德(Hartford)市将一座金融大厦进行改造并取名 City Place(都市大厦),主要是增添了计算机设备、数据通信线路、程控交换机等,使住户可以得到通信、文字处理、电子函件、情报资料检索、行情查询等服务。同时,对大楼的所有空调、给排水、供配电设备、防火、保安设备由计算机进行控制,实现综合自动化、信息化,使大楼的用户获得了经济舒适、高效安全的环境,使大厦功能发生质的飞跃,从而诞生了世界上第一座智能化楼宇。自此以后,世界上楼宇智能化建设走上了高速发展的轨道。

二、智能楼宇的概念

什么样的建筑才算是智能化楼宇?目前世界上对楼宇智能化的提法很多,欧洲、美国、日本、新加坡及国际智能工程学会的提法各有不同。日本电机工业协会楼宇智能化分会把智能化楼宇定义为:综合计算机、信息通信等方面的最先进技术,使建筑物内的电力、空调、照明、防灾、防盗、运输设备等协调工作,实现建筑物自动化(BA)、通信自动化(CA)、办公自动化(OA)、安全保卫自动化(SA)和消防自动化(FA),将这5种功能结合起来的建筑,外加结构化综合布线系统(SCS)、结构化综合网络系统(SNS)、智能楼宇综合信息管理自动化系统(MAS)组成,就是智能化楼宇。

国家标准《智能建筑设计标准》(GB 50314—2015)对智能建筑定义为:"以建筑物为平台,基于对各类智能化信息的综合应用,集结构、系统、应用、管理及优化组合为一体,具有感知、传输、记忆、推理、判断和决策的综合智慧能力,形成以人、建筑、环境互为协调的整合体,为人们提供具有安全、高效、便利及可持续发展功能环境的建筑。"

智能楼宇的基本要求:有完整的控制、管理、维护和通信设施,便于进行环境控制、安全管理、监视报警,有利于提高工作效率,激发人的创造性。简言之,楼宇智能化的基本要求是:办公设备自动化、智能化,通信系统高性能化,建筑柔性化,建筑管理服务自动化。

楼宇智能化提供的环境应该是一种优越的生活环境和高效率的工作环境:

①舒适性:使人们在智能化楼宇中生活和工作(包括公共区域)时,无论是心理上还是生理上均感到舒适,空调、照明、噪声、绿化、自然光及其他环境条件应达到较佳或最佳状态。

②高效性:提高办公业务、通信、决策方面的工作效率,节省人力、时间、空间、资源、能耗、费用,以及建筑物所属设备系统使用管理的效率。

③方便性:除了集中管理,易于维护外,还应具有高效的信息服务功能。

④适应性:对办公组织机构、办公方法和程序的变更以及设备更新的适应性强,当网络功能发生变化和更新时,不妨碍原有系统的使用。

⑤安全性:除了要保证生命、财产、建筑物安全外,还要考虑信息的安全性,防止信息网中发生信息泄露和被干扰,特别是防止信息数据被破坏、被篡改,防止黑客入侵。

⑥可靠性:选用的设备硬件和软件技术成熟,运行良好,易于维护,当出现故障时能及时修复。

⑦节能性:具有良好的节能效果。对空调、照明等设备的有效控制,不但提供舒适的环境,还应有显著的节能效果(一般节能达15% ~20%)。

三、智能楼宇的发展

智能建筑发展至今,大致经历了5个阶段的发展:

①单功能系统阶段(1980—1985 年)。以闭路电视监控、停车场收费、消防监控和空调设备等子系统为代表,此阶段各种自动化控制系统的特点是"各自为政"。

②多功能系统阶段(1986—1990 年)。出现了综合保安系统、建筑设备自控系统、火灾报

警系统和有线通信系统,各种自动化控制系统实现了部分联动。

③集成系统阶段(1990—1995 年)。主要包括建筑设备综合管理系统、办公自动化系统和通信网络系统,性质类似的系统实现了整合。

④智能建筑智能管理系统阶段(1995—2000 年)。以计算机网络为核心,实现了系统化、集成化与智能化管理,服务于建筑,使性质不同的系统实现了统一管理。

⑤建筑智能化环境集成阶段(2000 至今)。在智能建筑智能管理系统逐渐成熟的基础上,进一步研究建筑及小区、住宅的本质智能化,研究建筑技术与信息技术的集成技术,智能化建筑环境的思想逐渐成形。

1. 充满时尚设计的美国智能建筑

美国是世界上第一个出现智能建筑的国家,也是智能建筑发展最迅速的国家。第一幢智能大厦于 1984 年在美国哈特福德(Hartford)市建成。是将一幢旧金融大厦进行改建,定名为"城市广场大楼(City Place Building)",如图 1-1 所示。这就是公认的世界上第一幢"智能大厦"。该大楼有 38 层,总建筑面积十万多平方米。联合技术建筑系统公司(United Technologies Building System Co,UTBS)当初承包了该大楼的空调、电梯及防灾设备等工程,并将计算机与通信设施连接,廉价地向大楼中其他住户提供计算机服务和通信服务。

图 1-1 全球第一幢智能大厦——城市广场(City Place)

在智能建筑领域,美国始终保持技术领先的势头。智能建筑给人们带来了诸多便利,因此包括美国国家安全局和五角大楼等在内的许多原有建筑也纷纷进行改建使之成为智能大厦。美国自 20 世纪 90 年代以来新建和改建的办公大楼约有 70% 为智能化建筑,著名的 IBM,DEC 公司总部大厦等已是智能建筑。美国比尔·盖茨的家极具代表性,那里可以说是一个具有极度现代化气息的"活物"。盖茨下班回家途中就可在车内利用计算机遥控家中的浴缸,自动注入适当温度的水供他回家后享用。房子里的计算机感应器能随时应主人的喜好,控制室内的温度、灯光、音响和电视系统。客人到访时只要佩戴小型电子胸针,让计算机识别他们的位置,便可为他们提供服务。比尔·盖茨非常喜欢车道旁边的一棵 140 岁的老枫树,他通过专门的监视系统给这棵树进行 24 h 的全方位监控,一旦监视系统发现它有干燥的迹象,将释放适量的水来为它解渴。为了实现家庭的智能化,盖茨的住宅里共铺设了 52 英里长的电缆,反映了美国智能建筑的领先地位。

2. 以人为本的日本智能建筑

但凡到过日本的人,都对那里的住宅建设留下了深刻的印象:"舒适、安全、方便和经济"。日本住房建设的开发一般有 3 种情况:为自己需要的个人住房开发;为开发商的住宅房开发;在政府政策导向和支持下的住宅小区开发。但无论谁开发建房,住宅建设都注重"以人为本",充分考虑居民的方便。为此,智能建筑 20 世纪 80 年初在美国出现后,日本就很快跟了上来,并走出了自己的路。

1985 年 8 月,在东京青山建成了"青山大楼",如图 1-2 所示。该大楼的管理、办公自动化和通信网络等设备是运用本田与 IBM 合作开发的"HARMONY"综合办公系统。智能大厦即实现了楼宇自动化(Building Automation,BA)、办公自动化(Office Automation,OA)、通信自动化(Communication Automation,CA)及布线综合化的智能化。该大楼具有良好的综合功能,除了舒适、安全、高效、经济外,还方便、节能,使"智能建筑"又得到了进一步发展。

从 1985 年始建智能大厦,到目前为止,智能建筑已经在日本全国开花结果,其中名气比较大的有墅村证券大楼、安田大厦、KDD 通信大厦、标致大厦、NEC 总公司大楼、东京市政府大厦、文京城市中心、NTT 总公司的幕张大楼,以及 1996 年 4 月 1 日正式开业的"东京国际展示场"等,全国新建的大楼约 65% 都是智能建筑。

图 1-2　日本第一幢智能大厦——本田青山大楼

为加速智能建筑业的发展,日本政府制订了从智能设备、智能家庭到智能建筑、智慧城市的发展计划,成立了"国家智能建筑专业委员会"和"日本智能建筑研究会(JIBI)"。1996 年,日本推出多媒体住宅样板计划,将多媒体技术引入智能住宅。日本科技人员在东京的麻布地区修建的一座设计新颖的现代化房屋可说具有代表性。该建筑是为了解决大自然如何协调的问题。建筑物内有一个半露天式庭院,室内的感应装置能够随时测量出天气的温度、湿度和风力等,并将各种数据及时输送到地下的计算机系统。计算机系统以此为依据控制着门窗和空调器的开关,使房间保持住户感到最舒适的状态。最精彩的是,在计算机的指挥下,房屋内的各种仪器配合默契、工作协调。如遇刮风下雨门窗会自动关闭,控制室内温度的空调器随之开始运转。如果住户看电视时有电话来,电子控制系统会自动把电视音量调小。

3.为便利残疾人的英国智能建筑

智能建筑在英国的发展不仅较早,而且也比较快。早在1989年,在西欧的智能大厦面积中,法兰克福和马德里各占5%,巴黎占10%,而伦敦就占了12%。在英国,既有为身体健康者设计建造的智能建筑,也有为身体残疾者修建的智能建筑。每当谈到英国的智能建筑时,人们都习惯提到两栋建筑,一个是叫"完整"组织建设的一栋别墅,另一个是叫默特尔的公寓。业内人士说,两栋建筑之所以引人注意,是因为它们分别代表了英国不同智能建筑的特色,并从中看到了英国智能建筑的基本现状。

"完整"组织是一个非营利组织,它主要是促进建筑实现智能化和环保化,如图1-3所示。该组织于1988年9月以自己的名字在自己的建筑研究开发中心建造了一座典型的智能别墅,突出特点是环保、节能、智能控制和低价格,把智能型家居住房的概念引入21世纪。为了环保,该智能别墅所用的建筑材料基本都采用的是自然和再生材料,另外,节省能源是该建筑的另一特色,一个废水处理系统将室内浴池和洗手盆的水排泄到地下水箱内,经生物处理后可以再用于冲洗卫生设备等。同时还安装有可自动改变控制模式的安防系统,这些模式能反映出房间里的情况,如是否有人,居住者是否在睡觉等。

图1-3　"完整"组织建设的别墅

默特尔是由一所老房子于1997年10月经过改造的智能公寓,如图1-4所示。住宅的一切都从残疾人考虑。门锁将无线电信号传到控制箱,从而打开安全防护网,打开大门并关闭预警器。主人进屋后大门就自动关上。在大门打开的同时房间内的灯也会亮起来,以便于在屋内活动。另外,一种被称为"伙伴"的红外线或无线电控制器可以启动房中的设备,当然也可通过手动操作或是由一个信息输入开关——一种可以由手、脚、胳膊来控制的感应开关,或者是由语言、眨眼来控制的开关,或是由吸气和呼气控制的气动开关来控制。房间内还安装有一控制器,可以遥控开启电灯开关和加热系统以及遥控电视机、收音机、微波炉等任何电器设备开关。在厨房有一能遥控也可接触控制的感应型电子炉具,盲人还可使用旋钮开关来控制;水龙头也可以常规地或使用感应器来开关。屋内安装有用以搭载轮椅上楼的滚梯和垂直升降的电梯,该电梯由控制器控制。卧室内有可视内部通信系统,主人能够与在门口的来访者和楼下的人进行联系。针对失聪者,如果门铃或电话铃响了,房间内就会有灯光闪烁。住宅内的所有门都被连接到一总线系统上,通过安装在轮椅可及的"伙伴"控制器或大型的开关来打开。

图 1-4　默特尔公寓

4. 时尚另类的迪拜智能建筑

迪拜是阿联酋第一大城市,海湾乃至整个中东地区的重要港口和最重要的贸易中心之一,迪拜酋长国首府。迪拜的建筑堪称世界上最前沿最另类的建筑了。迪拜境内有著名的七星级酒店"阿拉伯塔酒店(迪拜帆船酒店)",如图 1-5 所示。半岛电视台总部设在此,海岸线上有被称为"世界第八大奇迹"的棕榈岛。

全世界最高的建筑为迪拜塔,如图 1-6 所示。该楼高 828 m,楼层总数 162 层,大厦内设有56 部升降机,速度最高达 17.4 m/s,每次最多可载 42 人。始建于 2004 年,当地时间 2010 年 1月 4 日晚,迪拜酋长穆罕默德·本·拉希德·阿勒马克图姆揭开被称为世界第一高楼的"迪拜塔"纪念碑上的帷幕,宣告这座建筑正式落成,并将其更名为"哈利法塔"。

图 1-5　帆船酒店　　　　　　　　　　　　图 1-6　迪拜塔

5. 我国智能建筑的发展

我国"智能建筑"起步较晚,直到 20 世纪 80 年代末才开始有较大的发展。1986 年智能建筑成为我国"七五"重点科技攻关项目,1998 年 5 月建设部成立建筑自动化系统工程设计专家工作委员会,同年 5 月在北京成立了智能建筑专家网。

1999 年建设部住宅产业化办公室召开了住宅小区智能化技术论证研讨会,制订了住宅小区智能化分级功能设置,并编制《住宅小区智能化技术准则》,组织实施住宅小区智能化技术示范工程,使我国"智能建筑"纳入正常发展轨道。数字城市的发展,促使我国智能建筑的市场迅速发展。

(1)我国大陆第一幢智能大厦——北京发展大厦

北京发展大厦位于朝阳区东三环北路 5 号,占地面积 12 000 m²,建筑面积 52 000 m²。高80 m,共 20 层,1989 年建成使用,如图 1-7 所示。建筑师特别注意了智能系统与建筑的接口环节,包括以下几项:设备和控制机房智能系统的中枢和动力源;管道井、吊顶空间、楼面布线空间智能系统的传送中介环节;办公空间智能系统的输出与应用。

(2)上海浦西第一高楼——世茂国际广场

上海浦西第一高楼世贸国际广场,总建筑面积 14 万 m²,主体建筑高达 333 m,如图1-8所示,位于上海黄浦区南京东路 789 号,于 2007 年 1 月建成。此建筑应用了清华同方系统集成软件 ezIBS,提供企业级的系统集成服务,包括各子系统的接入服务、数据存储服务、与应用软件进行数据交换的协议以及实现此协议的接口等,形成了一套基于这个平台的应用软件所使用的应用服务框架。其最终目标是对辖区内所有建筑设备进行全面有效的监控和管理,确保大厦内所有设备处于高效、节能、最佳运行状态。

图 1-7 北京发展大厦

图 1-8 世茂国际广场

(3)南京第一幢甲级智能建筑——中信银行大厦

南京中信银行大厦是中信实业银行南京分行营业办公综合楼,是一座集办公、银行柜面营业、会议及配备有各类服务设施的综合性多功能的高档写字楼,1996 年 8 月开工建设,工程建筑面积 4.2 万 m²,地下两层群楼五层架空层一层,正负零以上主楼 28 层,设备层及穹顶六层,2000 年 10 月投入使用,如图 1-9 所示。

(4)香港第一幢智能建筑——汇丰银行总部大楼

20 世纪 80 年代香港最具代表性建筑物之一。位于皇后大道中。1985 年 11 月建成,楼高52 层,耗资 50 亿港元,为香港造价最高之银行大厦,如图 1-10 所示。

该大厦由英国建筑设计师福斯特设计,整座大厦几乎全部由钢铁构成,所有结构依靠 8 组钢柱支撑,采用 20 世纪垂悬式桥梁的结构理论和技术。进入大厦有一面积达 3 514 m² 的公众广场,中有高达52 m的中轴庭,银行大堂设于中轴庭周围,有两条世界最长的虚悬自动扶梯直达大堂。全楼配备升降机23部,自动扶梯62部,并设计建立先进的文件传递系统,即文件处理车,可把文件由地库第一层的中央控制站传送到设于其他34层的分站。

图1-9 中信银行大厦　　　　　图1-10 汇丰银行总部大楼

(5)首都机场新航站楼

首都机场T3航站楼配备了自动处理和高速传输的行李系统、快捷的旅客捷运系统以及信息系统,世界上最先进的三类精密自动飞机引导系统,这是我国目前最先进的起降导航系统,在很低的能见度下仍可实行飞机起降,如图1-11所示。3号航站楼、行李高速传输系统、旅客快速通行系统、城市轻轨到楼前系统、自动飞机引导系统是首都机场的5大亮点工程,均为国内规模最大的项目。其中旅客快速通行系统、行李高速传输系统、自动飞机引导系统为国内首创,在国际上处于领先地位。

图1-11 首都机场新航站楼

在3号航站楼的停车场,设计有智能寻车服务。在停车场入口处,只要你跟工作人员报一下自己的车牌号和车型,他们就会帮你寻找车辆,并在1~2 min内告诉你车辆停在哪里,还会提供一张详细的停车场地图供客人"按图索骥"。

照明监控管理系统采用最新的 ABB i-bus 系统,以解决首都机场区域较大,控制点较多,控制复杂的问题,并且借助综合布线系统的网络,不仅可以降低成本,而且还可以降低首都机场整个布线系统的复杂程度和难度。在设计方案中,将首都机场 T3 航站楼按照不同的区域和功能组建不同的控制支线,并按照要求设计相关的场景模式,例如可以包括:有航班、无航班、正常工作日、节假日、值班(清扫)不同的场景,另外,还可以针对不同的天气,例如晴天、阴天、黄昏、深夜等设置不同的场景。

(6)上海金茂大厦

金茂大厦既有现代气派,又有民族风格,堪称上海迈向 21 世纪的一座标志性建筑,由中国金茂(集团)股份有限公司投资建造并经营管理,美国芝加哥 SOM 建筑事务所设计。金茂大厦共 88 层,高 420.5 m,单体建筑面积达 29 万 m²,是中国传统建筑风格与世界高新技术的完美结合,如图 1-12 所示。

金茂大厦集中体现了当代建筑科技的最高水准。大厦选用最先进的玻璃幕墙,对幕墙框架作了磷化处理,基本消除了光污染;大厦的消防安全和生命保障系统实现创新思路,改他救模式为自救模式;大厦电梯特有的候梯不超过 35 s、直达办公楼层、空中对接功能等是最优秀的垂直运输系统;大厦的智能化系统,统管所有功能和区域,信息高速公路接通到每张办公桌和每间客房。大厦所有功能设备都具有先进性和超前性,成为世界建筑史上的一座丰碑。

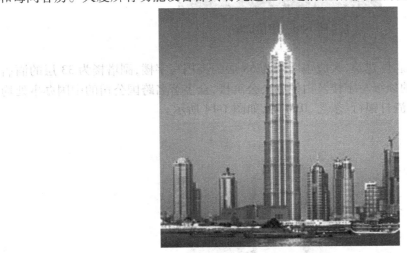

图 1-12 金茂大厦

(7)广州中信广场

中信广场地处广州天河区核心地段,由一栋楼高 394 m,共 85 层的写字楼与两栋 38 层公寓楼组成,如图 1-13 所示。它有以下特点:一是柱位少,间隔灵活并且实用;二是高级玻璃幕墙使视野更加广阔,往外望去,令人心旷神怡;三是配备先进的科技设施,包括光纤通信、卫星天线、中央空调、后备电源、1 万条 IDD 电话和传真线路、34 部进口日立高速电梯,地下设有两层停车场,车位达 900 个,配套设施十分齐备。

主楼右翼有对称的 38 层副楼。入口处楼高 10 m,副楼主要用作办公或住宅,单位面积一二百平方米不等,每户均装有名牌的冷气机、彩电、洗衣机、冰箱、煤气炉、热水器、排气扇及由名师设计的各款新型家具,加上酒店式的家居服务,十分方便、舒适。

该楼宇的电信自动化是由中国网络通信公司投资上千万,由保利网络公司设计并建设的"中国第一数码港"。该项工程为中信广场提供了 Internet 专线服务,DPLC 国内专线,IPLC 国际专线,VPN 虚拟专网,IDC 数据中心,语音专线服务。中信广场宽带网络建设项目被国家建设部评定为"宽带网络优质工程"。

图 1-13　中信广场

（8）深圳地王大厦

地王大厦是深圳的标志性建筑,大厦主塔楼为 68 层的高档写字楼,副塔楼为 33 层的酒店式公寓,地王大厦是深圳的顶级写字楼及白领办公公寓楼,众多著名跨国公司的中国办事处均设立于地王大厦,如高盛、渣打银行、东芝、IBM 等,如图 1-14 所示。

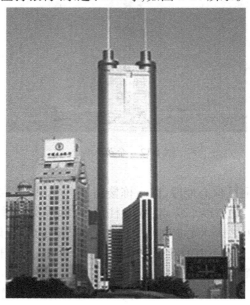

图 1-14　地王大厦

地王大厦宽带网络采用千兆以太网技术,并选用美国 Extreme Networks 的 BlackDiamond6808 电信级大型以太网骨干交换机和 Summit48i 高性能千兆三层接入交换机,基于 OS-PF、DVMRP 路由协议、Extreme ESRP 备份路由协议等,以保障网络系统 7×24×365 不间断运行,通过 Extreme 双向速率整形技术,支持根据大楼内企业用户的不同需求分配不同的带宽,实现按带宽进行收费的运营模式,Extreme EPICenter 企业级网管软件使运营商能方便地对整个网络进行配置和管理。

地王大厦宽带数码港向楼内用户提供:宽带上网、国内及国际数据专线、VPN、VPDN、IP 电话、视频会议、可视电话、VOD 等应用。

(9)香港国际金融中心

国际金融中心(简称国金;英文:International Finance Centre,IFC)是香港作为世界级金融中心的著名地标,位于香港岛中环金融街 8 号,面向维多利亚港,如图 1-15 所示。由地铁公司(今港铁公司)及新鸿基地产、恒基兆业、香港中华煤气及中银香港属下新中地产所组成的 IFC Development Limited 发展、著名美籍建筑师 César Pelli 及香港建筑师严迅奇合作设计而成,总楼面面积达 43 万 6 千平方米。现为恒基兆业集团和香港金融管理局的总部所在地。

国际金融中心是世界少数采用双层电梯的大厦之一,国金二期共有电梯 62 部,乘电梯由地面至 90 楼的顶层只需 2 min,共有 2 500 级楼梯。整个国际金融中心的公共休憩地方共有 14 万平方尺,停车场车位则有 1 800 个。在国金二期兴建高峰期,每日有 3 500 人同时进行工程,建筑每一层平均所需时间为 3 日。

图 1-15　国际金融中心

(10)台湾台北 101 大厦

大楼地上有 101 层、地下 5 层,楼高 508 m,如图 1-16 所示。台北 101 多节式外观,以高科技巨型结构确保防灾防风的显著效益。每 8 层形成一组自主构成的空间,自然化解高层建筑引起之气流对地面造成的风场效应。内斜七度的建筑面,层层往上递增;无反射光害的高度透明省能隔热帷幕玻璃,让人们在台湾的最高建筑内,观天看地。

工程结构为了因应高空强风及台风吹拂造成的摇晃,大楼内设置了"调谐质块阻尼器"(又称"调质阻尼器"),是在 88～92 楼挂置一个重达 660 公吨的巨大钢球,利用摆动来减缓建筑物的晃动幅度。据台北 101 告示牌所言，这也是全世界唯一开放供游客观赏的巨型阻尼器，更是目前全球最大的阻尼器。

防震措施方面，台北 101 采用新式的"巨型结构"，在大楼的 4 个外侧分别各有两支巨柱，共 8 支巨柱，每支截面长 3 m、宽 2.4 m，自地下 5 楼贯通至地上 90 楼，柱内灌入高密度混凝土，外以钢板包覆。

图 1-16 台北 101 大厦

（11）北京奥运会主体育场"鸟巢"

"鸟巢"是 2008 年北京奥运会主体育场，是世界上跨度最大的钢结构建筑，如图 1-17 所示。由 2001 年普利茨克奖获得者赫尔佐格、德梅隆与中国建筑师李兴刚等合作完成的巨型体育场设计，形态如同孕育生命的"鸟巢"。

据悉，"鸟巢"背后有一个规模庞大的世界级雨洪综合利用系统在 24 h 不间断运转，可以将赛场以及周边区域的雨水收集、净化后，提供给场馆使用。"鸟巢"周边有百余株常绿乔木、数千株落叶乔木和灌木、近 8 万平方米的草坪时常需要灌溉维护。

图 1-17 鸟巢

（12）国家游泳中心"水立方"

国家游泳中心又被称为"水立方（Water Cube）"，位于北京奥林匹克公园内，是北京为2008 年夏季奥运会修建的主游泳馆，也是 2008 年北京奥运会标志性建筑物之一，如图 1-18 所示。可容纳观众坐席 17 000 座，其中永久观众坐席为 6 000 座，是具有国际先进水平的，集游泳、运动、健身、休闲于一体的中心。

国家游泳中心建筑物景观照明充分利用 LED 色彩丰富的特点，利用光色的艺术语言和表现力，充分展现、描绘和重塑"水立方"在夜间的优美形象，体现"人文、科技、绿色"的奥运三大理念。

图 1-18 水立方

（13）上海环球金融中心

上海环球金融中心是位于中国上海陆家嘴的一栋摩天大楼，2008 年 8 月 29 日竣工，如图1-19 所示。楼高 492 m，地上 101 层，是目前中国第 3 高楼（截至 2014 年）、世界最高的平顶式大楼。开发商为"上海环球金融中心有限公司"，1995 年由日本森大厦株式会社主导兴建。

图 1-19 上海环球金融中心

该项目十分注重运用 LED 照明技术手段进行节能减排。工程总共使用了 7 000 多只（套）类型与规格的 LED 灯具,整个大厦景观灯的亮灯功率仅为 220 kW,大大低于周围其他楼宇的景观灯用电功率,充分凸显出项目全新的绿色照明理念。

国内首次运用工程质量远程验收系统,在办公室轻点鼠标,小至钢结构焊缝都能清晰可见;国内首次采用预制组合立管技术,均在外加工成型后分段整体吊装,在楼板钢结构安装完成后安装预制组合立管,随结构同步攀升;国内首次在 450 m 的垂直竖井内进行电缆敷设;采用国内少见的工厂拼装、现场预留管口对接的整体卫生间施工工艺,使安装和拆卸非常方便;在 85 层建世界最高的游泳池,在 78 ~ 93 层建世界最高档次的酒店,并在 93 层设置世界最高的中餐厅;在 94 层建室内净高 8 m、700 m^2 的观光大厅和在 100 层、距地面 472 m 处建观光天阁,将成为以上海都市全景为背景的世界新的观光景点;采用 10 m/s 的世界上最快的双轿厢电梯。

四、绿色建筑

绿色建筑是指在建筑的全寿命周期内,最大限度地节约资源(节能、节地、节水、节材),保护环境和减少污染,为人们提供健康、适用和高效的使用空间,与自然和谐共生的建筑。所谓"绿色建筑"的"绿色",并不是指一般意义的立体绿化、屋顶花园,而是代表一种概念或象征,指建筑对环境无害,能充分利用环境自然资源,并且在不破坏环境基本生态平衡条件下建造的一种建筑,又称为可持续发展建筑、生态建筑、回归大自然建筑、节能环保建筑等。

在创建节约型社会的倡导下,绿色建筑无疑是当前建筑界、工程界、学术界和企业界最热门的话题之一。绿色建筑是一种理念,并不是特指某种建筑类型,而是适用于所有的建筑。所谓"居住、生活和活动的空间"不仅包括与百姓休戚相关的住宅、写字楼、办公楼等,也包括商场、超市、政府大楼、学校、医院、体育场等建筑。我们衡量一栋建筑是否绿色与它的建筑类型无关。

绿色建筑的基本内涵可归纳为:减轻建筑对环境的负荷,即节约能源及资源;提供安全、健康、舒适性良好的生活空间;与自然环境亲和,做到人及建筑与环境的和谐共处、永续发展。

绿色建筑首先是强调节约能源、不污染环境、保持生态平衡、体现可持续发展的战略思想。建设绿色建筑的目的是为了节能环保,而建筑能耗一般是指建筑物在使用过程中的能源消耗,包括供暖、供冷、通风、供热水、炊事、照明、电器耗电、电梯、排污、保洁耗电等。为了节省能源就需要在绿色建筑中采用新的自动化、智能化技术,利用智能系统的"智慧",最大限度地减少能源消耗。

绿色智能建筑是构建智慧城市(物联网)的基本单元,许多行业如智能交通、市政管理、应急指挥、安防消防、环保监测等业务中,智能建筑都是其"物联"的基本单元。国内外许多企业都在从事智能建筑业务,如华为、Honeywell、Johnson Controls 等。在物联网、智慧城市热潮的推动下,以 CISCO 为代表的企业提出了"智能互联建筑"的口号。绿色智能建筑业务包含建筑智能化和建筑节能两大部分。智能建筑技术发展,处处体现"物联"的理念,初步实现了"两化融合"的物联网理念,如图 1-20 所示。

图 1-20 智能建筑与物联网

五、智能建筑的发展趋势

在新的世纪,信息技术将会迅猛发展,作为信息技术产物的建筑智能化系统也会发生深刻变化。同时随着中国加入 WTO,管理制度与国际接轨,对建筑智能化系统的管理方式也必然会进行相应的调整。这都将进一步促进建筑智能化系统的变革和发展,主要体现在以下 3 个方面:

①信息技术的进步将会改变建筑智能化系统的体系结构。

②管理制度的变革将会消除建筑智能化系统发展的障碍。

③对建筑智能化系统的功能、作用和服务模式需要重新认识和调整。

随着智能建筑的技术基础和制度保障逐步健全,其发展速度一定会逐步加快。欧洲数十家科研和学术机构,以及英国伦敦大学等几十名智能建筑方面的专家和学者们,以欧洲智能建筑组织的名义共同发表了题为"智能建筑在欧洲"的实施概要咨询文件。在实施概要中以智能建筑金字塔的图形,十分形象地描述了智能建筑的演进过程和发展方向。从系统构成来看,智能建筑的发展趋势是集成化、多元化。

根据用途、规模的不同,智能建筑将朝着多元化发展。比较有代表性的有:

①智能化办公楼。

②智能化医院。智能化医院突出计算机网络。这不仅由于计算机在诊断和处理能力上潜力巨大,而且在存储信息和运行速度上远非人脑可比。计算机在开处方、医疗、远程会诊、诊断和咨询等方面极具威力,在器官移植、医学研究和医学教育等医用网络方面正在发挥巨大作用。据报道,国内首家"智能化医院"诞生在江苏人民医院。

③智能化学校。目前,城市里的一些学校大都采用了电化教学以及多媒体教学的手段,这些可以看作是智能化学校的雏形。随着信息社会的发展,智能化学校必将成为 21 世纪的教育建筑景观。

智能化学校重点是普及、提高计算机网络的信息应用。学生通过在 Internet 网上的应用操作,使其受到生动的、潜移默化的计算机网络与信息应用知识和观念的教育,提高他们在应用信息和驾驭信息方面的能力。这对我国国民经济信息化、知识经济化具有长远与现实的战略意义。上述为现实的智能化学校。还有一种网上学校,不妨称为"虚拟学校",例如,在美国一些中小学校的教师通过计算机网络进行教学,布置作业、批改答卷、答疑、咨询、讨论问题、公布教学计划等。学生可以在自己家里拿学分,甚至一个日本学生不出国,通过"虚拟学校"获得哈佛大学的学位也不足为奇。"虚拟学校"可以认为是智能化学校的远程服务。

④智能化公寓。智能化公寓是指将住宅里的各种信息设备,通过家庭内网络(家庭总线系统)连接起来,并保持这些设备与公寓的协调。从而构成舒适的信息化居住空间以实现在信息社会中富有创造性的生活。

⑤智能化建筑群。从国际上看,智能建筑还有一种向智能化楼群发展的趋势,在楼群中利用楼群互补的方法将大楼群连接在一起。如办公楼、宾馆和购物中心构成的大楼群中,设计出能在这样一个大楼群范围内提供通信和管理服务的基本设施。

 任务实施

一、任务提出

1. 参观学校附近一幢 5A 甲级写字楼。

2. 熟悉该大楼的智能化系统,并作记录。

二、任务目标

1. 能够独自讲解智能建筑的发展及现状。

2. 能够说出智能楼宇的 5A 系统。

三、实施步骤

1. 由任课教师与校企合作企业进行沟通,选择合适的智能大楼用于参观,并确定参观时间。

2. 教师要提前对参观对象进行深入了解,提前给学生进行讲解,使其对参观对象有初步了解。

3. 学生参观时,要遵守企业的规章制度,认真听取企业专业技术人员的讲解。

4. 学生要作好记录,重点了解该大楼的智能化系统。

5. 撰写参观实训报告。

四、任务总结

任务实施过程中,要时刻注意安全。最好采用分组形式,以便每个学生都能听到讲解,看到参观的楼宇智能化设备。教师要随时与学生在一起,不能让学生单独进行参观。

任务结束后,学生要完成相应的实训报告书。

 思考与练习

1. 简述智能建筑的定义。

2. 撰写一篇文章:我眼中的未来建筑。

任务二 楼宇智能化系统的认知

教学目标

终极目标:学生能独自讲解楼宇智能化系统(5A 系统)的运行过程。
促成目标:1. 能独自画出 5A 系统的组成框图。
　　　　　2. 能独自讲出 5A 系统的运行过程。

工作任务

1. 观看智能楼宇 5A 系统的运行过程。
2. 画出 5A 系统中各系统的组成框图。

相关知识

随着房地产市场的不断升温,我们从电视、网络、报纸等媒体经常看到一些关于"5A 甲级写字楼"的广告,如图 1-21 所示。那么,到底什么样的建筑才能称为 5A 写字楼呢? 5A 的内容包含哪些呢?

一、5A 系统的概念

智能建筑刚出现时,是以是否安装 3A 系统为标准。所谓 3A 系统是指信息通信自动化系统(Communication Automation System,CA)、办公自动化系统(Office Automation System,OA)、楼宇自动化系统(Building Automation System,BA),这三大系统中又包含各自的子系统。随着科学技术的不断发展,BA 系统中的消防和安保系统结构越来越复杂,包含的设备不断增多。同时人们对消防和安保系统的要求也越来越严格,这两个系统便从 BA 系统中独立出来,形成完整的消防自动化系统(Fire Automation System,FA)和安保自动化系统(Security Automation System,BA),这样便形成了现代楼宇的 5A 智能化系统,如图 1-22 所示。

为了能使这五大系统的信息及软、硬件资源共享,建筑物内各种工作和任务共享,科学合理地运用建筑物内全部资源,这 5 个系统应实现一体化集成,即利用计算机网络和通信技术,在五大系统间建立起有机的联系。

当今世界科学技术发展的主要标志是 4C 技术(即 Computer 计算机技术、Control 控制技术、Communication 通信技术、CRT 图形显示技术)。将 4C 技术综合应用于建筑物之中,在建筑物内建立一个计算机综合网络,使建筑物智能化。

楼宇智能化系统为物业管理人员提供有效管理楼宇所需的必要信息和控制手段。通过在现场区域实现数字控制,为管理人员提供大量关于楼宇系统和设备的信息。楼宇系统的所有信息,从制冷系统到安保系统,都可以在一台计算机终端上得到。这种信息的集中使设备经理可以同时监测多个楼宇系统并对系统的任何非正常状况作出及时反应。进而,智能楼宇的多种控制手段让物业管理可以远程改变系统的操作过程。因而,智能楼宇的物业管理人员通过事件和报警管理可以最大程度地避免客户投诉,并对任何实际发生的投诉快速响应,如图 1-23 所示。

图 1-21　5A 写字楼的广告

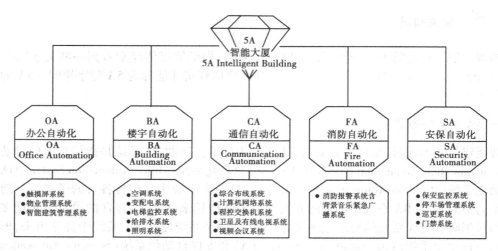

图 1-22　5A 智能化系统内容

二、通信自动化系统

通信自动化系统是智能大厦的"中枢神经",它集成了固定电话、移动通信、计算机、公共广播、可视会议、网络管理等系统的综合信息网,如图 1-24 所示。

通信自动化系统是以结构化综合布线系统为基础,以程控用户交换机(Private Branch Automatic Exchange)为核心,以多功能电话、传真、各类终端为主要设备而建立起来的建筑物内一体化的公共通信系统。这些设备(包括软件)应用新的信息技术构成智能大厦信息通信的"中枢神经"。它不仅保证建筑物内的语音、数据、图像传输并通过专用通信线路和卫星通信系统与建筑物以外的通信网(如公用电话网、数据网及其他计算机网)连接,而且将智能建筑中的五大系统连接成有机整体,从而成为核心。

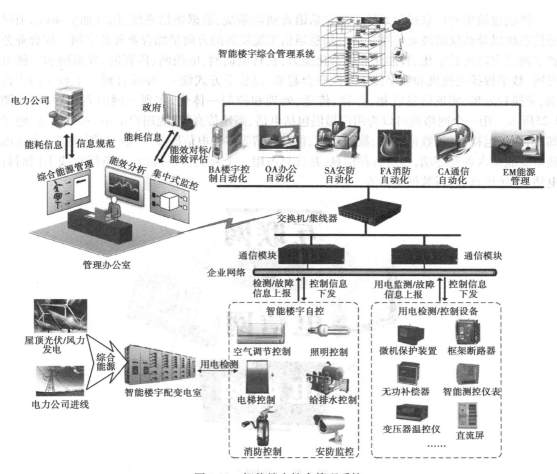

图 1-23　智能楼宇综合管理系统

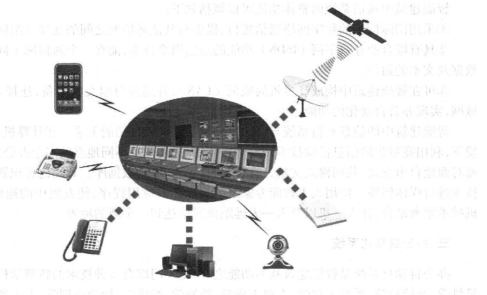

图 1-24　通信自动化系统

智能建筑中的信息通信系统主要包括语音通信系统、数据通信系统、图文通信系统、卫星通信系统以及数据微波通信系统等。信息通信系统发展的方向是综合业务数字网。综合业务数字网具有高度数字化、智能化和综合化能力，它将电话网、电报网、传真网、数据网和广播电视网、数字程控交换机和数字传输系统联合起来，以数字方式统一，并综合到一个数字网中传输、交换和处理，实现信息收集、存储、传送、处理和控制一体化，实现三网的真正融合，如图1-25所示。用一个网络就可以为用户提供包括电话、高速传真、智能用户电报、可视图文、电子邮政、会议电视、电子数据交换、数据通信、移动通信等多种电信服务。用户只要通过一个标准插口就能接入各种终端，传送各种信息，并且只占用一个号码，就可以在一条用户线上同时打电话、发送传真、进行数据检索等。

图1-25 三网融合

智能建筑中通信系统的整体功能可以概括如下：

①采用国际标准的数字网络通信接口，提供与其他通信网之间的连接及组网的能力。

②具有综合业务数字网（ISDN）功能的通信网络技术，能在一个通信网上同时实现语音、数据及文本的通信。

③可在智能建筑中构成计算机局域网（LAN），并通过分组交换设备，连接多种计算机局域网，实现办公自动化的功能。

智能建筑中的信息通信系统与办公自动化系统有着密切的关系。在计算机协同工作的环境下，利用宽带化的信息传输技术传输多媒体信息，使位于不同地点的多个办公用户可以互相面对面地自由交谈，共同修改文本，讨论同一日程表，检索数据库。利用语音识别、图像识别等技术进行媒体转换。使用人工智能专家系统等计算机应用程序，使发展中的通信技术与计算机技术紧密结合，让人—机以及人—人远距离通信达到一个新的境界。

三、办公自动化系统

办公自动化系统是智能建筑基本功能之一，是一门综合多种技术的新型学科，它涉及计算机科学、通信科学、系统工程学、人机工程学、控制学、经济学、社会心理学、人工智能等学科，如

图 1-26 所示是某学校的办公自动化界面。它以行为科学、管理科学、社会学、系统工程学、人机工程学为理论,结合计算机技术、通信技术、自动化技术等,不断使人的部分办公业务活动物化于人以外的各种设备中,并由这些设备与办公人员构成服务于某种目标的人机信息处理系统,如图 1-27 所示。借助于先进的办公设备,提供文字处理、模式识别、图像处理、情报检索、统计分析、决策支持、计算机辅助设计、印刷排版、文档管理、电子账务、电子函件、电子数据交换、来访接待、会议电视、同声传译等,以取代人工进行办公业务处理,最大限度地提高办公效率、办公质量,尽可能充分地利用信息资源,从而产生更高价值的信息,提高管理和决策的科学化水平,实现办公业务科学化、自动化。

办公自动化系统按其功能可分为事务型办公自动化系统、管理型办公自动化系统、决策型办公自动化系统 3 种模式。

图 1-26　某学校办公自动化(OA)系统界面

1.事务型办公自动化系统

事务型办公自动化系统由计算机软、硬件设备,简单通信设备,处理事务的数据库以及基本办公设备组成。它主要处理日常的办公业务,如文件收发登记、电子表格处理、电子文档管理、人事管理、财务统计、报表处理、办公日程管理以及个人数据库等,是直接面向办公人员的。

2.管理型办公自动化系统

管理型办公自动化系统是指在事务型办公自动化系统的基础上建立综合型数据库,把事务型办公系统和综合信息紧密结合构成的一体化办公信息处理系统。管理型办公自动化系统由事务型办公自动化系统支持,以管理控制活动为主要目的,除了具备事务型办公自动化系统的全部功能之外,主要增加了信息管理功能,能对大量的各类信息进行综合管理,使数据信息、设备资源共享,优化日常工作,提高办公效率和质量。

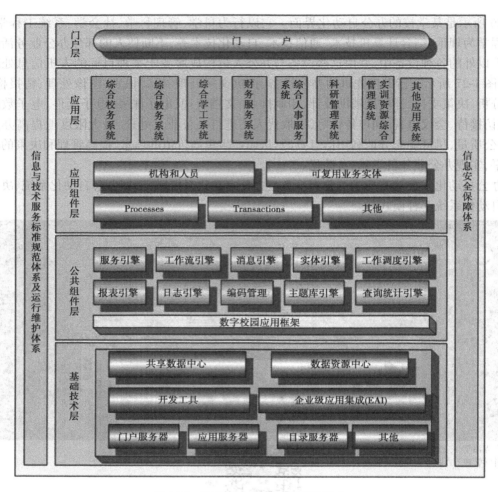

图 1-27　某学校办公自动化系统架构

3. 决策型办公自动化系统

决策型办公自动化系统建立在管理型办公自动化的基础上,它使用由综合数据库系统所提供的信息,针对需要作出决策的课题,构造或选用决策模型,结合有关内、外部条件,由计算机执行决策程序,给决策者提供支持。

办公自动化系统能提供物业管理、酒店管理、商业经营管理、图书档案管理、金融管理、交通票务管理、停车场计费管理、商业咨询、购物引导等多方面综合服务。

四、楼宇自动化系统

楼宇自动化系统是智能建筑的主要组成部分之一。智能建筑通过楼宇自动化系统实现建筑物(群)内设备与建筑环境的全面监控与管理,为建筑的使用者营造一个舒适、安全、经济、高效、便捷的工作生活环境,并通过优化设备运行与管理,降低运营费用。楼宇自动化系统涉及建筑的电力、照明、空调、通风、给排水、防灾、安全防范、车库管理等设备与系统,是智能建筑中涉及面最广、设计任务和工程施工量最大的子系统,它的设计水平和工程建设质量对智能建筑功能的实现有直接的影响。

楼控系统采用的是基于现代控制理论的集散型计算机控制系统,也称为分布式控制系统(Distributed Control Systems,DCS)。它的特征是"集中管理分散控制",即用分布在现场被控设备处的微型计算机控制装置(DDC)完成被控设备的实时检测和控制任务,克服了计算机集中控制带来的危险性高度集中的不足和常规仪表控制功能单一的局限性。安装于中央控制室的中央管理计算机具有 CRT 显示、打印输出、丰富的软件管理和很强的数字通信功能,能完成集中操作、显示、报警、打印与优化控制等任务,避免了常规仪表控制分散后人机联系困难、无法统一管理的缺点,保证设备在最佳状态下运行,如图 1-28 所示。

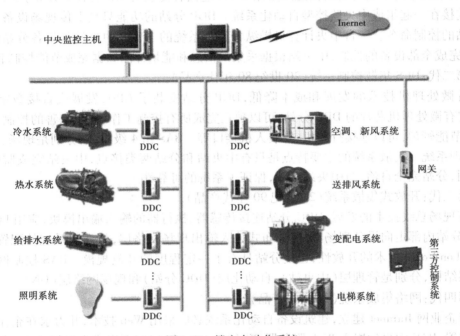

图 1-28 楼宇自动化系统

楼宇自动化系统(BA)对整个建筑的所有公用机电设备,包括建筑的中央空调系统、给排水系统、供配电系统、照明系统、电梯系统,进行集中监测和遥控来提高建筑的管理水平,降低设备故障率,减少维护及营运成本。

设计楼宇自动化系统的主要目的在于将建筑内各种机电设备的信息进行分析、归类、处理、判断,采用最优化的控制手段,对各系统设备进行集中监控和管理,使各子系统设备始终在有条不紊、协同一致和高效、有序的状态下运行;在创造出的一个高效、舒适、安全的工作环境中,降低各系统造价,尽量节省能耗和日常管理的各项费用,保证系统充分运行,从而提高了智能建筑高水平的现代化管理和服务,使投资能得到一个良好的回报。楼宇机电设备监控系统,作为智能建筑楼宇自动化系统非常重要的一部分,担负着对整座大厦内机电设备的集中检测和控制的任务,保证所有设备的正常运行,并达到最佳状态。

建筑设备自动化系统的基本功能可以归纳如下:

①自动监视并控制各种机电设备的启、停,显示或打印当前运转状态。

②自动检测、显示、打印各种机电设备的运行参数及其变化趋势或历史数据。

③根据外界条件、环境因素、负载变化情况自动调节各种设备,使之运行始终于最佳状态。

④监测并及时处理各种意外、突发事件。

⑤实现对大楼内各种机电设备的统一管理、协调控制。

⑥能源管理:水、电、气等的计量收费、实现能源管理自动化。

⑦设备管理:包括设备档案、设备运行报表和设备维修管理等。

楼宇设备自动化系统到目前为止已经历了四代产品:

①第一代:CCMS 中央监控系统(20 世纪 70 年代产品)。

BAS 从仪表系统发展成计算机系统,采用计算机键盘和 CRT 构成中央站,打印机代替了记录仪表,散设于建筑物各处的信息采集站 DGP(连接着传感器和执行器等设备)通过总线与中央站连接在一起组成中央监控型自动化系统。DGP 分站的功能只是上传现场设备信息,下达中央站的控制命令。一台中央计算机操纵着整个系统的工作。中央站采集各分站信息,作出决策,完成全部设备的控制,中央站根据采集的信息和能量计测数据完成节能控制和调节。

②第二代:DCS 集散控制系统(20 世纪 80 年代产品)。

随着微处理机技术的发展和成本降低,DGP 分站安装了 CPU,发展成直接数字控制器 DDC。配有微处理机芯片的 DDC 分站,可以独立完成所有控制工作,具有完善的控制、显示功能,进行节能管理,可以连接打印机、安装人机接口等。BAS 由 4 级组成,分别是现场、分站、中央站、管理系统。集散系统的主要特点是只有中央站和分站两类接点,中央站完成监视,分站完成控制,分站完全自治,与中央站无关,保证了系统的可靠性。

③第三代:开放式集散系统(20 世纪 90 年代产品)。

随着现场总线技术的发展,DDC 分站连接传感器、执行器的输入输出模块,应用 LON 现场总线,从分站内部走向设备现场,形成分布式输入输出现场网络层,从而使系统的配置更加灵活,由于 LonWorks 技术的开放性,也使分站具有了一定程度的开放规模。BAS 控制网络就形成了 3 层结构,分别是管理层(中央站)、自动化层(DDC 分站)和现场网络层(ON)。

④第四代:网络集成系统(21 世纪产品)。

随着企业网 Intranet 建立,建筑设备自动化系统必然采用 Web 技术,并力求在企业网中占据重要位置,BAS 中央站嵌入 Web 服务器,融合 Web 功能,以网页形式为工作模式,使 BAS 与 Intranet 成为一体系统。

网络集成系统(EDI)是采用 Web 技术的建筑设备自动化系统,它有一组包含保安系统、机电设备系统和防火系统的管理软件。

EBI 系统从不同层次的需要出发提供各种完善的开放技术,实现各个层次的集成,从现场层、自动化层到管理层。EBI 系统完成了管理系统和控制系统的一体化。

目前,规模和影响较大的楼宇设备供应公司有美国霍尼韦尔公司(Honeywell)、江森公司(Johnson)、KMC 公司、德国西门子公司(SIEMENS)等。楼宇自动化控制技术在中国还是一个新兴的技术领域,随着更多智能建筑的出现,将有更加先进的技术补充到这一领域中,使这一技术更加成熟、完善。

五、消防自动化系统

消防自动化系统是伴随智能化楼宇而诞生的,一个功能齐全的 FA 系统主要由四大系统组成:①自动报警系统(区域报警系统、集中报警系统、控制中心报警系统);②灭火系统(水喷淋灭火系统、消火栓灭火系统、气体灭火系统);③消防联动系统(联动停止空调和启动防火排烟设备、联动关闭防火卷帘、联动切断非消防电源、联动电梯归底锁定等);④紧急广播系统(分区广播/全区广播、楼层消防报警电话联系以及即时录音)。

消防自动化系统的发展过程,是一个先将自动报警系统和自动灭火系统分别实现自动化控制,然后再逐渐将它们集成在一起的过程。系统中的自动喷淋灭火系统比火灾自动报警系统产生得要早得多,是 19 世纪 80 年代的产物,距今已有 120 多年的历史。楼宇火灾自动报警系统则是在 20 世纪中叶以后得到迅速的发展,特别是随着 1984 年第一座智能化大厦的建成,更是将智能楼宇火灾自动报警系统的发展带入了一个崭新的阶段。

火灾自动报警系统是由触发器件、火灾警报装置以及具有其他辅助功能的装置组成的火灾报警系统,如图 1-29 所示。它能够在火灾初期,将燃烧产生的烟雾、热量和光辐射等物理量,通过感温、感烟和感光等火灾探测器变成电信号,传输到火灾报警控制器,并同时显示出火灾发生的部位,记录火灾发生的时间。一般火灾自动报警系统和自动喷水灭火系统、室内消火栓系统、防排烟系统、通风系统、空调系统、防火门、防火卷帘、挡烟垂壁等相关设备联动,自动或手动发出指令,启动相应的防火灭火装置。

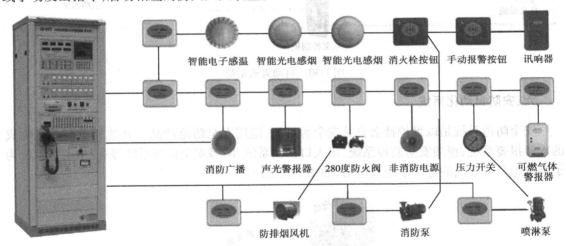

智能电子感温　智能光电感烟　智能光电感烟　消火栓按钮　手动报警按钮　讯响器

消防广播　声光警报器　280度防火阀　非消防电源　压力开关　可燃气体警报器

防排烟风机　消防泵　喷淋泵

图 1-29　火灾自动报警系统

自动喷水灭火系统由洒水喷头、报警阀组、水流报警装置(水流指示器或压力开关)等组件,以及管道、供水设施组成,并能在发生火灾时自动喷水的灭火系统,如图 1-30 所示。依照采用的喷头分为两类:采用闭式洒水喷头的为闭式系统;采用开式洒水喷头的为开式系统。

闭式系统的类型较多,基本类型包括湿式、干式、预作用及重复启闭预作用系统等。用量最多的是湿式系统。在已安装的自动喷水灭火系统中,有70%以上为湿式系统。

湿式系统由湿式报警阀组、闭式喷头、水流指示器、控制阀门、末端试水装置、管道和供水设施等组成。系统的管道内充满有压水,火灾发生的初期,建筑物的温度随之不断上升,当温度上升到以闭式喷头温感元件爆破或熔化脱落时,喷头即自动喷水灭火。该系统结构简单,使用方便、可靠,便于施工,容易管理,灭火速度快,控火效率高,比较经济,适用范围广,适合安装在能用水灭火的建筑物、构筑物内。

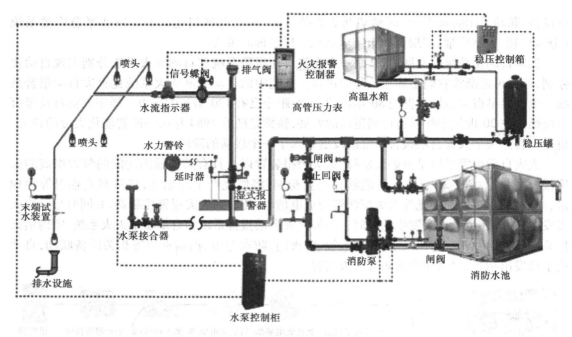

图 1-30 自动灭火系统

六、安防自动化系统

安全防范系统是以维护社会公共安全为目的,运用安全防范产品和其他相关产品所构成的入侵报警系统、视频安防监控系统、出入口控制系统、防爆安全检查系统等;或由这些系统为子系统组合或集成的电子系统或网络,如图 1-31 所示。

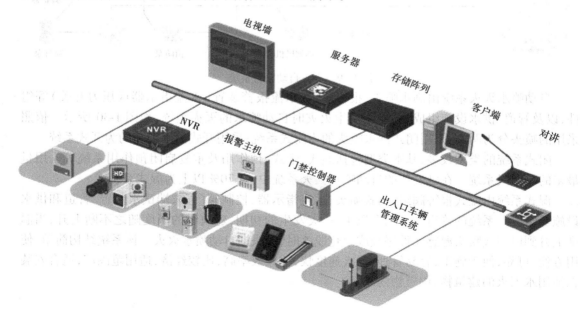

图 1-31 安全防范系统

安全防范系统在国内标准中定义为:以维护社会公共安全为目的,运用安全防范产品和其他相关产品所构成的入侵报警系统、视频安防监控系统、出入口控制系统、BSV 液晶拼接墙系统、门禁消防系统、防爆安全检查系统等;或由这些系统为子系统组合或集成的电子系统或网络。而国外则更多称其为损失预防与犯罪预防(Loss prevention & Crime prevention)。损失预防是安防产业的任务,犯罪预防是警察执法部门的职责。安全防范系统的全称为公共安全防范系统,是以保护人身财产安全、信息与通信安全,达到损失预防与犯罪预防目的。

安全防范是指在建筑物或建筑群内(包括周边地域),或特定的场所、区域,通过采用人力防范、技术防范和物理防范等方式综合实现对人员、设备、建筑或区域的安全防范。通常所说的安全防范主要是指技术防范,是指通过采用安全技术防范产品和防护设施实现安全防范。

一个完整的安全防范系统应具备以下功能:

(1)安全防范系统图像监控功能

①视像监控。采用各类摄像机、切换控制主机、多屏幕显示、模拟或数字记录装置、照明装置,对内部与外界进行有效的监控,监控部位包括要害部门、重要设施和公共活动场所。

②影像验证。在出现报警时,显示器上显示出报警现场的实况,以便直观的确认报警,并作出有效的报警处理。

③图像识别系统。在读卡机读卡或以人体生物特征作凭证识别时,可调出所存储的员工相片加以确认,并通过图像扫描比对鉴定来访者。

(2)安全防范系统探测报警功能

①内部防卫探测。所配置的传感器包括双鉴移动探测器、被动红外探测器、玻璃破碎探测器、声音探测器、光纤回路、门接触点及门锁状态指示等。

②周界防卫探测。精选拾音电缆、光纤、惯性传感器、地下电缆、电容型感应器、微波和主动红外探测器等探测技术,对围墙、高墙及无人区域进行保安探测。

③危急情况监控。工作人员可通过按动紧急报警按钮或在读卡机输入特定的序列密码发出警报。通过内部通信系统和闭路电视系统的联动控制,将会自动地在发生报警时产生声响或打出电话,显示和记录报警图像。

④图形鉴定。监视控制中心自动地显示出楼层平面图上处于报警状态的信息点,使值班操作员及时获知报警信息,并迅速、有效、正确地进行接警处理。

(3)安全防范系统控制功能

①对于图像系统的控制,最主要的是图像切换显示控制和操作控制,控制系统结构有中央控制设备对摄像前端——对应的直接控制和中央控制设备通过解码器完成的集中控制。

②识别控制。

a.门禁控制。可通过使用 IC 卡、感应卡、威根卡、磁性卡等类卡片对出入口进行有效的控制。除卡片之外还可采用密码和人体生物特征。对出入事件能自动登录存储。

b.车辆出入控制。采用停车场监控与收费管理系统,对出入停车场的车辆通过出入口栅栏和防撞挡板进行控制。

c.专用电梯出入控制。安装在电梯外的读卡机限定只有具备一定身份者方可进入,而安装在电梯内部的装置,则限定只有授权者方可抵达指定的楼层。

③响应报警的联动控制。这种联动逻辑控制,可设定在发生紧急事故时关闭保库、控制

室、主门等关键出入口,提供完备的保安控制功能。

（4）安防自动化系统通信功能

①内部通信。内部通信系统提供中央控制室与员工之间的通信功能。这些功能包括召开会议、与所有工作站保持通信、选择接听的副机、防干扰子站及数字记录等功能,它与无线通信、电话及闭路电视系统综合在一起,能更好地发挥鉴定功能。

②双向无线通信。双向无线通信为中央控制室与动态情况下的员工提供灵活而实用的通信功能,无线通信机也配备了防袭报警设备。

③有线广播。矩阵式切换设计,提供在一定区域内灵活地播放音乐、传送指令、广播紧急信息。

④电话拨打。在发生紧急情况下,提供向外界传送信息的功能。当手提电话系统有冗余时,与内部通信系统的主控制台综合在一起,提供更有效的操作功能。

⑤巡更管理。巡更点可以是门锁或读卡机,巡更管理系统与闭路电视系统结合在一起,检查巡更员是否到位,以确保安全。

⑥员工考勤。读卡机能方便地用于员工上下班考勤,该系统还可与工资管理系统联网。

⑦资源共享与设施预订。综合保安管理系统与楼宇管理系统和办公室自动化管理系统联网,可提供进出口、灯光和登记调度的综合控制,以及有效地共享会议室等公共设施。

七、综合布线系统

综合布线系统是建筑物中或建筑群间信息传递的网络系统。它的特点是将所有的语音、数据、视频信号等的布线,经过统一的规划设计,综合在一套标准的布线系统中,将智能建筑的五大子系统有机地联系在一起。对于智能建筑来说,综合布线系统,就如其体内的神经系统一样,起着极其重要的调控作用。

综合布线系统采用开放的体系、灵活的模块化结构、符合国际工业标准的设计原则,可支持众多厂家的系统及网络,同时兼容未来的先进技术与应用。因此系统不仅可以获得传输速度及带宽的灵活性,满足信息网络布线在灵活性、智能化以及容量诸多方面的要求,而且可以满足用户对语音、数据、图像及传感器信号综合传输的带宽要求,并保证用户对网络扩展与变化的长期要求。

综合布线系统是建筑物或建筑群内的传输网络,是建筑物内的"信息高速路"。它既使语音和数据通信设备、交换设备和其他信息管理系统彼此相连,又使这些设备与外界通信网络相连接。它包括建筑物到外部网络或电话局线路上的连接点与工作区的语音和数据终端之间的所有电缆及相关联的布线部件。综合布线系统是智能化办公室建设数字化信息系统基础设施,为办公提供信息化、智能化的物质介质,支持语音、数据、图文、多媒体等综合应用。

按照《综合布线系统工程设计规范》（GB 50311—2007）国家标准规定,把综合布线系统工程按照以下 7 个部分进行分解:工作区子系统、水平子系统、垂直子系统、建筑群子系统、设备间子系统、进线间子系统和管理间子系统,如图 1-32 所示。

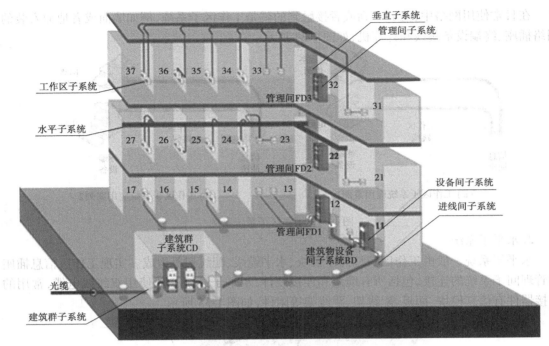

图 1-32 综合布线系统结构图

1. 工作区子系统

工作区子系统又称为服务区子系统,它是由跳线与信息插座所连接的设备组成,如图 1-33 所示。

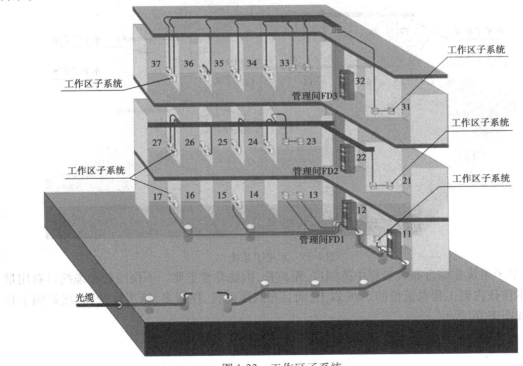

图 1-33 工作区子系统

在日常使用网络中,能够看到或者接触到的就是工作区子系统,例如墙面或者地面安装的网络插座、终端设备跳线和计算机,如图1-34所示。

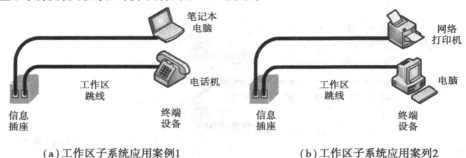

(a)工作区子系统应用案例1　　　　　　　　(b)工作区子系统应用案列2

图1-34　工作区子系统案例

2.水平子系统

水平子系统一般由工作区信息插座模块、水平缆线、配线架等组成。实现工作区信息插座和管理间子系统的连接,包括所有缆线和连接硬件,水平子系统一般使用双绞线电缆,常用的连接器件有信息模块、面板、配线架、跳线架等附件,如图1-35所示。

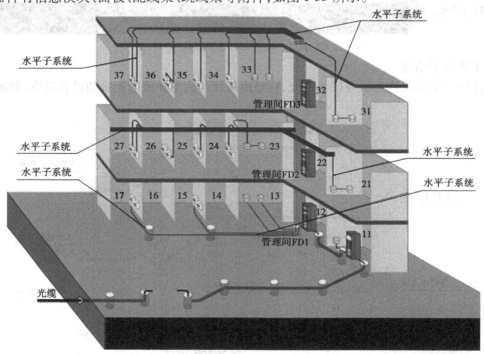

图1-35　水平子系统

水平子系统在综合布线工程中范围广、距离长,因此非常重要。不仅线管和缆线材料用量大,成本往往占到工程总造价的50%以上,而且布线距离长、拐弯多,施工复杂,直接影响工程质量,如图1-36所示。

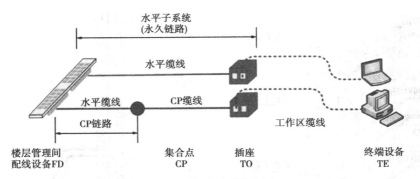

图 1-36 水平子系统案例

水平子系统布线方式：

方式一：工作区信息插座与楼层管理间配线架在同一个楼层，如图 1-37 所示。

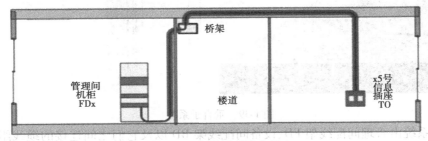

图 1-37 水平子系统布线 1

方式二："X"层信息插座的对应管理间配线架和设备在"X－1"层，如图 1-38 所示。

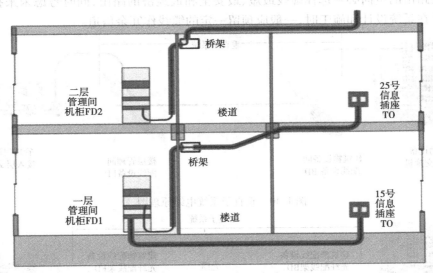

图 1-38 水平子系统布线 2

方式二穿线路由比较短，材料用量少，成本低，拐弯少，穿线时拉力也比较小。但由于跨越了一个楼层，模块安装和配线架端接等不方便，后期检测和维护不方便。

3. 垂直子系统

垂直子系统是把建筑物各个楼层管理间的配线架连接到建筑物设备间的配线架，负责连接管理间子系统到设备间子系统，实现主配线架与中间配线架的连接，如图 1-39 所示。

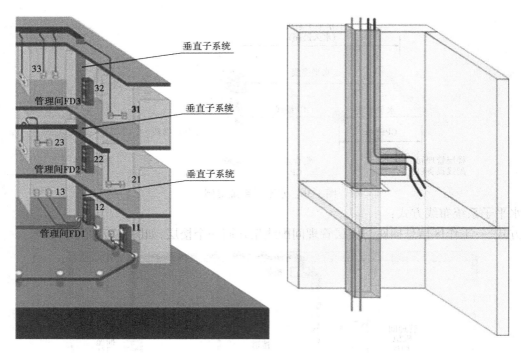

图 1-39　垂直子系统

　　垂直子系统由管理间配线架 FD、设备间配线架 BD 以及它们之间连接的缆线组成。这些缆线包括双绞线电缆和光缆。一般这些缆线都是垂直安装的,如图 1-40、图 1-41 所示。垂直子系统布线路由的走向必须选择缆线最短、最安全和最经济的路由,同时考虑未来扩展需要。垂直子系统在系统设计和施工时,一般应预留一定的缆线作冗余信道。

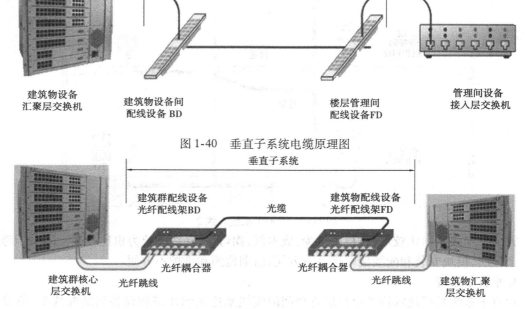

建筑物设备　　建筑物设备间　　楼层管理间　　管理间设备
汇聚层交换机　　配线设备 BD　　配线设备FD　　接入层交换机

图 1-40　垂直子系统电缆原理图

建筑群配线设备　　　　　　建筑物配线设备
光纤配线架BD　　光缆　　光纤配线架FD

建筑群核心　光纤跳线　光纤耦合器　　光纤耦合器　光纤跳线　建筑物汇聚
层交换机　　　　　　　　　　　　　　　　　　　　层交换机

图 1-41　垂直子系统光缆原理图

4.管理间子系统

管理间子系统也称电信间或者配线间,是专门安装楼层机柜、配线架、交换机的楼层管理间。一般设置在每个楼层的中间位置,主要安装建筑物楼层配线设备,如图 1-42 所示。

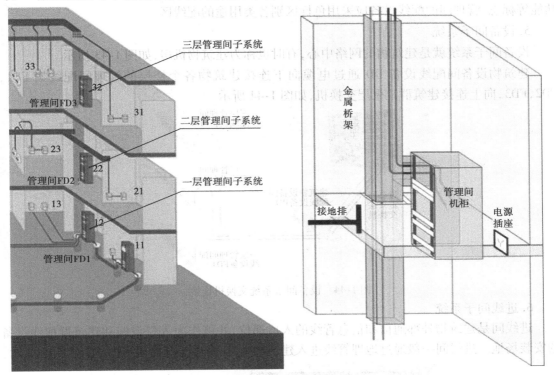

图 1-42　管理间子系统

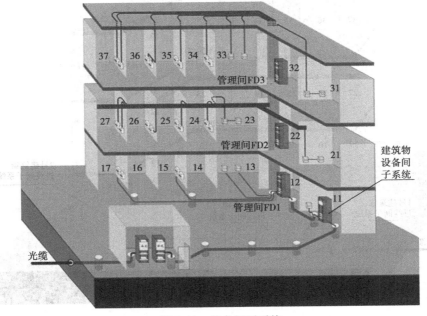

图 1-43　设备间子系统

管理间子系统既连接水平子系统,又连接设备间子系统,当楼层信息点很多时,可以设置多个管理间。从水平子系统过来的电缆全部端接在管理间配线架中,然后通过跳线与楼层接入层交换机连接。因此必须有完整的缆线编号系统,如建筑物名称、楼层位置、区号、起始点和功能等标志,管理间的配线设备应采用色标区别各类用途的配线区。

5.设备间子系统

设备间子系统就是建筑物的网络中心,有时也称为建筑物机房,如图1-43所示。

建筑物设备间配线设备 BD 通过电缆向下连接建筑物各个楼层的管理间配线架 FD1,FD2,FD3,向上连接建筑群汇聚层交换机,如图1-44所示。

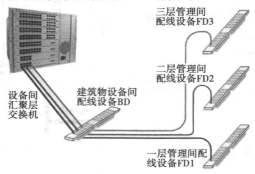

图 1-44　设备间子系统交换机连接

6.进线间子系统

进线间是建筑物外部通信和信息管线的入口部位,并可作为入口设施和建筑群配线设备的安装场地。进线间一般通过地埋管线进入建筑物内部,宜在土建阶段实施,如图1-45所示。

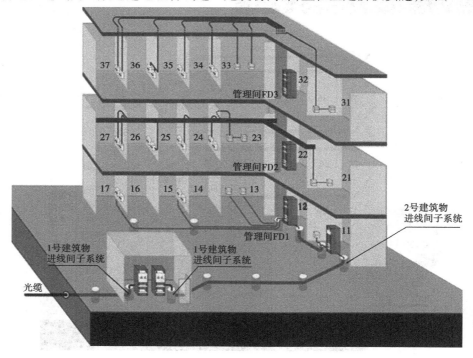

图 1-45　进线间子系统

　　入口光缆经过室外预埋管道,直接布线进入进线间,并且与尾纤熔接,端接到入口光纤配线架,然后用光缆跳线与汇聚交换机连接。出口光缆的连接如下:首先把与汇聚交换机连接的光纤跳线端接到出口光纤配线架,然后用尾纤与出口光缆熔接,通过预埋的管道引出到其他建筑物,如图 1-46 所示。在进线间缆线入口处的管孔数量应满足建筑物之间、外部接入业务及多家电信业务经营者缆线接入的需求,并应留有 2 ~ 4 孔的余量。

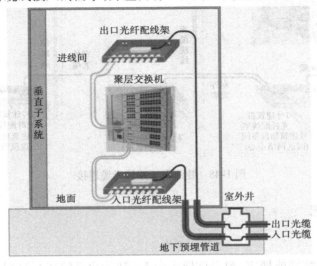

图 1-46　进线间子系统光缆连接

7. 建筑群子系统

　　建筑群子系统也称为楼宇子系统,主要实现建筑物与建筑物之间的通信连接,一般采用光缆并配置光纤配线架等相应设备,它支持楼宇之间通信所需的硬件,包括缆线、端接设备和电气保护装置,如图 1-47 所示。

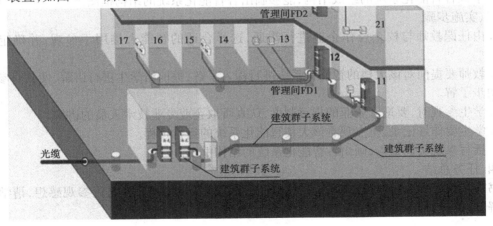

图 1-47　建筑群子系统

　　如图 1-48 原理图可知,1 号建筑群为园区网络中心,将入园光缆与建筑群光纤配线架连接,然后通过多模光缆跳线连接到核心交换机光口,再通过核心交换机和多模光缆跳线分别连接到 2 号建筑物和 3 号建筑物设备间的光缆跳线架,最后再通过多模光缆跳线分别连接到相应的汇聚层交换机。各个建筑物之间通过室外光缆连接。

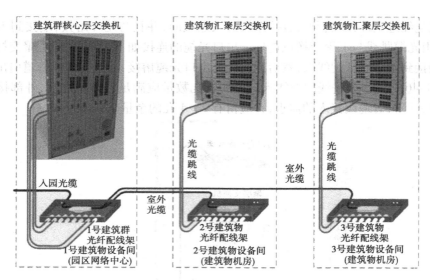

图 1-48　建筑群子系统光缆连接

任务实施

一、任务提出

参观学校附近一幢智能楼宇,观看该楼宇中 5A 智能化系统运行过程,画出各智能化系统的结构框图。

二、任务目标

1. 能够熟练讲出智能楼宇的 5A 系统。

2. 能够独自讲解 5A 系统的运行过程。

3. 掌握各智能化系统的组成结构,能够画出各智能化系统的结构框图。

三、实施步骤

1. 由任课教师与校企合作企业进行沟通,选择合适的智能大楼用于参观,并确定参观时间。

2. 教师要提前对该大楼的智能化系统进行深入了解,提前给学生进行讲解,使其对参观对象有初步了解。

3. 学生参观时,要遵守企业的规章制度,认真听取企业专业技术人员的讲解。

4. 学生要作好记录,重点观看该大楼智能化系统的运行过程。

5. 撰写参观实训报告,画出各智能化系统的结构框图。

四、任务总结

书写参观报告,画各智能化系统结构框图。利用 2 课时的时间,讨论参观感想,请学生独自讲解 5A 系统的运行过程。

思考与练习

1. 简述智能楼宇的 5A 系统。

2. 简述楼宇综合布线系统的组成。

3. 上网进行信息检索,简述楼宇智能化系统的发展方向。

任务三 楼宇智能化系统运维机构的认知

教学目标

终极目标:学生能独自讲解楼宇智能化系统运行维护单位的运作流程。
促成目标:1.能画出楼宇智能化系统运行维护单位的架构框图。
　　　　　2.掌握系统运行维护单位对员工的技能及素养要求。
　　　　　3.熟悉系统运行维护技术人员的工作内容。

工作任务

1.参观楼宇智能化系统维护工程公司。
2.画出所参观公司的人事架构图。
3.了解系统运行维护公司对技术人员技能及素养要求。

相关知识

一、建筑智能化工程专业承包企业资质类别

1.一级资质

①企业近5年承担过两项造价1 000万元以上的建筑智能化工程施工,工程质量合格。

②企业经理具有10年以上从事工程管理工作经历或具有高级职称;总工程师具有10年以上从事施工管理工作经历并具有相关专业高级职称;总会计师具有中级以上会计职称。

企业有职称的工程技术和经济管理人员不少于100人,其中工程技术人员不少于60人,且计算机、电子、通信、自动化等专业人员齐全;工程技术人员中,具有高级职称的人员不少于5人,具有中级职称的人员不少于20人。

企业具有的注册一级建造师不少于5人。

③企业注册资金1 000万元以上,企业净资产1 200万元以上。

④企业近3年最高年工程结算收入3 000万元以上。

⑤企业具有与承包工程范围相适应的施工机械和质量检测设备。

2.二级资质

①企业近5年承担过两项造价500万元以上的建筑智能化工程施工,工程质量合格。

②企业经理具有5年以上从事工程管理工作经历或具有中级以上职称;技术负责人具有5年以上从事施工管理工作经历并具有相关专业中级职称;财务负责人具有初级以上会计职称。

企业有职称的工程技术和经济管理人员不少于50人,其中工程技术人员不少于30人,且计算机、电子、通信、自动化等专业人员齐全;工程技术人员中,具有高级职称的人员不少于3人,具有中级职称的人员不少于10人。

企业具有的二级建造师不少于8人。

③企业注册资金 500 万元以上,企业净资产 600 万元以上。

④企业近 3 年最高年工程结算收入 1 000 万元以上。

⑤企业具有与承包工程范围相适应的施工机械和质量检测设备。

3. 三级资质

①企业近 5 年承担过两项造价 200 万元以上的建筑智能化或综合布线工程施工,工程质量合格。

②企业经理具有 5 年以上从事工程管理工作经历;技术负责人具有 5 年以上从事施工管理工作经历并具有相关专业中级以上职称;财务负责人具有初级以上会计职称。

企业有职称的工程技术和经济管理人员不少于 20 人,其中工程技术人员不少于 12 人,且计算机、电子、通信、自动化等专业人员齐全;工程技术人员中,具有高级职称的人员不少于 1 人,具有中级职称的人员不少于 4 人。

企业具有的注册二级建造师不少于 3 人。

③企业注册资金 200 万元以上,企业净资产 240 万元以上。

④企业近 3 年最高年工程结算收入 300 万元以上。

⑤企业具有与承包工程范围相适应的施工机械和质量检测设备。

4. 承包范围

①一级企业:可承担各类建筑智能化工程的施工。

②二级企业:可承担工程造价 1 200 万元及以下的建筑智能化工程的施工。

③三级企业:可承担工程造价 600 万元及以下的建筑智能化工程的施工。

如图 1-49 所示为某公司的承包资质,承包工程包括:①计算机管理系统工程;②楼宇设备自控系统工程;③保安监控及防盗报警系统工程;④智能卡系统工程;⑤通信系统工程;⑥卫星及共用电视系统工程;⑦车库管理系统工程;⑧综合布线系统工程;⑨计算机网络系统工程;⑩广播系统工程;⑪会议系统工程;⑫视频点播系统工程;⑬智能化小区综合物业管理系统工程;⑭可视会议系统工程;⑮大屏幕显示系统工程;⑯智能灯光、音响控制系统工程;⑰火灾报警系统工程;⑱计算机机房工程。

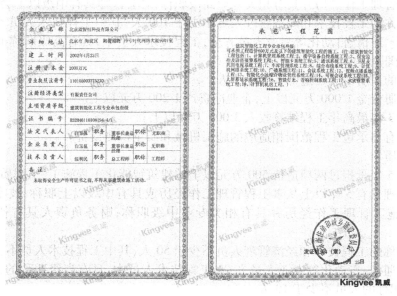

图 1-49　承包资质证书

二、建筑智能化工程专业承包企业资质申请流程

1）资质申请流程

①建筑业企业领取工商营业执照。

②建筑业企业以法人名义向区县建设行政主管部门提出书面申请,区县建设行政主管部门同意后,上报市住房和城乡建设局(劳务企业除外)。

③市住房和城乡建设局对申请企业进行审核,符合条件后下发批准文件。

④施工科对资质申请材料进行审核,对属于市级核准范围的资质进行公示,对属于省级核准范围的资质将资质申请材料上报省建管局。

⑤属于省级、市级核准范围的资质公示完成后,无异议的予以核准并报省建管局备案;企业在资质核准后,到市住建局工程科办理建造师注册手续,待领取注册建造师证书后,再领取资质证书。

资质申请流程如图1-50所示。

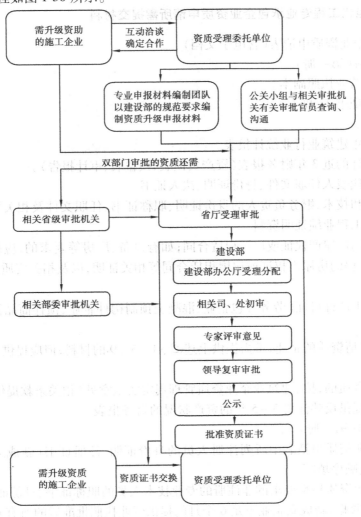

图1-50 资质申请流程

2）资质增项、资质升级申请办理程序

申请企业按照属地管理的原则向所在区县建筑业管理部门提交资质申请材料原件及复印件，区县建筑业管理部门初审合格后报市建管处施工科。

（1）资质增项

①施工科对资质申请材料进行审核，对属于市级核准范围的资质进行公示，对属于省级核准范围的资质将资质申请材料上报省建管局。

②属于市级核准范围的资质公示完成后，无异议的予以核准、报省建管局备案、打印资质证书。

③属于省级核准范围的资质，省建管局核准后打印资质证书。

（2）资质升级

①施工科对资质申请材料原件及复印件进行审核，同意后上报省建管局。

②省建管局核准后领取资质证书。

三、建筑智能化工程专业承包企业资质申请所需提交材料

（1）建筑业企业资质申请表（含电子文档）

（2）综合资料（第一册）

①企业法人营业执照副本。

②企业资质证书正、副本。

③企业章程。

④企业近3年建筑业行业统计报表。

⑤企业经审计的近3年财务报表（资产负债表、损益表、审计报告）。

⑥企业法定代表人任职文件、身份证明、法人证书。

⑦企业经理和技术、财务负责人的身份证明、职称证书、任职文件及相关资质标准要求的技术负责人代表工程业绩证明资料。

⑧办公场所的房屋产权证或房屋租赁合同；如有设备、厂房等要求的，应提供设备购置发票或租赁合同、厂房的房屋产权证或房屋租赁合同等相关证明，以及相关资质标准要求提供的其他资料。

⑨企业安全生产许可证（劳务分包企业、混凝土预制构件企业、预拌商品混凝土等企业可不提供）。

其中，首次申请资质的企业，不需提供上述②、④、⑤、⑨的材料，但应提供企业安全生产管理制度的文件。

⑩申请特级资质的，按《建筑业企业资质管理规定实施意见》相关条款提供材料。

※企业还应提供反映注册3~5年的资产状况的财务报表。

（3）人员资料（第二册）

①建筑业企业资质申请表中所列注册人员的身份证明、注册证书（新成立企业提供资格证书），按一、二级顺序填写。

②建筑业企业资质标准要求的非注册的专业技术人员的职称证书、身份证明、养老保险凭证（6个月的缴费收据，新成立企业不足6个月的提供营业执照批准后的所有月份的缴费收据和全部人员的个人养老保险手册）；按照工程、经济、会计、统计顺序，由高级到中级再到初级

依次填写,专业填写所学专业或现从事专业。

③部分资质标准要求企业必须具备的特殊专业技术人员的职称证书、身份证明及养老保险凭证,还应提供相应证书及反映专业的证明材料。

(4)工程业绩资料(申请最低等级资质不提供)(第三册)

①工程照片(6寸彩照)、中标通知书、工程合同。

②符合国家规定的竣工验收单(备案表)或质量核验资料(应体现技术指标)。

③反映技术指标要求的图纸资料,反映造价指标的经注册造价师审核的工程决算资料等。

(5)其他资料

对企业申请改制、分立、合并需重新核定资质的,除需提供上述资料外,还应提供下列资料(列入第一册综合材料):

①企业改制、分立、合并方案(包括新企业与原企业资产、人员、工程业绩的分割情况)。

②企业改制、分立、合并的批准文件或股东会或职工代表大会决议。

③企业改制、分立应提供改制、分立前企业近3年财务报表和统计报表。

④企业合并应提供合并前各企业近3年财务报表和统计报表及最新合并报表。

⑤会计师事务所出具的验资报告。

(6)提交材料要求

①《建筑业企业资质申请表》一式4份,附件资料1套。其中涉及铁路、交通、水利、信息产业、民航等专业部门资质的,每涉及一个专业部门,需另增加《建筑业企业资质申请表》两份、附件资料1套。

②资质受理机关负责核对企业提供的资料原件,原件由企业保存。资质许可机关正式受理后,所有资料一律不得更换、修改、退还。

③上级相关主管部门对企业申请材料有质疑的,企业应当提供相关资料原件,必要时要配合相关部门进行实地调查。

④附件资料应按"综合资料、人员资料、工程业绩资料"的顺序排列装订,规格为A4(210 mm×297 mm)型纸,并有标明页码的总目录及申请说明,建议采用软封面封底,逐页编写页码。

⑤企业申报的资料必须使用中文,资料原文是其他文字的,需同时附中文译本并翻译准确。

⑥申请资料必须数据齐全、填表规范、印鉴齐全、字迹清晰,复印件必须清晰、可辨。

⑦相关部门随时受理,材料符合要求,一般在10个工作日内办结。

四、楼宇智能化系统维护人员:智能楼宇管理师

2005年3月,劳动和社会保障部正式颁布智能楼宇管理师这一新职业。并于2006年出版了《智能楼宇管理师(试行)》国家职业标准。定义智能楼宇管理师为根据要求和规范对智能楼宇的相关智能设备与系统进行管理、维护的专业人员,如图1-51所示。该职业共设4个等级:智能楼宇管理员(四级)、助理智能楼宇管理师(三级)、智能楼宇管理师(技师)、智能楼宇管理师(高级技师),技能证书如图1-52所示。

①智能楼宇管理员(四级):对智能楼宇设备与系统进行操作、应用、维修等工作,适合智能大厦物业公司的操作工,如水电工、制冷工、暖通工、锅炉工、装修工等;能够熟练运用基本技

能,能够独立完成本职业的常规工作;在特定情况下,能运用专门技能完成技术较为复杂的工作。

③助理智能楼宇管理师(三级):对智能楼宇设备与系统进行维护、故障发现与排除等工作,适合智能大厦物业公司技术人员,如班组长、系统维护技术员等;能够熟练运用基本技能和专门技能完成较为复杂的工作,包括部分非常规工作;能够独立处理工作中出现的问题;能指导和培训四级人员。

④智能楼宇管理师(二级):对智能楼宇设备与系统进行分析、二次开发等工作,适合智能大厦物业中层技术管理人员,如物业技术经理、工程部经理等;能够熟练运用专门技能和特殊技能完成复杂的、非常规性的工作;掌握本职业的关键技术技能,能够独立处理和解决技术或工艺难题;能指导和培训三、四级人员;具有一定的工程技术管理能力。

⑤智能楼宇管理师(一级):对智能楼宇设备与系统进行整体协调运行、节能运行等工作,适合智能大厦物业高层技术管理人员,如物业总工程师等;在技术技能方面有创新;能指导和培训二、三、四级人员;具有一定的工程技术管理能力。

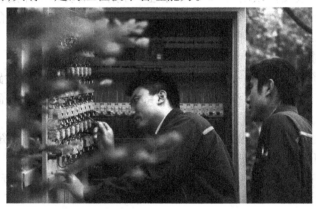

图 1-51　智能楼宇管理师

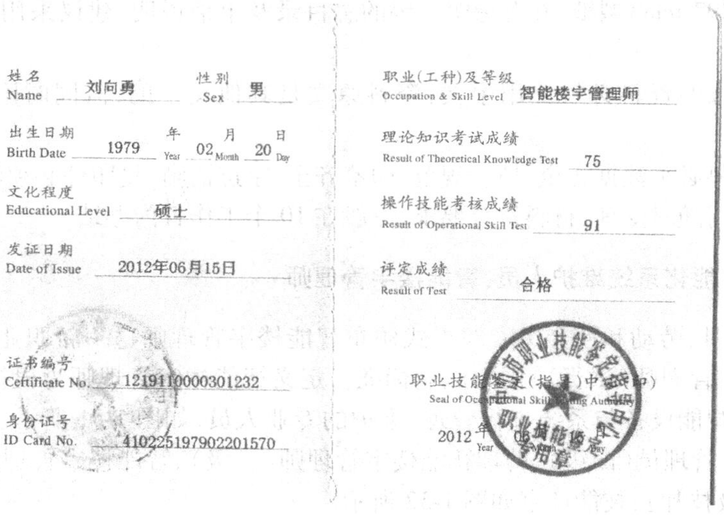

姓名 Name 刘向勇　性别 Sex 男
出生日期 Birth Date 1979 年 Year 02 月 Month 20 日 Day
文化程度 Educational Level 硕士
发证日期 Date of Issue 2012年06月15日
证书编号 Certificate No. 1219110000301232
身份证号 ID Card No. 410225197902201570
职业(工种)及等级 Occupation & Skill Level 智能楼宇管理师
理论知识考试成绩 Result of Theoretical Knowledge Test 75
操作技能考核成绩 Result of Operational Skill Test 91
评定成绩 Result of Test 合格
职业技能鉴定(指导)中心(印) Seal of Occupational Skill Testing Authority
2012 年 Year 月 Month 日 Day

图 1-52　智能楼宇管理师证书

五、智能楼宇管理师鉴定申报条件

具备下列条件之一者,可申报智能楼宇管理师(四级):

①具有初中文化程度,并在本职业(工种)工作经历累计5年及以上者(需提供用工单位劳资部门的有效证明或加盖公章的单位证明),可申报四级职业资格鉴定。

②持有中等学校(含高中、中专、职高、技校)毕业证者或大专院校在读学生,可申报四级职业资格鉴定。

具备下列条件之一者,可申报智能楼宇管理师(三级):

①持有本职业四级职业资格证书1年及以上者,可申报三级职业资格鉴定。

②持有高等学校(含大学、大专、高职)相关专业毕业证者,在本职业工作两年及以上者,可直接申报三级职业资格鉴定。

具备下列条件之一者,可申报智能楼宇管理师(二级):

①持有本职业三级职业资格证书两年及以上者,可申报二级职业资格鉴定。

②持有《高等学校学生职业资格证书》,并在毕业后从事本职业岗位工作5年及以上者,可申报二级职业资格鉴定。

③相关专业硕士研究生以上,从事相关职业两年以上者即可申报二级职业资格鉴定。

具备下列条件者,可申报智能楼宇管理师(一级):

持有本职业二级职业资格证书两年及以上者,可申报一级职业资格鉴定。

备注:

相关专业:智能化楼宇设施管理专业、楼宇电气控制专业、现代建筑专业等。

相关职业:

智能楼宇管理师(四级):智能大厦物业公司操作工,如水电工、制冷工、暖通工、锅炉工、装修工等。

智能楼宇管理师(三级):智能大厦物业公司技术人员,如班组长、系统维护技术员等。

智能楼宇管理师(二级):智能大厦物业中层技术管理人员,如物业技术经理、工程部经理等。

智能楼宇管理师(一级):智能大厦物业高层技术管理人员,如物业总工程师等。

六、智能楼宇管理师鉴定方式

智能楼宇管理师(四级)、智能楼宇管理师(三级)均采用非一体化鉴定,分为理论知识考试和操作技能考核,如图1-53所示。理论知识和操作技能的考核成绩实行百分制,理论知识和操作技能均满60分为合格。

智能楼宇管理师(二级)、智能楼宇管理师(一级)采用一体化鉴定,即将理论知识融合在技能操作考核中,考核成绩实行百分制,成绩达60分为合格。

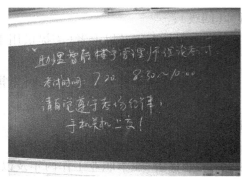

(a)理论考试过程

(b)安全防范模块　　　　　　　　(c)网络布线模块

(d)楼宇自控(DDC)模块　　　　　　(e)消防报警模块

图 1-53　智能楼宇管理师技能鉴定过程

七、建筑智能化工程专业承包企业人事架构

各建筑智能化工程公司的人事架构不尽相同,但基本的岗位设置相差不大,本书参考了某公司的部门设置和岗位职责要求进行讲解。该公司人事架构如图 1-54 所示。

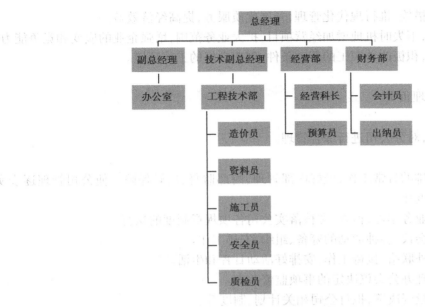

图 1-54 某公司人事架构

各岗位及部门工作职责为:

1.总经理

1)岗位目标

主持公司经营管理工作,保证公司各项指标的实现。

2)管理职责

①认真贯彻执行国家的方针、政策、法令和上级的决议及企业的各项规章制度。负责处理公司的日常行政、人事、安全、生产管理事务,直接对公司总裁负责。

②全面负责公司经营管理工作,全盘运营、经营策划和管理。组织检查、落实本单位各类人员岗位责任制和各项规章制度。

③制订和完善管理制度方案、业务操作流程,建立健全公司统一、高效的组织体系和工作体系,并以此调动员工积极性以及发挥企业经营效益的最大化。

④及时了解和研究市场,制订公司经营发展规划、业务计划。负责组织、参与项目竞标工作;负责各项目签订相关经济责任合同,并督促检查合同执行情况和施工完成情况。

⑤加强对员工的安全、服务意识教育,牢固树立安全和文明生产观念。依照有关规章制度决定对公司员工进行奖惩、升级、加薪。

⑥对经营过程中经营人员如严重失职、营私舞弊、损害公司利益和形象的行为要及时按有关制度进行处理。

⑦审查批准年度计划内的经营、投资、改造、建筑项目和流动资金贷款、使用。健全公司财务管理制度,严守财经纪律,做好增收节支和开源节流工作,保证现有资金的保值和增值。

⑧组织召开总经理办公例会,主持日常工作。

⑨主管财务工作,审批公司日常各种用款。

⑩做好公司的施工成本管理工作,主持公司经济活动分析会议,对存在的问题及时分析研究,提出改进措施,努力降低施工成本。

⑪公司采取切实措施,推行现代化管理,开展优质服务,提高经济效益。

⑫掌握市场信息,不失时机地增加经营项目,扩大业务范围,增强企业的应变和竞争能力。

⑬关心职工生活,积极改善职工的劳动条件,创造良好的工作环境。

2. 副总经理

1)工作上对总经理负责

2)岗位目标

协助总经理工作,对分公司进行综合管理。

3)岗位职责

①负责总经理安排的日常工作,做好内部管理、内部监督、后勤保障。使公司管理逐步实现科学化、规范化、制度化。

②组织职工进行业务学习,检查、考核落实公司各项规章制度的执行。

③负责公司各种会议、各种活动的筹备、组织、安排工作。

④负责公司的对外联络、接待工作,安排好活动日程和生活。

⑤负责公司总经理办公会议决定的事项监督落实。

⑥参与公司重大投资决策,拟订公司相关计划、制度等。

⑦严格执行公司规章制度,对分管业务范围内工作人员进行管理,督促工作人员办理事务,对自己不能处理或不能及时处理的事项及时向总经理汇报。

⑧执行分管业务,办理公司总经理交办事情,并且及时汇报事情办理的结果和执行情况。

⑨各部门的协调工作。

3. 技术副总经理

1)工作上对总经理负责

2)岗位目标

协助总经理工作,负责公司所有施工工程质量和技术工作的总体控制。

3)岗位职责

①负责公司所有施工工程质量和技术工作的总体控制。

a. 监督、检查施工技术操作规程的执行。

b. 监督、检查设备维护使用规程的执行。

c. 监督、检查安全技术操作规程的执行。

d. 监督、检查其他有关的生产管理制度的执行。

②积极开展合理化建议工作,大力提倡采用新技术、新材料及应用。

③负责对工程项目施工组织设计的审批。

④负责小型设备施工安拆方案技术内容的修改和方案审批。

⑤负责对工程项目基础、主体分部和单位工程的质量验收。

⑥领导投标工作,负责各个项目投标方案的编报、对工程技术文件的审核工作。

⑦负责审批针对产品中严重不合格项的纠正措施,并评审实施效果。

⑧参加各工程项目重要部位和施工工程竣工验收会议。

⑨负责对顾客投诉进行处理并及时反馈各相关方。

⑩负责组织对重大质量事故的鉴定和处理;不定期对施工现场进行检查,随时监控工程质量,发现问题及时召集项目部、工程技术部等相关部门负责人进行处理。

⑪完成上级领导安排的临时性、重要性工作。

4.办公室

1）岗位目标

组织协调分公司员工认真落实集体公司决定,抓好分公司的自身建设,提供后勤保障,全力协助上级领导完成公司各项工作任务。

2）岗位职责

（1）日常办公事务管理

①公司各种日常办公事务的计划、组织、协调与控制。

②制订各项制度,并执行、推进。

③会议的组织、协调,会议内容的记录与传达,归档保存。

（2）办公物品及设备管理

①负责制订办公物品及设备的采购、保管、发放与使用制度。

②负责证照保管、年检、使用。

③负责印鉴保管、使用。

④负责办公物品及设备的采购事宜。

⑤办公物品的保管、发放、使用。

⑥办公设备的管理及维护。

（3）文书资料管理

①印信的管理和文书、公文的起草、收取、传达与处理。

②公司各种档案、书刊的建档、保管、借阅。

③做好文书资料以及内部信息的保密工作。

（4）车辆管理

①办公车辆的管理。

②安排车辆年检、定期保养、日常维修等工作。

③对持证驾驶人员进行安全驾驶教育等日常管理。

（5）人事管理

①招聘、入职、调转、离职管理。

②员工考勤、出勤统计、报表、分析等人事管理工作。

③对员工劳保、生活福利、安全保健、卫生等方面的管理。

④对持证人员资格证进行管理及检审。

⑤组织员工进行相关培训。

⑥组织员工开展各种形式的活动。

（6）后勤保障、安保工作管理

①公司办公及生活环境秩序的监管。

②对财产及员工安全管理。

③公司员工食堂、宿舍的日常管理。

④维持公司水、电、通信等动力系统的正常运行及相关设施维修。

⑤公司日常安全保卫及消防管理。

⑥安排节假日值班。

（7）涉外事务管理

①来客接待事宜管理，包括前台接待、客人来访登记与迎送等。

②协调公司内部公司与公司、公司与部门间的关系，维持公司的稳定和正常运行。

③发展公司对外与社会其他企业、机构和政府部门的非业务关系，发展同社会各有关单位的友好交往，争取好的生存环境。

④建立信息管理制度，规范信息管理。动态掌握外部信息，并对有用信息进行收集、整理；保证信息传递安全、及时、有效。

（8）法律事务管理

①审议合同的合法性，保障企业的合法利益。

②协助处理日常涉法事务及管理合同。

③参与公司重大合作项目和重大业务项目的谈判。

（9）公司工程量的计划统计工作

分公司的综合统计业务工作，进行施工活动原始资料的统计，建立主要经济指标完成台账，建立单项工程实物工程量、工作量、开竣工时间台账，并逐月登记建立台账。

（10）完成领导交办的其他工作

5. 财务部

①在总经理领导下，依据《会计法》《企业会计准则》《企业会计制度》等相关法规，负责组织和实施公司的会计核算、会计监督、财务管理。

②根据《企业财务会计报告条例》要求，按期编制财务会计报表。

③建立健全公司内部财务管理的各种规章制度，并监督、检查其执行情况。

④核算公司内部各单位的收入和成本，分析、反映其完成情况，同时完成各种上交工作。

⑤积极配合有关部门的工作，促进公司取得较好的经济效益。

⑥负责清理公司债权，督促各项目工程欠款的催收。与法律顾问配合，积极采取措施防止公司债权超过法律诉讼时效。

⑦负责督促各工程项目及时办理竣工工程财务结算。

⑧完成领导交办其他工作。

6. 财务部：会计的岗位职责

①贯彻执行国家有关财经政策、法令、财经纪律、财经制度和会计制度。

②认真复核原始凭证和会计凭证，确保原始凭证与会计记账凭证数据相符。

③每季编制费用计划，分解落实到各部门、各环节归口管理，并检查执行情况，总结经验，挖掘潜力，厉行节约。

④认真执行成本开支范围和费用标准，划清费用界线，不乱挤成本，乱摊成本。

⑤负责控制社会集团购买力的审查报批和登记工作。

⑥每月终了，根据总账和有关明细账，编制资产负债表和有关会计报表，并检查有关报表的数据是否衔接。

⑦每月终了，要检查总账科目余额和明细科目余额是否相符，要做到账账相符，账表相符，账实相符。

⑧随时注意资金的使用情况，是否合理节约使用，设法加速资金周转，提高资金利用效率，降低成本。

7.财务部:出纳员的岗位职责

①认真执行国家有关现金和银行结算制度的规定。

②根据稽核人员审核签章的收付凭证进行复核,办理款项收付,收付款后,要在收付凭证上签章,并加盖"收讫""付讫"戳记,付款凭证要有领款人签章,明确经济责任。

③妥善保管库存现金、银行空白支票和有价证券,以及印章。

④根据已经办理完毕的收付款凭证,逐笔顺序登记现金和银行存款日记账,并结出当日余额,要同实际库存金额相符。

⑤作废支票不得撕毁,应加盖销章,附在原有存根一起,到年终装订成册,归档备查。

⑥每日每月要做现金报表,月末要与银行对账单核对编制银行余额调节表,做到日清月结,不出差错。

⑦除收付现金,签发支票还要办理领取现金汇兑,上交以及银行进账等业务。

⑧出纳员短期离开工作岗位时,必须对库存现金办理清点移交手续,在交出日期账面余额处加盖私章。

8.经营部

①负责工程部的招投标工作。负责投标文件的编辑、制作,并存档、保管中标工程的投标资料。

②负责分公司资质证书、营业执照等重要证照的年检、使用及日常管理工作。

③负责编制上级要求的统计报表,负责监督指导公司的统计工作。

④负责分公司合同专用章、工程预(结)算章等印鉴的使用及日常管理工作。

⑤负责工程处施工合同的管理工作。监督合同的履行情况并存档、保管合同资料。

⑥负责工程部结算工作。协助各公司办理工程结算手续并审核各施工项目的结算书。

⑦负责工程部在建工程的管理费核定工作;负责中标工程的预算成本费用分析核算。

⑧参与工程部经营管理办法的制订,并组织签订内部经营承包合同,监督合同的执行情况。

⑨负责工程部文字材料的打印工作。维护和使用工程处网络资源及现代化办公设备,利用网络收集工程信息。

⑩负责运行质量体系认证中相应的条款,并按要求完成工程处领导随时交办的其他工作。

⑪负责公司的对外联络、接待工作等。

9.经营部:经营科长岗位职责

①负责分公司经管体系的有效运行,会同统计、运算、材料、财务、项目部等,做好项目成本核算、项目成本分析。

②负责编制审核分公司月、季、年度生产计划。掌握分公司各项经济指标并定期进行分析,为领导决策提供依据。

③组织分公司的投标工作,对招标文件进行标前评审,对存在的风险提出相应措施。对评标报价进行审核,为领导决策提供参考意见。

④负责收集对业主的施工合同,组织合同评审及交底并监督合同的履约情况。负责项目部与施工队伍合同签订前的审核,在实施过程中对执行情况进行跟踪。

⑤组织预结算的编制及审核工作,及时了解相关文件及市场信息,掌握现场施工进度及材料采购信息,保证预结算的及时性、准确性及完整性。

⑥按月考核项目责任成本管理情况,做好成本管理中各个环节相关资料收集整理,保证数据的真实性。每月召集相关部门及领导共同分析,研究管理过程的执行性,发现问题及时与项目部核查并提出解决方法。

10.经营部:预算员岗位职责

①预算员在经营部经理的领导下,主要负责进行工程投标报价,编制工程预结算,进行工程成本控制,通过对工程预结算工作管理及各个相关部门的协调、合作下达到工程投资目标的实现。

②学习和贯彻执行有关国家级工程所在地的工程造价政策、文件和定额标准。

③认真阅读理解施工图纸,参加图纸会审,收集整理并领会掌握工程预结算有关的技术文件资料。

④参与施工合同的编制并认真研究合同文件,严格按照合同的规定来编制预结算书。

⑤深入工程施工现场,了解现场实际情况和施工进度,及时收集施工过程中出现的各种变更、签证,并整理计入结算中。

⑥尽量做到不多算、不少算、不漏算。

11. 工程技术部

①贯彻执行国家建筑行业相关法律、法规和工程管理规定,执行相关技术标准、规范和规程,执行相应的安全生产、劳动保护、环境保护等方面的方针、政策,以及公司各项生产、质量、安全、技术管理办法和决定。

②全面负责公司施工生产管理、质量管理、综合统计管理、技术管理、安全管理和环境管理等工作,制订或修改相关的管理办法,并贯彻落实。

③编制公司年、季、月施工生产计划和施工生产统计报表,检查施工进度情况,掌握生产动态,为领导决策提供依据。

④组织公司月度安全文明施工检查及日常巡检,及时汇编、报送检查报告。制订消除质量隐患、排除安全隐患的技术措施并监督实施。

⑤负责公司施工现场管理和协调工作,查处项目生产、安全、质量及文明施工管理中的违法、违规及违章行为。

⑥协助公司技术科编制施工组织设计,参加投标中技术标的评审。

⑦收集整理、总结各项科技成果。

⑧组织召开技术会议,参加不合格品的评审,处理施工中技术问题、质量问题、安全生产问题,并制订相应的技术方案和处理措施。

⑨做好新技术的推广应用,指导 QC 小组活动,组织作业指导书及工法的编制。

⑩组织公司相关人员进行施工经验交流和技术人员学习,不断提高其技术水平。

⑪参加重点及有影响工程关键部位的隐蔽验收及竣工验收。

⑫调查处理重大质量事故、工伤事故,进行伤亡事故的统计、分析、报告,提出事故防止措施,督促检查落实情况。

⑬负责处理建设单位有关工程事宜的投诉及来文来函。

⑭落实生产管理人员成本责任制,指导项目成本管理,协助项目增收创效。

⑮制订每月的生产例会,汇报和安排生产、质量、安全、技术工作。

⑯负责部门的各类资料的收集、整理、汇总、归档,准确及时向上级和有关部门报送各类统

计报表。

⑰努力完成领导交办的其他任务。

12. 工程技术部:副主任岗位职责

①在现场总指挥的领导下协助工程技术部主任开展各项工作。

②认真贯彻执行国家项目基本建设法规和规范,严格现场施工管理。

③负责进场材料、构件、半成品、机械设备等质量检查及相关证明文件的检查;参与重要材料设备的看样订货;督促施工方按规定进行抽样送检,确保工程质量。

④负责对各项目部的工作进行监督,协调处理各相关部门的关系及工作中发生的问题。

⑤负责检查监督工序间交接检查、验收、工程计量及原始凭证签署工作;检查监督施工进度。

⑥负责工程项目分部、分项工程验收和整体工程验收交付使用;依据合同及其他有效文件和现场情况,对工程量进行结算签证;定期不定期提交工程动态情况报告;及时报告现场发生的质量事故和其他异常情况。

⑦熟悉工程设计文件和合同要求,参与施工图纸会审和技术交底。

⑧对工程项目质量、进度、文明施工进行检查和督促。认真作好施工日志记录,及时对隐蔽工程进行检查,负责设计变更的办理、落实和签证等现场全过程管理。

⑨负责工程保修期内工程质量跟踪服务,处理好用户(使用单位)的工程保修事宜,保修期满提交保修情况报告。

⑩参与或起草工程合同和洽谈签订工作。

⑪参与项目工程招投标和各种工程技术文件的起草、审核工作。

⑫完成上级领导交给的其他工作。

13. 工程技术部:造价员岗位职责

①在工程技术部的管理下开展各项工作。

②认真学习和掌握预(结)算的现行政策、定额及有关规定,树立良好的职业道德,掌握市场各种主材料的行情,及时了解工程造价方面的最新动态。

③参与公司工程的投标工作,审核工程项目的投标预算价。

④审核工程形象进度报表、进度付款结算书,及时收集工程设计变更、材料代用等资料。

⑤参与工程项目的图纸会审、技术交底、各阶段的验收工作,协助签订各类经济合同,实时协助施工管理人员做好各项在建工程的成本控制。

⑥负责编制和审核各类工程项目的预算、阶段性结算、竣工结算,并及时报送部门负责人、上级领导核定。

⑦做好工程造价资料、信息的收集、整理工作。

⑧完成领导交给的其他工作。

14. 工程技术部:资料员岗位职责

①在工程技术部的管理下开展各项工作。

②熟悉建设工程档案的有关法律法规和业务规范,掌握档案资料管理工作的基本程序,严格执行《工程档案管理办法》。

③负责各种基建技术资料、档案的管理,按照上级备案制度和档案整理规范《建设工程文件归档整理规范》的要求,同步收集、整理、保管、立卷并向档案馆及城建档案局等部门移交工

程项目档案。

④督促本单位现场施工管理人员及时上交工程资料,确保工程资料及时归档,管理有序,有章可循。

⑤加强资料管理,做好资料接收、发放、查询、借阅、移交、登记管理等工作。

⑥做好各种合同(设计合同、勘察合同、监理合同、施工合同、产品购销合同等)的接收、分类、整理、保存、归档工作。

⑦参加图纸会审、技术交底及其他基建工作会议并作好会议记录。

⑧做好相关基础数据的收集、整理、更新及统计工作。

⑨对已集中管理的各种技术资料,未经上级领导同意不得外借。

⑩完成领导交给的其他工作。

15. 工程技术部:施工员岗位职责

现场施工员是一名受项目经理委任由具有相应资质的管理人员担任的技术组织管理人员,是负责对工程项目进行全面管理的项目部重要管理人员;作为一名合格的施工员必须具备以下能力:

a. 懂技术,看得懂图纸,现场能解决技术问题。

b. 懂预算,要会算量,能提供材料计划。

c. 懂安全,安全问题现在已经由法律规定管生产必须管安全。

d. 懂质量,过程验收必须能够提出有什么问题,预防措施。

e. 懂管理,必须会协调各方关系,保证工程的顺利完成。

现场施工员岗位职责如下:

①贯彻执行国家和上级主管部门关于建筑业的政策、法规、条例及公司有关规章制度。熟悉国家颁布的《建筑工程施工质量验收规范》和企业技术标准。负责本工程项目的施工质量,对工程技术质量、安全工作负责。

②协同工程技术部认真履行《建设工程施工合同》条款,保证施工顺利进行,维护企业的信誉和经济利益。

③协同工程技术部认真做好各分部分项工程的成本核算,以便及时改进施工计划及方案,争创更高效益。

④认真熟悉施工图纸,了解工程概况,根据本工程施工现场合理规划布局现场平面图,搞好现场布局,安排、实施、创建文明工地。

⑤编制各单位工程总进度计划表和月进度计划表,编制各单项工程进度计划及人力、物力计划和机具、用具、设备、材料计划,对设计要求、质量要求、具体做法要有清楚的了解和熟记,组织班组认真按图施工。

⑥全面负责本工程施工项目的施工现场勘察、测量、施工组织和现场交通安全防护设置等具体工作,安排临时设施修筑等工程任务,对施工中的有关问题及时解决,向上报告并保证施工进度。

⑦参加图纸会审,审理和解决图纸中的疑难问题,坚持按图施工,分项工程施工前,应写出书面技术交底。

⑧参与班组技术交底、工程质量、安全生产交底、操作方法交底。严守施工操作规程,严抓质量,确保安全,负责对新工人上岗前培训,教育督促工人不违章作业。

⑨根据施工进度情况,实时填写施工日志和隐蔽工程的验收记录,配合质检员、资料员整理技术资料和施工质量管理,按时下达各部件混凝土及砂浆的配合比;安排和落实对各分部分项工程材料、半成品的检测抽样工作,按规范要求及时送检,并取得相关检测报告。

⑩对原材料、设备、成品或半成品、安全防护用品等做好检测复试工作;质量低或不符合施工规范规定和设计要求的,有权禁止其在工程中使用;督促施工材料、设备按时进场,并处于合格状态,确保工程顺利进行。

⑪负责施工计划安排实施,根据总工期和总施工进度计划编制月或旬施工计划进度表,根据施工计划作好各施工班组的日常工作安排,提前作好劳动力动态表,合理安排劳动力资源,合理组织实施施工,保证工程如期完成。

⑫按照安全操作规程规定和质量验收标准要求,组织班组开展质量及安全的自检、互检、交接检三检制度,努力提高工人技术素质和自我防护能力。对施工现场设置的交通安全设施和机械设备等安全防护装置,与安全员共同查验合格后方可进行工程项目的施工。

⑬认真做好隐蔽工程分项、分部及单位工程竣工验收签证工作,收集整理、保存技术原始资料,办理工程变更手续。

16. 工程技术部:安全员的岗位职责

安全员的岗位职责是指导他们如何做好本职位的一个重要的方针,要牢记于心,并且要在日常的工作中不断贯彻每一项安全职责,保证企业的安全尤其是生产的安全。

安全员的岗位职责具体的如下所述,希望每一位安全员要恪尽职守,把握好安全这一重要的关口。

①安全员是工程项目安全生产、文明施工的直接管理者和责任人,在安全业务上向公司负责。

②认真执行国家安全生产的方针政策、法律法规和职业安全健康、环境管理体系以及公司安全生产的各项规章制度,在项目经理和公司安全部门的领导下,对所管工程的安全生产负管理责任。

③办理开工前安全监审和安全开工审批,编制项目工程安全监督计划,上报安全措施和分项工程安全施工要点。根据施工项目实际情况,组织绘制安全标志布置总平面图;制订安全文明施工管理制度、安全教育制度和安全达标计划并予以实施。

④参加编制制订项目工程文明施工达标方案,提交文明施工达标方案,资金预算,实施文明施工达标方案。

⑤参与阶段性、季节性或不定期的安全大检查,总结交流经验教训。深入施工现场,检查安全生产,行使工地安全奖罚权;对事故隐患下发整改通知书,并监督实施整改,按时验收。

⑥检查评定安全用品和劳动保护用品是否达标,罚处现场违章行为,组织机械设备安全评定,提出安全整改意见和处理办法。参与安全事故的调查、分析,督促防范措施的落实;负责伤亡事故的统计上报和参与事故的调查,不隐瞒事故情节,严格执行"四不放过"的原则。

⑦按时做好各种安全统计报表和安全管理资料的归档整理工作;填写安全内业技术资料,总结安全生产状况并上报公司。

⑧实行安全终止权,有权制止任何人的违章行为,承担项目安全、文明施工管理责任;安全员要不断地检查生产的每一个环节,不要出现疏漏之处,造成损失,影响公司或企业发展。

17. 工程技术部:质检员岗位职责

①坚持"百年大计,质量为主"的原则,认真贯彻国家颁布的工程质量检验评定标准,以及其他各相关技术要求。

②熟悉和掌握标准规范,做好项目工程质量的监督和检查,发现问题及时指出、纠正。

③严格按施工验收规范开展质量管理活动,认真组织基层开展质量自检互检的专业检查活动。

④对用于工程上的原材料、半成品等,协助物资部门按有关技术标准进行监督检查;督促检查原材料质量情况,查看有关质保书,发现不合格的原材料立即停止使用,检查混凝土试块制作、保养情况;对需要试验的物资,督促材料人员或施工员按时取样送检,把好原材料质量关。

⑤参加重大质量事故的调查、分析,并对事故提出处理意见。

⑥随时进行在建工程的质量检查,检查中发现的问题及时向施工负责人指出,并按时复检,把质量事故消灭在萌芽状态。

⑦熟悉施工图、施工规范和质量检验评定标准,实施分项、分部工程质量检查验收,监督不合格工程纠正措施的落实,发现质量隐患有权停工整顿,并向工程技术部报告。

⑧把好工序质量关,执行"三检制",上道工序不合格,下道工序不许施工,用工序质量来保证分项工程质量。

⑨实施工程质量预控,对工程可能出现的质量通病,及时向现场施工员或工长或项目经理报告,以便采取相应措施。

⑩出现事故或不合格情况时,要检查原因,掌握第一手资料,并及时通报现场施工员及工长,向项目经理和公司工程技术部汇报,督促有关部门及时提出纠正措施和预防措施。

⑪深入项目各班组,指导检查有关人员的工艺执行情况、原始记录及检验凭证的填写情况,并及时处理检验工作中的技术问题,参加质量分析会及不合格质量问题的处理工作。

⑫做好资料的汇集、整理和上报工作,参加工程竣工、交工验收工作,并做好质量信息的反馈工作。

⑬经常参加新材料、新工艺的学习,不断提高自身的业务水平。

⑭完成领导交办的其他工作。

 任务实施

一、任务提出

参观楼宇智能化系统维护工程公司,写出针对参观企业的分析报告。

二、任务目标

1. 熟悉楼宇智能化系统维护工程公司的运作流程。

2. 了解楼宇智能化系统维护工程公司的人事架构及岗位设置。

3. 了解楼宇智能化系统维护工程公司对员工的技能及素养要求。

三、实施步骤

1. 由教师提前与合作楼宇智能化系统维护工程公司负责人联系,确定参观时间。

2. 由公司人力资源负责人介绍公司的人事架构及岗位设置。

3.由公司工程部负责人介绍技术人员所必备的技能和素养要求。

4.将学生分组,跟随公司维保技术员,前往不同地点进行跟踪学习。

5.全体学生集中,与公司负责人交流,讨论参观感想。

四、任务总结

撰写参观报告,画出参观公司的人事架构图。利用2课时的时间,讨论参观感想。

思考与练习

1.列表对比楼宇智能化系统维护工程公司的资质要求。

2.简述如何创办一家智能化工程公司。

3.简述智能楼宇管理师的技能等级分类。

4.简述智能楼宇管理师的工作内容。

5.简述:一名初中毕业生,最快成长为一名一级智能楼宇管理师(高级技师)的工作历程。

6.扮演不同角色,模拟演练智能化工程公司各部门、各岗位的工作,每个角色写下自己的工作职责。

项目二
通信网络系统的运行管理与维护

智能建筑中的信息通信系统主要包括语音通信系统、数据通信系统、图文通信系统、卫星通信系统以及数据微波通信系统等。信息通信系统发展的方向是综合业务数字网。综合业务数字网具有高度数字化、智能化和综合化能力,它将电话网、电报网、传真网、数据网和广播电视网、数字程控交换机和数字传输系统联合起来,以数字方式统一,并综合到一个数字网中传输、交换和处理,实现信息收集、存储、传送、处理和控制一体化。用一个网络就可以为用户提供包括电话、高速传真、智能用户电报、可视图文、电子邮政、会议电视、电子数据交换、数据通信、移动通信等多种电信服务。

任务一　计算机网络系统的运行管理与维护

教学目标

终极目标:会进行日常管理及维护维修计算机网络系统。
促成目标:1.能讲解计算机网络系统的组成。
　　　　　2.会进行日常管理计算机网络系统。
　　　　　3.会维修计算机网络系统的简单故障。

工作任务

1.维护计算机网络系统(以校园网为对象)。
2.进行简单故障的维修。

相关知识

一、常见的计算机网络系统

计算机网络就是通过线路互连起来的、资质的计算机集合,确切地说就是将分布在不同地

56

理位置上的具有独立工作能力的计算机、终端及其附属设备用通信设备和通信线路连接起来，并配置网络软件，以实现计算机资源共享的系统。计算机网络就是由大量独立的、但相互连接起来的计算机来共同完成计算机任务，这些系统称为计算机网络（computer networks）。计算机网络的组成基本上包括：计算机、网络操作系统、传输介质（可以是有形的，也可以是无形的，如无线网络的传输介质就是空间）以及相应的应用软件 4 个部分。

智能楼宇中常见的计算机网络系统如下：

（1）LAN 网

局域网（Local Area Network，LAN）是最常见、应用最广的一种网络。局域网随着整个计算机网络技术的发展和提高得到充分的应用和普及，几乎每个单位都有自己的局域网，有的甚至家庭中都有自己的小型局域网。它可以通过数据通信网或专用数据电路，与远方的局域网、数据库或处理中心相连接，构成一个较大范围的信息处理系统。局域网可以实现文件管理、应用软件共享、打印机共享、扫描仪共享、工作组内的日程安排、电子邮件和传真通信服务等功能。局域网严格意义上是封闭型的。它可以由办公室内几台甚至成千上万台计算机组成，如图 2-1 所示。决定局域网的主要技术要素为：网络拓扑、传输介质与介质访问控制方法。

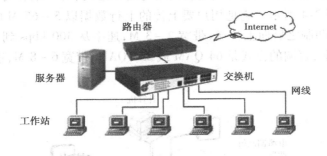

图 2-1　局域网组成

（2）ADSL 网

非对称数字用户环路（Asymmetric Digital Subscriber Line，ADSL）技术提供的上行和下行带宽不对称，因此称为非对称数字用户环路，如图 2-2 所示。

采用频分复用技术把普通的电话线分成了电话、上行和下行 3 个相对独立的信道，从而避免了相互之间的干扰。用户可以边打电话边上网，不用担心上网速率和通话质量下降的情况，如图 2-3 所示。理论上，ADSL 可在 5 km 的范围内，在一对铜缆双绞线上提供最高 1 Mbps 的上行速率和最高 8 Mbps 的下行速率（也就是通常说的带宽），能同时提供语音和数据业务。

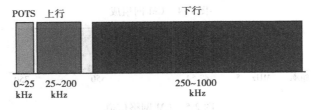

图 2-2　ADSL 网络信道

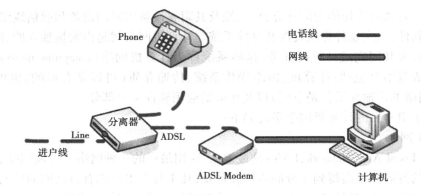

图 2-3   ADSL 网组成

（3）CM 网

电缆调制解调器（Cable Modem,CM）,Cable 是指有线电视网络,Modem 是调制解调器。电缆调制解调器是在有线电视网络上用来上互联网的设备,它是串接在用户家的有线电视电缆插座和上网设备之间的,通过有线电视网络与之相连的,另一端在有线电视台（称为头端:Head-End）,如图 2-4 所示。它把用户要上传的上行数据以 5 ~ 65 M 的频率以 QPSK 或 16QAM 的调制方式调制之后向上传送,带宽 2 ~ 3 M,速率从 300 kbps 到 10 Mbps。它把从头端发来的下行数据,解调的方式是 64 QAM 或 256 QAM,带宽 6 ~ 8 M,速率可达 40 Mbps。如图 2-5 所示。

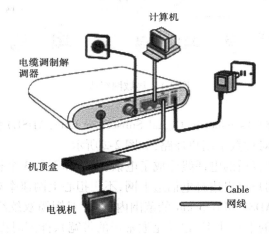

图 2-4   CM 网组成

图 2-5   CM 网络信道

（4）HFC 网

混合光纤同轴电缆网（Hybrid Fiber-Coaxial,HFC）通常由光纤干线、同轴电缆支线和用户配线网络 3 部分组成,从有线电视台出来的节目信号先变成光信号在干线上传输;到用户区域后把光信号转换成电信号,经分配器分配后通过同轴电缆送到用户,如图 2-6 所示。它与早期 CATV 同轴电缆网络的不同之处主要在于:在干线上用光纤传输光信号,在前端需完成电—光转换,进入用户区后要完成光—电转换。

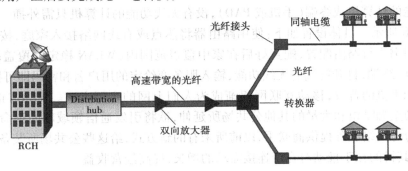

图 2-6 HFC 网络组成

(5)FTTH 网

光纤入户(Fiber To The Home,FTTH)是指将光网络单元(ONU)安装在住家用户或企业用户处,是光接入系列中除 FTTD(光纤到桌面)外最靠近用户的光接入网应用类型,如图 2-7 所示。FTTH 的显著技术特点是不但提供更大的带宽,而且增强了网络对数据格式、速率、波长和协议的透明性,放宽了对环境条件和供电等要求,简化了维护和安装。光纤接入是指局端与用户之间完全以光纤作为传输媒体。光纤接入可以分为有源光接入和无源光接入。光纤用户网的主要技术是光波传输技术。

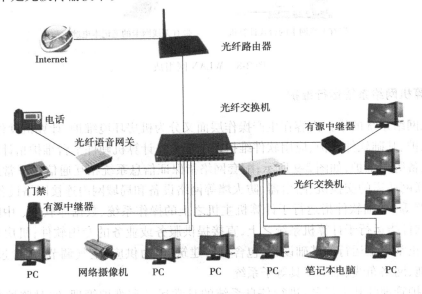

图 2-7 FTTH 网组成

(6)WLAN 网

无线局域网络(Wireless Local Area Networks,WLAN)是相当便利的数据传输系统,它利用射频(Radio Frequency,RF)技术,使用电磁波,取代双绞线所构成的局域网络,在空中进行通信连接。WLAN 的实现协议有很多,其中最为著名也是应用最为广泛的当属无线保真技术

Wi-Fi,它实际上提供了一种能够将各种终端都使用无线进行互联的技术,为用户屏蔽了各种终端之间的差异性。

WLAN 的接入方式很简单,以家庭 WLAN 为例,只需一个无线接入设备——路由器,一个具备无线功能的计算机或终端(手机或 PAD),没有无线功能的计算机只需外插一个无线网卡即可,如图 2-8 所示。具体设置如下:使用路由器将热点或有线网络接入家庭,按照网络服务商提供的说明书进行路由配置,配置好后在家中覆盖范围内(WLAN 稳定的覆盖范围为 20 ~ 50 m)放置接收终端,打开终端的无线功能,输入服务商给定的用户名和密码即可接入 WLAN。

随着智能手机的普及,移动互联网逐渐成为人们上网的主要方式。WLAN 正向机场、饭店、图书馆,乃至咖啡馆和大量的其他公共场所延伸,欲将引发通信领域新的革命。各式各样的经营者纷纷与网络服务提供商联手,以前所未有的新方式,给这些公共场所装备高速公共无线数据设施,其目的在于推动对宽带连接需求的增长,提高经营收益。

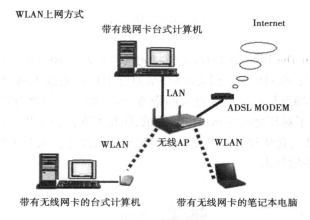

图 2-8　WLAN 网组成

二、计算机网络系统运行维护

计算机网络系统的维护内容在生产操作层面又分为机房环境维护、计算机硬件平台维护、配套网络维护、基础软件维护、应用软件维护 5 个部分。计算机硬件平台维护指计算机主机硬件及存储设备等的维护,如图 2-9 所示;配套网络指保证信息系统相互通信和正常运行的网络组织,包括联网所需的交换机、路由器、防火墙等网络设备和局域网内连接网络设备的网线、传输、光纤线路等;基础软件指运行于计算机主机之上的操作系统、数据库软件、中间件等公共软件;应用软件指运行于计算机系统之上,直接提供服务或业务的专用软件;机房环境指保证计算机系统正常稳定运行的基础设施,包含机房建筑、电力供应、空气调节、灰尘过滤、静电防护、消防设施、网络布线、维护工具等子系统。

运行维护管理的基本任务:进行信息系统的日常运行和维护管理,实时监控系统运行状态,保证系统各类运行指标符合相关规定;迅速而准确地定位和排除各类故障,保证信息系统正常运行,确保所承载的各类应用和业务正常;进行系统安全管理,保证信息系统的运行安全和信息的完整、准确;在保证系统运行质量的情况下,提高维护效率,降低维护成本。

图 2-9　计算机网络系统维护

运行维护管理的基本制度：

1.故障管理

①根据故障的影响范围及持续时间等因素,将故障分为特别重大故障(一级)、重大故障(二级)、较大故障(三级)、一般故障(四级),共 4 个级别。

②系统出现故障时,维护人员要首先判断系统类型和故障级别,故障处理应在要求的时限内完成,并填写故障受理单,如图 2-10 所示。若处理不成功或无法自行处理,则向上级领导申告故障。

③确实无法解决的故障,应立即向软硬件最终提供商、代理商或维保服务商提出技术支持申请,督促厂商安排技术支持,必要时进行跟踪处理,与厂商一起到现场进行解决。现场技术支持响应需在要求的时限内完成,厂商技术人员现场处理故障时,维护人员应全程陪同并积极协助,并在故障解决后进行书面确认。

④参与故障处理的各方必须如实、及时填写故障处理单,并需用户签字确认。

⑤发生较大(三级或以上)故障时,应立即上报主管领导。所有的较大(三级或以上)故障应在月度运维报告中进行记录,并撰写故障分析报告。

图 2-10　处理故障

2. 问题管理

①对于系统隐患或暂时不能彻底解决的故障应纳入问题管理,每月应对存在的问题进行持续跟踪分析。问题可由任何人在运维例会、故障分析会、维护分析报告、巡检报告等多种形式提出,问题库的归口管理部门为信息系统维护管理部门。

②问题一经提出,由归口管理部门组织讨论,明确问题的责任人、配合人员,制订解决方案、工作计划和时限要求。问题责任人根据解决方案、工作计划组织开展工作,并按照工作计划进度要求向信息系统维护管理部门定期汇报工作进度。

③问题责任人认为问题已经解决,应由责任人测试验证后,从问题库中删除,问题处理中产生的所有文档由资料管理员归档,进行统一管理。

3. 变更管理

①网络信息系统变更包括:硬件扩容、冗余改造、软件升级、搬迁、数据移植、数据维护等工作以及电子表格模板、文档模板、安全策略、配置参数、系统结构、部署的改变等。

②维护人员应保证在线系统的软件版本及硬件设备的稳定,未经书面批准,不得自行对在线系统软件版本及硬件设备进行任何变更及调整。原则上变更必须在夜间非主要业务时间进行,各维护实施人员应根据变更情况,按预先方案进行测试验证,验证通过后,以书面形式向用户汇报结果,并完成对相关文档资料的更新。

4. 维护作业计划管理

①系统维护人员应根据系统不同特点及维护质量要求,制订不同周期的作业计划,并报上级领导审批。作业审批后不得任意更改,维护人员应认真执行作业计划,并填写作业计划表。如因特殊情况不能达到预期质量和进度,应限期补齐,认真分析作业结果,发现问题及时处理解决,并作详细记录,按月度、季度和年度定期汇总分析。

②作业计划的内容至少包括:a. 厂商维护手册建议的预定义处理作业;b. 系统告警和资源占用状态观察;c. 预防性维护工作,包括各类参数、数据备份、存储和管理;d. 性能指标观察和记录;e. 用户口令和权限审核;f. 日志审核。

5. 巡检管理

①信息系统维护管理部门要定期对机房环境、计算机硬件、配套网络、基础软件和应用软件等进行巡检,下发巡检通知,列出巡检重点、内容、要求,形成巡检检查表格,管控巡检进度和质量。同时收集设备运行故障和隐患,统计出各类型设备在运行过程中曾出现的故障,如图 2-11 所示。

图 2-11　巡检

②对反馈的问题进行分析、评估,作好相应的技术准备;对一些需要厂家解决的问题列出清单,及时与厂家沟通,制订解决方案,以供巡检过程中实施、解决。

6.技术档案和资料管理

①信息系统维护管理部门负责技术档案和资料的管理,应建立健全必要的技术资料和原始记录,包括但不限于:a.系统结构图及相关技术资料;b.机房平面图、设备布置图、电源电缆、信号线、地线图;c.网络连接图和相关配置资料;d.各类软硬件设备配置清单;e.设备或系统使用手册、维护手册等资料;f.工程资料,包括安装、工程设计、测试及开通、试运行、竣工等全套技术资料;g.上述资料的变更记录,如图2-12所示。

②软件资料管理应包含以下内容:a.所有软件的介质、许可证、版本资料及补丁资料;b.所有软件的安装手册、操作使用手册、应用开发手册等技术资料;c.系统备份磁带、磁盘、光盘;d.上述资料的变更记录。

图2-12　资料归档

7.日志及备份管理

①对各项操作均应进行日志记录,内容应包括操作人、操作时间和操作内容等详细信息。维护人员应每日对操作日志、安全日志进行审查,对异常事件及时跟进解决,并每周形成日志审查汇总意见报上级维护主管部门审核。

②安全日志应包括但不局限于以下内容 a.对于应用系统,包括系统管理员的所有系统操作记录、所有的登录访问记录、对敏感数据或关键数据有重大影响的系统操作记录,以及其他重要系统操作记录的日志;b.对于操作系统,包括系统管理员的所有操作记录、所有的登录日志;c.对于数据库系统,包括数据库登录、库表结构的变更记录。

③维护人员应针对所维护系统,依据数据变动的频繁程度以及业务数据重要性制订备份计划,经过上级维护主管部门批准后组织实施。

④各级维护部门应按照备份计划,对所维护系统进行定期备份数据应包括系统软件和数据、业务数据、操作日期备份,原则上对于在线系统应实施每天一次的增量备份、每月一次的数据库级备份以及每季度一次的系统级备份。对于需实施变更的系统,在变更实施前后均应进行数据备份,必要时进行系统级备份。

⑤备份介质应由专人管理,与生产系统异地存放,各级维护部门应定期对备份日志进行检

查,其他人员未经授权,不得进入介质存放地点。介质保管应建立档案,对于介质出入库进行详细记录。对于承载备份数据的备份介质,应确保在其安全使用期限内使用。对于需长期保存数据,应考虑通过光盘等方式进行保存。对于有安全使用期限限制的存储介质,应在安全使用期限内更换,确保数据存储安全。应根据备份介质使用寿命至少每年进行一次恢复性测试,并记录测试结果,如图 2-13 所示。

图 2-13　系统备份

8.机房管理

①原则上,数据中心机房环境应达到国家标准《电子信息系统机房设计规范》(GB 50174—2008)描述的 A 类机房标准,设备机房环境应达到 B 类机房标准,网点机房环境应达到 C 类机房标准。具体要求如下:a.安装服务器等重要设备的主机房必须安装烟雾、火警、浸水和温、湿度等环境监控设备,必须与日常办公区隔离并安装乙级(含)以上防盗门或电子门禁系统。b.机房应备有工作服、工作鞋或鞋套,保持室内清洁,无积尘,门窗密封。c.室内的温、湿度应符合相应等级机房的环境条件要求;具备有效的防火、防水、防雷、防静电、防有害生物、应急照明等措施和设备。d.7×24 h 不间断运行的重要设备必须有 UPS 供电,且必须占用单独的电源插座,不得多台设备共用电源插板;主备用机器的电源、同一台设备的主用和冗余电源必须分离。e.电缆、电线、信号线布放情况应顺直不凌乱,避免交叉混放,电源配线架应线路清晰、设置安全,具有安全保护措施。网络配线架应整洁有序,对应清晰,设备连接线缆应顺直不凌乱。f.原则上,省级机房面积不得小于 400 m^2,地市级面积不得小于 100 m^2,单位地面承重不得小于 1 200 kg/m^2。县乡级机房面积不得小于 15 m^2,单位地面承重不得小于 1 000 kg/m^2。g.机房电源输入应有大功率应急发电设备以保证紧急情况下的电力供应。h.机房均应安装独立空调来保证机房温度、湿度符合相应等级机房的环境条件要求。原则上,面积在 100 m^2 以上的机房需安装精密空调;面积在 100 m^2 以内的机房可采用普通空调。i.机房内均应有经消防认证的消防设施,机房的消防不得采用水喷淋装置。面积在 100 m^2 以上的机房采用集中控制的气体灭火系统;面积在 100 m^2 以内的机房应配备气体灭火装置。j.面积大于 100 m^2 的机房原则上必须设计两个安全出口,且应分散布置。

②设备机房应设置门禁、监控设施,防止未授权人员进入机房。安排专人负责机房的安全管理,主管部门定期审核进出机房的权限,授权人员的增加、减少和变更需每次保留审批记录,无关人员未经管理维护人员的批准严禁进入机房。建立机房出入登记制度,非机房管理人员进出机房由管理人员陪同,作好访问时间、目的、人数等详细记录。

③机房内严禁吸烟、饮食、睡觉、闲谈等,严禁携带易燃易爆、腐蚀性等污染物和强磁物品

及其他与机房工作无关的物品进入机房。

④当机房的交流供电系统停止工作时,管理人员应立即向相关主管部门报告并采取可靠措施尽快恢复;无法及时恢复的情况下,维护人员在计算 UPS 蓄电池的工作电压降至最低前,应通过正常操作及时关机。

⑤非电气人员不准安装电气设备和线路及测试电气设备,雷雨季节应加强对机房内部安全设备、地线、信号线等的检查,应使用相应的测量工具,维护人员插拔设备模块时应戴防静电手镯,禁止用手触及电气设备的带电部分和使用短路的方法进行试验,如图 2-14 所示。

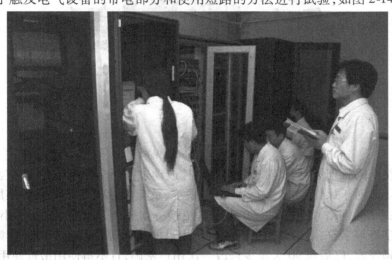

图 2-14　机房维护管理

9. 安全保密管理

①信息安全应满足国家、行业、使用单位等各级监管部门和关于信息全保密的各项规定及要求。各应用系统维护部门负责本系统信息安全管理,根据系统特点,制订各应用系统的信息安全管理细则,在上级管理部门的指导下,具体开展应用系统的信息安全管理工作。

②若发生系统信息泄密事件,各应用系统维护部门应及时向信息安全委员会进行汇报,并按照关于信息安全相关管理制度要求开展补救工作。

③安全保密制度:a. 联网设备必须采取必要的安全措施,以保障网络的设备安全及所承载业务的信息安全。在计算机上应安装防病毒软件,每天更新病毒库。b. 未经变更流程,严禁将业务系统与公众互联网进行连接;严禁未通过鉴权认证的拨号等形式接入信息系统。c. 在办公网络、生产网络与互联网或其他外部网络的网络连接处必须安装防火墙,并指定防火墙管理员,只有指定的系统(网络)管理员才能拥有防火墙管理账号,未经批准,不得进行防火墙策略的更改。d. 严禁在生产系统中安装未经授权的软件;不得在生产系统上运行与工作无关的程序;未经批准,不得利用生产系统进行培训实习。e. 未经批准不得擅自抄录、复制配置资料、技术档案,内部资料不得泄露。f. 设备管理和维护人员都应熟悉并严格遵守和执行信息安全保密相关规定,如图 2-15 所示。

图 2-15　网络安全保密

④信息系统密码管理规定:a. 对于使用密钥棒或动态密码卡的系统,用户应注意保管并注意 PIN 码保密。b. 对于操作系统、数据库、业务系统,系统(网络)管理员密码使用习惯应严格遵循以下要求:系统(网络)管理员每 90 天至少更换一次密码,密码的长度不小于 8 位,且同时包含数字和字母等字符,不得使用最近一次使用过的密码等。c. 各类用户在第一次登录时应进行用户密码修改,以后每 90 天至少修改一次用户密码,且不得使用最近使用过的密码,密码长度不得少于 6 位。d. 重要系统和敏感数据应存放于单机环境,由使用人员设定密码保护,防止非授权人员进行访问,密码位数必须在 6 位以上;如果存放在文档服务器上,需由信息系统维护部门建立文档服务器访问控制措施,并指定系统管理员。e. 严禁在各类系统中"将用户账号和密码编写在程序中"的做法;系统中的账号密码不得以明文方式存放;若存在以上系统隐患必须及时整改。

⑤信息系统账号管理规定:a. 系统管理员账号、系统维护账号应保证一人一账号,对于重要操作,可以由系统日志追溯到执行操作的账号,直至相关操作人员。应严格控制系统超级用户账号使用范围,能使用低级别账号进行的操作禁止采用超级用户账号实施。b. 各级应用、维护部门应合理划分用户组,并根据用户所承担职责合理划分用户权限。终端应用人员原则上要求每个员工一个账号。c. 对于用户的增加、删除,用户权限的变更均需预先提出变更申请,在得到维护管理部门书面批准后由系统管理员负责实施。各应用、维护部门应定期组织对用户权限及分配情况进行审核,发现问题及时整改,并记录在案。员工离职或调离工作岗位后,应按照情况,及时对账号和权限进行调整。d. 未经审批,维护人员不得登录数据库对业务数据进行直接操作。e. 对于由于操作系统、数据库平台等限制而使用的共享账号,当使用此共享账号的任一人员发生变更,必须修改密码,并保留密码变更记录。f. 供应商远程维护人员和系统开发人员不得拥有在线系统账号。若因软件移植或系统维护需要,应事先经维护部门主管领导书面确认(紧急状态下应实现口头申请、事后补文字确认说明),方可临时授予开发人员操作账号,并在维护人员全程陪同下进行相关操作,操作完成后,陪同人员负责完成对临时账号的删除或禁止。供应商远程维护人员和系统开发人员对系统的所有操作均应通过日志记

录,并予以备份保存。安全管理员应定期就"远程接入问题"进行重点审核。

三、计算机网络系统常见故障分析

常见的网络故障可归类为物理类故障和逻辑类故障两大类。

1. 物理类故障

物理故障一般是指线路或设备出现物理类问题或说成硬件类问题。

(1)线路故障

在日常网络维护中,线路故障的发生率是相当高的,约占发生故障的70%。线路故障通常包括线路损坏及线路受到严重电磁干扰。

排查方法:如果是短距离的范围内,判断网线好坏简单的方法是将该网络线一端插入一台确定能够正常连入局域网的主机的RJ45插座内,另一端插入确定正常的HUB端口,然后从主机的一端Ping线路另一端的主机或路由器,根据通断来判断即可。如果线路稍长,或者网线不方便调动,就用网线测试器测量网线的好坏。如果线路很长,就需通知线路提供商检查线路,看是否线路中间被切断。

对于是否存在严重电磁干扰的排查,可以用屏蔽较强的屏蔽线在该段网路上进行通信测试,如果通信正常,则表明存在电磁干扰,注意远离如高压电线等电磁场较强的物件。如果同样不正常,则应排除线路故障而考虑其他原因。

(2)端口故障

端口故障通常包括插头松动和端口本身的物理故障。

排查方法:此类故障通常会影响与其直接相连的其他设备的信号灯。因为信号灯比较直观,所以可以通过信号灯的状态大致判断出故障的发生范围和可能原因。也可以尝试使用其他端口看能否连接正常。

(3)集线器或路由器故障

集线器或路由器故障在此是指物理损坏,无法工作,导致网络不通。

排查方法:通常最简易的方法是替换排除法,用通信正常的网线和主机来连接集线器(或路由器),如能正常通信,集线器或路由器正常;否则再转换集线器端口排查是端口故障还是集线器(或路由器)的故障;很多时候,集线器(或路由器)的指示灯也能提示其是否有故障,正常情况下对应端口的灯应为绿灯。如若始终不能正常通信,则可认定是集线器或路由器故障。

(4)主机物理故障

常见的为网卡故障,因为网卡多装在主机内,靠主机完成配置和通信,即可以看作网络终端。此类故障通常包括网卡松动、网卡物理故障、主机的网卡插槽故障和主机本身故障。

排查方法:主机本身故障在这里就不再赘述了,在这里只介绍主机与网卡无法匹配工作的情况。对于网卡松动、主机的网卡插槽故障最好的解决办法是更换网卡插槽。对于网卡物理故障的情况,如若上述更换插槽始终不能解决问题的话,就拿到其他正常工作的主机上测试网卡,如若仍无法工作,可以认定是网卡物理损坏,更换网卡即可。

2. 逻辑类故障

逻辑故障中的最常见情况是配置错误,也就是指因为网络设备的配置错误而导致的网络异常或故障。

（1）路由器逻辑故障

路由器逻辑故障通常包括路由器端口参数设定有误、路由器路由配置错误、路由器CPU利用率过高和路由器内存余量太小等。

排查方法：路由器端口参数设定有误，会导致找不到远端地址。用Ping命令或用Traceroute命令（路由跟踪程序：在UNIX系统中，称为Traceroute；MS Windows中为Tracert），查看在远端地址哪个节点出现问题，对该节点参数进行检查和修复。

路由器路由配置错误，会使路由循环或找不到远端地址。比如，两个路由器直接连接，这时应该让一台路由器的出口连接到另一路由器的入口，而这台路由器的入口连接另一路由器的出口才行，这时制作的网线就应该满足这一特性，否则也会导致网络错误。该故障用Traceroute工具，可以发现在Traceroute的结果中某一段之后，两个IP地址循环出现。这时，一般就是线路远端把端口路由又指向了线路的近端，导致IP包在该线路上来回反复传递。解决路由循环的方法就是重新配置路由器端口的静态路由或动态路由，把路由设置为正确配置，就能恢复线路了。

路由器CPU利用率过高和路由器内存余量太小，导致网络服务的质量变差。比如路由器内存余量越小丢包率就会越高等。检测这种故障，利用MIB变量浏览器较直观，它收集路由器的路由表、端口流量数据、计费数据、路由器CPU的温度、负载以及路由器的内存余量等数据，通常情况下网络管理系统有专门的管理进程，不断地检测路由器的关键数据，并及时给出报警。解决这种故障，只有对路由器进行升级、扩大内存等，或者重新规划网络拓扑结构。

（2）一些重要进程或端口关闭

一些有关网络连接数据参数的重要进程或端口受系统或病毒影响而导致意外关闭。比如，路由器的SNMP进程意外关闭，这时网络管理系统将不能从路由器中采集到任何数据，因此网络管理系统失去了对该路由器的控制，或者线路中断，没有流量。

排查方法：用Ping线路近端的端口看是否能Ping通，Ping不通时检查该端口是否处于down的状态，若是说明该端口已经给关闭了，因而导致故障。这时只需重新启动该端口，就可以恢复线路的连通。

（3）主机逻辑故障

主机逻辑故障所造成网络故障率是较高的，通常包括网卡的驱动程序安装不当、网卡设备有冲突、主机的网络地址参数设置不当、主机网络协议或服务安装不当和主机安全性故障等。

①网卡的驱动程序安装不当。包括网卡驱动未安装或安装了错误的驱动出现不兼容，都会导致网卡无法正常工作。

排查方法：在设备管理器窗口中，检查网卡选项，看是否驱动安装正常，若网卡型号前标示出现"！"或"×"，表明此时网卡无法正常工作。解决方法很简单，只要找到正确的驱动程序重新安装即可。

②网卡设备有冲突。网卡设备与主机其他设备有冲突，会导致网卡无法工作。

排查方法：磁盘大多附有测试和设置网卡参数的程序，分别查验网卡设置的接头类型、IRQ、I/O端口地址等参数。若有冲突，只要重新设置（有些必须调整跳线），或者更换网卡插槽，让主机认为是新设备重新分配系统资源参数，一般都能使网络恢复正常。

③主机的网络地址参数设置不当。主机的网络地址参数设置不当是常见的主机逻辑故

障。比如,主机配置的 IP 地址与其他主机冲突,或 IP 地址根本就不在网范围内,这将导致该主机不能连通。

排查方法:查看网络邻居属性中的连接属性窗口,查看 TCP/IP 选项参数是否符合要求,包括 IP 地址、子网掩码、网关和 DNS 参数,进行修复。

④主机网络协议或服务安装不当。主机网络协议或服务安装不当也会出现网络无法连通。主机安装的协议必须与网络上的其他主机相一致,否则就会出现协议不匹配,无法正常通信,还有一些服务如"文件和打印机共享服务",不安装会使自身无法共享资源给其他用户,"网络用户端服务",不安装会使自身无法访问网络其他用户提供的共享资源。再比如,E-mail 服务器设置不当导致不能收发 E-mail,或者域名服务器设置不当将导致不能解析域名等。

排查方法:在网上邻居属性(Windows98 系统)或在本地连接属性窗口查看所安装的协议是否与其他主机是相一致的,如 TCP/IP 协议,NetBEUI 协议和 IPX/SPX 兼容协议等。其次查看主机所提供的服务的相应服务程序是否已安装,如果未安装或未选中,请注意安装和选中之。注意有时需要重新启动计算机,服务方可正常工作。

⑤主机安全性故障。主机故障的另一种可能是主机安全故障。通常包括主机资源被盗、主机被黑客控制、主机系统不稳定等。

排查方法:主机资源被盗,主机没有控制其上的 finger,RPC,rlogin 等服务。攻击者可以通过这些进程的正常服务或漏洞攻击该主机,甚至得到管理员权限,进而对磁盘所有内容有任意复制和修改的权限。还需注意的是,不要轻易地共享本机硬盘,因为这将导致恶意攻击者非法利用该主机的资源。

主机被黑客控制,会导致主机不受操纵者控制。通常是由于主机被安置了后门程序所致。发现此类故障一般比较困难,一般可以通过监视主机的流量、扫描主机端口和服务、安装防火墙和加补系统补丁来防止可能的漏洞。

主机系统不稳定,往往也是由于黑客的恶意攻击,或者主机感染病毒造成。通过杀毒软件进行查杀病毒,排除病毒的可能。或重新安装操作系统,并安装最新的操作系统的补丁程序和防火墙、防黑客软件和服务来防止可能的漏洞的产生所造成的恶性攻击。

计算机网络技术发展迅速,网络故障也十分复杂,上述概括了常见的几类故障及其排查方法。针对具体的诊断技术,总体来说是遵循先软后硬的原则,但是具体情况要具体分析,需要网络维护管理人员经长期的经验积累,才能迅速找到问题所在,以便快速解决。

任务实施

一、任务提出

到学校网络信息中心实习,了解网络系统管理员的工作内容。

二、任务目标

1. 能独立进行校园网络的日常维护。

2. 能维修简单的网络系统故障。

三、实施步骤

1. 教师进行分组教学,3～5 人一组。

2. 分批跟随校园网络系统管理员进行实习,边做边学。

3. 填写网络机房日常巡检表,见表2-1。

4. 维修 3～5 个简单网络系统故障,记录到表2-2 中。

四、任务总结

1. 任务实施过程中,要时刻遵守各项安全制度。教学采用分组形式,实施前要进行实训安全教育。

2. 利用 2 课时,进行实习总结。每一组都要做实习分享。

3. 任务结束后,学生要完成相应的实训报告书。

表2-1 网络机房巡检记录表

巡视人员		维护日期		地点		
维护记录						
类别	项目	内容(正常在方框内打勾)				备注
供电	配电	1. 电源插座工作是否正常			☐	
		2. 配电柜开关有异味异响			☐	
		3. 电线是否有损坏或有异味			☐	
	UPS 运行情况	1. 负载不大于85%			☐	
		2. 无报警声及错误显示			☐	
		3. 查看运行日志是否有异常			☐	
		4. 三相输入、输出电压是否正常			☐	
		5. 电压范围是否正常			☐	
		6. 蓄电池是否完好,正常			☐	
环境控制	环境	1. 确保地板和机柜清洁			☐	
		2. 确保照明系统工作正常			☐	
	门禁系统	检查门锁是否有锁芯或把手松动			☐	
	空调系统	1. 确保空调无错误报警			☐	
		2. 机房室内温度(22～26 ℃)			☐	
		3. 机房室内湿度(25%～60%)			☐	
		4. 检查内外机的运行声音是否正常			☐	
防火	消防系统情况	1. 自动灭火系统是否有告警日志			☐	
		2. 灭火器内部压力值在正常的范围			☐	
		3. 灭火器表面无损坏,在有效日期			☐	
		4. 机房温感、烟感状态是否正常			☐	

续表

类别	项目	内容(正常在方框内打勾)	备注
网络硬件	切换器运行情况	1. 切换器温度是否正常　☐ 2. 切换器按钮是否正常　☐	
	服务器运行情况	1. CPU 运行状态是否正常　☐ 2. 内存占用情况是否正常　☐ 3. 硬盘空间是否足够　☐ 4. 指示灯状态是否正常　☐ 5. 网络连接是否正常　☐	
	网络运行情况	1. 光猫指示灯状态是否正常　☐ 2. 转换器是否正常　☐ 3. 光纤是否破损　☐ 4. 网络连通性是否正常　☐	
	存储运行情况	1. 系统日志是否正常　☐ 2. 指示灯状态是否正常　☐	
	路由器运行情况	1. 系统性能是否正常　☐ 2. 指示灯状态是否正常　☐ 3. 网络连接是否正常　☐ 4. 子网端口是否正常　☐ 5. 温度是否正常　☐	
	中心交换机运行情况	1. 系统性能是否正常　☐ 2. 指示灯状态是否正常　☐ 3. 网络连接是否正常　☐ 4. 子网端口是否正常　☐ 5. 温度是否正常　☐	
网站平台	校园网管理平台	1. 校务 OA 管理系统是否正常　☐ 2. 校园网站是否正常　☐ 3. 视频点播系统是否正常　☐ 4. 电子备课系统是否正常　☐ 5. 电子图书系统是否正常　☐ 6. 手机微网站是否正常　☐	

表 2-2　故障维修记录表

序号	故障现象	处理过程	处理结果	备注
1				
2				
3				
4				
5				

 思考与练习

1. 简述计算机网络系统的组成。

2. 现某小区一户家庭要办理上网,不知该采用何种上网方式。请你根据运营商的价格,给出合理化的建议。

3. 现学校某办公室计算机显示 IP 冲突,无法上网,请给出维修方法。

4. 简述出入机房时,对人员各方面有什么要求。

5. 假如你是学校网络维护管理员,你同学想借用学校机房计算机进行绘图,你该怎么做?

6. 假如你是学校网络维护管理员,雷雨天你应该做些什么样的预防工作?

任务二　语音通信系统的运行管理与维护

 教学目标

终极目标:会进行日常管理及维护维修语音通信系统。

促成目标:1. 能讲解语音通信系统的组成。

　　　　　2. 会进行日常管理语音通信系统。

　　　　　3. 会维修语音通信系统的简单故障。

 工作任务

1. 维护语音通信系统(以校园为对象)。

2. 进行简单故障的维修。

相关知识

一、常见的语音通信系统

1.电话通信系统

电话通信系统有 3 个组成部分:一是电话交换设备;二是传输系统;三是用户终端设备。

电话交换机按其使用场合可分为两大类:一类是用于公用电话网的交换机;另一类是用户专用电话网的交换机,简称为用户交换机。公用电话网的交换机是用于用户交换机之间中继线的交换。用户交换机是机关团体、宾馆酒店、企事业单位内部进行电话交换的一种专用交换机。在智能建筑中,通信系统的控制中心其中之一是程控数字用户交换机 PABX(Private Automatic Branch Exchange)系统。

程控数字用户交换机系统的核心就是程控数字用户交换机,该交换机是以完成建筑物内用户与用户之间,以及完成用户通过用户交换机中继线与外部公用电话交换网上各个用户之间的通信。程控数字用户交换机的系统结构如图 2-16 所示。

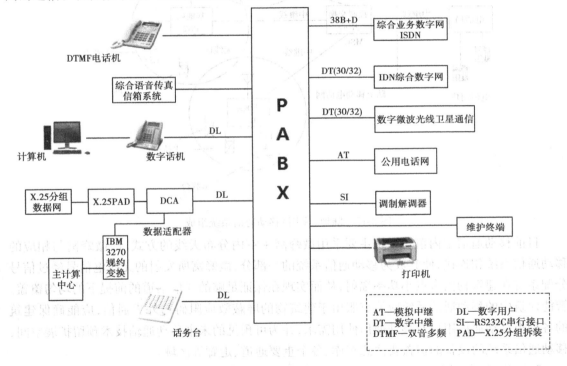

图 2-16 程控数字用户交换机的系统结构

各类应用功能不同的智能建筑中的用户可以采用现有的程控数字用户交换机中系统软件、应用软件和不同的硬件设备等,将通用型数字用户交换机变换成旅馆型、医院型、办公室自动化型、银行型、专网型等特殊用途的用户交换机。

智能建筑中程控数字用户交换机除用于单位用户之间相互通话外,还可通过出、入中继线实现单位内部用户和公用电话网上的用户或和其他单位交换机用户之间的信息交换,为此一

般采用用户交换机进网中继方式。程控数字用户交换机作为公用电话网的终端设备与公用电话网相连,通常可采用全自动接入方式、半自动接入方式和混合接入方式3种。

2. 移动通信系统

移动通信是通信的双方或有一方在运动的状态下进行的通信方式,即指在移动用户之间和移动用户与固定点用户之间进行的通信。

在智能建筑中移动通信系统通常可以分成两大类:一类为建筑物内的专用通信系统,如集成群调度电话;另一类为公用移动电话在建筑物内的使用,如中国移动或中国联通的移动电话。移动通信室内覆盖系统一般由以下3部分组成:信号源、传输部分和天线系统。如图2-17为一个三级网的陆地(民用)移动通信系统组成示意图。

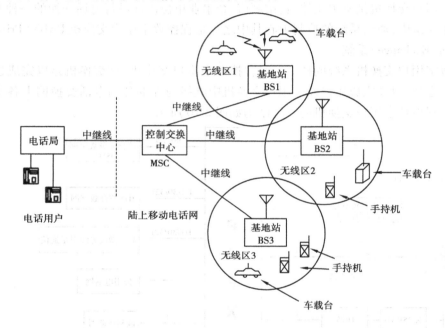

图2-17　陆地(民用)移动通信系统组成

目前移动通信室内覆盖系统主要采用微蜂窝+室内分布天线的方式,即微蜂窝与相应的移动通信系统相连接,使其成为移动通信系统的一部分,微蜂窝所发射的无线电信号经过信号分配系统在建筑物内多点小功率辐射,从而实现在保证足够的通信信道的前提下的均匀覆盖。智能建筑中的移动通信系统应能克服由于建筑物的屏蔽效应阻碍与外界通信,应能确保建筑的各种类移动通信用户对移动通信使用需求,并为可预见的未来移动通信技术预留扩展空间,移动通信系统的设备的覆盖要注意车库、各个重要通道、走廊等区域。

3. VoIP 电话系统

VoIP(Voice over Internet Protocol)简而言之就是将模拟信号(Voice)数字化,以数据封包(Data Packet)的形式在 IP 网络(IP Network)上作实时传递。VoIP 最大的优势是能广泛地采用 Internet 和全球 IP 互连的环境,提供比传统业务更多、更好的服务。VoIP 可以在 IP 网络上便宜地传送语音、传真、视频和数据等业务,如统一消息业务、虚拟电话、虚拟语音/传真邮箱、查号业务、Internet 呼叫中心、Internet 呼叫管理、电话视频会议、电子商务、传真存储转发和各种信息的存储转发等。

VoIP 电话与 PSTN 话音通信相比,提高了传输线路利用率,从而降低了通信成本,并且能方便地开展增值的多媒体应用。根据用户终端划分,VoIP 电话的应用可以分为 3 种方式:PC 到 PC 的语音通信、PC 到电话的语音通信、电话到电话的语音通信。

VoIP 电话系统主要由公用电话交换网(PSTN)、IP 网络、终端、网关、关守和相应的支持系统等组成,如图 2-18 所示。

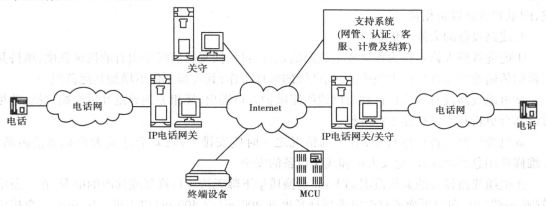

图 2-18　VoIP 电话系统的组成

VoIP 电话与传统的电话通信相比具有以下特点:①VoIP 电话是在基于分组交换的 IP 网络上传输。②VoIP 电话在 IP 网络上传输数据前就采用语音压缩技术。③VoIP 电话可以支持多种业务形式。④VoIP 电话不需收取长途电话费用,其费用相当低。

二、语音通信系统的运行维护

智能楼宇语音通信系统即中国电信所指的"本地网电缆线路设备",是电信全网通信系统连接用户的"第一公里",是为用户提供多种业务的基础。

智能楼宇管理师负责的是智能楼宇通信系统的日常管理维护,以及设备简单故障的维修和较大故障的报备。与电信部门的网络维护技术人员进行对接,共同保障楼宇智能化通信设备及网络的正常运行。

1. 线路设备的分类与组成

①电缆线路设备按类型可分为:a. 电缆设备:通信电缆、用户引入线、五类线缆等。b. 管道设备:管道、槽道、通道、人孔(井)、手孔(井)、引上管等。c. 杆路设备:电杆及附近。d. 交接设备:电缆交接、分线设备等。e. 附属设备:气压监测系统、防雷设备等。

②用户电缆线路设备是指用户终端设备经分线点和交接点到交换局配线之间的线路,包括:a. 主干电缆线路:楼宇交换局到该楼宇所在地电信局所属的交接设备或直接配线的第一个分线设备之间的线路(含接线端子)。b. 配线电缆线路:从主干线路的分支点或交接设备到各分线设备之间的线路(含接线端子)。c. 用户引入线:从分线设备到用户终端设备之间的线路。

2. 线路设备的管理

①凡已开通投入运行的主备用线路设备、辅助配套设备和准予入网的代维电缆线路设备,

均属维护和管理的范围。各种电缆线路设备,在工程施工完毕,技术指标良好,设计施工文件、图纸、技术资料完整准确,竣工验收合格后,经物业管理部门和所在电信局的同意,即开始执行规程有关的管理和维护规定。

②维护人员对电缆线路设备的技术和质量状况,应按规定的指标考核,以保证电缆设备完好。电缆线路设备完好的主要指标要求:a.各种电缆线路设备的电气性能应符合相应的技术指标要求。b.布局合理,结构完整。清洁整齐。c.运行正常,使用良好。d.技术资料齐全、完整,图纸和线路设备相符。

3.线路设备的大修和更新

①电缆线路大修是指为保证通信线路的正常运行,恢复通信线路固有的机械强度,维持其正常的传输性能而进行较大规模的、周期性的修理工作,其大修工作不增加其运营能力。

②电缆线路设备的大修计划由网线线路维护人员提出,经相关领导批准后组织实施,并尽可能结合更新和改进扩建工程进行。

③电缆线路设备在运行中,有下列情况之一时应安排大修:a.会造成大面积通信阻断;b.维修费用急剧增加;c.危及人员和线路设备的安全。

④电缆线路设备的大修范围如下:a.更换质量下降无法进行修复或移改的电缆,在一条电缆(端—端)内,多段更换或移改电缆累计长度在400 m(含400 m)以上的。b.在一个交接配线区内,更换分线设备累计在30个(含30个)以上或累计数量总数在20%(含20%)以上的。c.在一个交接配线区内或整条杆路内,更换电杆数量在30根(含30根)以上的。d.大批整修管道、人、手孔为定期维护所不能解决者,如图2-19所示。

图2-19 人孔处维修

4.线路设备的维护要求

①线路设备维护分为日常巡查、障碍查修、定期维护和障碍抢修。

②线路设备维护工作必须做到以下几点:a.严格执行线路作业安全技术规范和公司制订的安全规程。b.要做好线路设备的预检、预修工作,减少障碍率,提升客户满意度。c.当维护工作涉及运维部门以外的其他部门时,应由线路维护部门与相应部门联系,制订出维护工作方案后方可实施。d.维护工作中应作好原始记录,遇到重大问题应请示有关部门并及时处理。e.对重要用户、专线及重要通信期间要加强维护,确保通信畅通。f.针对不同业务类型和用户的重要程度,实行差异化维护。g.对应预约装机及客户事先预约的其他工作,应恪守相关的预

约服务时间。h.要做好线路设备的日常巡查和护线宣传工作,并采取必要的安全防范措施,防止被其他单位或个人非法占用和破坏线路设备。

5.线路设备的日常巡查维护

①日常巡查工作的主要内容为:a.每月巡回至少两次,遇到气候恶劣和外力影响地段还应进行重点巡查。b.及时了解线路设备和沿线的环境变化,及时排除隐患;遇到线路设备附近有施工时应进行适当的宣传和防护工作。c.每天检查充气设备及其他辅助设备的工作状态是否正常。d.认真记录每次巡查情况,发现问题及时汇报和处理,如图2-20所示。

图2-20　线路巡查

②杆、线维护工作:a.检查架空线路的垂度、挂钩、电缆外护层,对异常现象应及时进行处理。b.清除架空线路和吊线上的杂物。c.检查架空线路与电力线、广播线三线交越处的防护装置是否符合规定。d.检查架空线路与其他设施的空距和隔距是否符合规定。e.检查道路边的斜拉线、横跨道路的吊线是否安装反光安全警示套管或反光安全警示牌。f.检查架空线路锈蚀程度,及时做好防腐、防锈处理工作。g.电杆及拉撑设备的检修、加固。h.检查杆路资源标志是否完整清晰。

③人(手)孔、管道线路维护的主要内容:a.管道或人(手)孔有升高、回低、破损,井盖丢失、损坏等及时修复或更换。b.人(手)孔内的电缆必须沿孔壁按顺序架设在托架上,不得在人(手)孔内直穿或相互交叉,也不得放在人(手)孔底或相互盘绕。所有电缆的弯曲半径符合有关标准和规范规定,护层不得有龟裂、腐蚀、损坏、变形、折裂等缺陷。c.清除孔内杂物,抽除孔内污水。d.确保管道、人(手)孔不被腐蚀性、有毒、有害等物质侵蚀;发现有腐蚀、有毒、有害等物质侵入人(手)孔,应采取警示措施并及时上报。e.检查、完善人(手)孔资源标志。f.人(手)孔内的线缆应有明显标志,线缆接头和预留的线缆应安装牢固。

④用户引入线维护的主要内容:a.室外线布线整齐美观,保持支撑件牢固、绑扎合格,无托、磨现象,线缆穿越不许遮挡门窗。b.与电力线平行、交越时,布设工艺、间距等符合规定,特殊情况需采取保护措施,确保无市电侵入危险。c.室内布线需征求用户意见,布线合理、牢固、美观,室内线不应和电力的金属管、槽板等并装在一起,并避免靠近暖气(水)管、强磁场

源;穿过底板洞、墙洞时,应有保护措施,如图 2-21 所示。

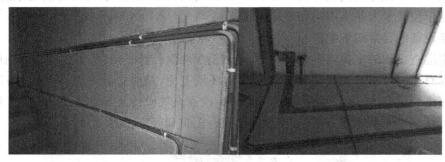

图 2-21　用户引入线布线

⑤大楼通信综合布线系统维护的主要内容:a. 机柜、机架安装牢固,各组件不得脱落和损坏,表面无脱漆,内部整洁。b. 电缆桥架、线槽、吊架和支架安装牢固,无歪斜现象。c. 金属桥架及线槽节之间接触良好,安装牢固。d. 信息插座安装牢固,电气连接可靠,优先选用具有防尘、防潮护板的信息插座。e. 资源标志完整、清晰、准确。

6. 季节性维护工作

①在汛期、台风、冰凌季节及法定节假日到来之前应对线路设备的关键部位和薄弱环节进行加固、检修等,并制订应急预案。

②在汛期、台风、冰凌季节及法定节假日期间,应加强对线路设备运行情况的监视和线路设备的巡查。

③定期检查仓储,做到障碍抢修所需材料、备用缆线及仪表、工具齐全,状况良好。

④加强值班制度,保证应急抢修工作正常进行。

7. 线路设备的防护

①直埋线路的防护措施:a. 防止和排除线路设备路由上积存的污水、垃圾等有腐蚀性的物质。b. 电缆与有腐蚀性的设施的隔距应符合相关规定。c. 在蚁、鼠活动地区应增加相应的防治措施。

②线路设备的防雷设施要定期测试、检修、保证性能良好。对曾受雷击的地段应采取加装防雷线、屏蔽线、消弧线等防雷措施。打开原有电缆接头时必须做好跨接线。

③管道线路的防护措施:a. 地下室和局前井的管孔应进行封堵,防止有毒、易燃煤气体和地下水的侵入,在重点区域安装有害气体感应装置,并定期对地下室和管道进行检查和测试。b. 发现人井中侵入有腐蚀性的污水和易燃易爆等有害气体(如管道煤气、天然气)时,要追寻其来源,设法消除其危害。

④线路设备的防强电措施:a. 凡线路设备与强电线路平行、交越或与地下电气设备平行、交越时,必须采取防护隔距和措施,如图 2-22 所示。b. 遭受强电影响的线路应实地进行测试、分析原因,并与电力等部门协商采取措施加以解决。c. 防强电装置应定期检查和维护,保证其性能良好。d. 全塑电缆在局端和外端应采取接地保护等措施。e. 在架空线路与强电线路平行、交越区域,需做好拉线与吊线的分离工作,并安装独立的地线装置。

图 2-22　强弱电布线

　　⑤线路设备的防盗措施:a.在电缆盗窃多发区域,应积极做好技术防范工作。b.积极配合安保部门做好线路防盗工作。c.积极组织开展护线宣传活动。d.加强线路材料管理,及时回收、处理废旧材料和工余料。

　　8.障碍处理

　　①障碍处理必须建立闭环管理流程,要求集中受理、统一派单、集中消障,集中回访。

　　②障碍处理原则:先抢通,后修复;先重要,后一般。

　　③用户障碍的处理:a.当障碍处理与其他工作发生矛盾时,应优先确保在规定时限内修复障碍。b.与用户有约定时间的,维护人员必须在预约的时间准时到达障碍现场,并在规定时限内完成障碍的抢修。c.对用户申告的障碍不能在规定时限内修复的,应及时回复障碍派单部门。

　　④严重障碍和重大通信阻断障碍,与电信部门及时联系。在障碍排除后应撰写故障分析报告,分析障碍发生的原因,总结经验教训,提出改进防护措施的意见。

　　9.割接管理

　　①线路设备割接是指由于工程建设、技术改造、市场业务需求、日常维护等原因,对在用线路设备进行必要的网络调整工作,如图 2-23 所示。

图 2-23　线路的割接

②线路设备割接原则上应采用不中断业务方式进行,割接时间原则上要求在话务闲时或网络流量低峰时段,以尽量减少对通信的影响。线路设备的割接安排要关注重要客户的特殊要求。

③对于影响正常电信服务的割接,应提前3天采用适当的方式告知用户。

④割接完成后,应按割接方案的要求做好测试工作,尤其对大客户、重要用户、数据业务客户必须当场测试验证,并对重要客户进行回访确认。

⑤割接完成后,应及时按资源动态管理要求完成网络资源数据及实物标志的修改。

⑥因割接引起的客户故障由割接实施单位负责在规定时限内修复;工程割接引发的其他故障,工程管理部门负责跟踪、解决。

10. 安全规定

①线路维护部门应加强安全生产的教育、检查,建立和健全各项安全生产、安全操作的规章制度。维护人员应熟悉安全操作方法,并认真执行。凡进行危险性较大,操作复杂的工作时,必须事先拟订技术安全措施,操作前检查操作命令、操作程序,涉及的设备、工具和防护用具,当确实安全可靠时,方可进行工作。

②在维护、测试、障碍处理、日常检查以及工程施工等工作中,应采取有效预防措施,防止造成人为故障和重大通信阻断。

③防范各种伤亡事故(如中毒、电击、灼伤、倒杆、冻伤和坠落致伤等),严格按照相关规定的要求进行操作(如登高、下井等特殊作业,必须配备使用试电笔、有害气体探测等安全设备)。

④普及维护人员的消防知识及消防器材的使用知识,配线室必须配置强电操作保护器材并强化日常使用培训。防火装置及抢修车辆应定期检查,损坏要及时维修,确保消防和抢修的需要。

⑤安全保卫工作应做到:a. 安全工作应有专人负责,加强指导和定期检查,发现问题要及时改进。b. 认真执行安全保卫制度,外部人员因公进入生产用房,需经有关部门批准,并进行登记。

11. 保密规定

①线路设备维护部门要有组织、有计划地进行职工的保密教育。严格遵守通信纪律,增强保密观念,并做到以下几点:a. 严禁携带保密文件进入公共场所,私人通信和广告宣传中不得泄露通信机密。b. 严禁监听用户通信,严格对用户资料保密。c. 各种机密图纸、资料、文件等(包括电子格式),应严格按照保密工作管理办法要求进行管理。

②对泄密事件应立即查明,采取补救措施,并立即上报上级主管部门。

三、语音通信系统常见故障分析

1. 电话系统常见故障

电话在使用过程中,难免会出现断音、音小、杂音、错号等故障,有的是电话局机械和线路发生故障,但也有用户室内配线和话机有问题,甚至是由于缺乏电话使用、保养常识人为造成的,因此,电话出现故障时,就首先判断和检查一下,是电话局设备故障,还是自己室内设备有问题。电话系统常见的故障如下:

（1）提机无蜂音

提起话机或按下免提键时听不到蜂音（拨号音），证明断线、混线或电话机出现故障，可首先换一台好话机，如仍无蜂音，再检查室内电话线有无故障，有分机的也要检查分机线路是否混线。在判断故障时也可用耳塞机、干电池等简单工具，打开电话接线盒，用耳机听外线侧有无蜂音。断开电话机接线侧并接干电池正负极，如有"咔咔"声则说明电话机正常。有分机的最容易在接线盒处混线，判断故障时首先将分机拆掉。另外，室内电话线路特别是过门窗处最易混线、断线，找到破口处要接好、包好。经过室内检查后，确属外线混线或断线，可用手机往电话上打，能打通无人接是断线，打不通占线是混线，可立即向电话局故障台申告。

（2）有蜂音不通

听到蜂音进行拨号时，蜂音不中断，无法拨通对方。这时首先要检查一下话机的 P/T 转换开关位置。如话机不具有双音频功能时，你若将话机开关拨至 T 位置则无法拨通。若室内有两部话机关联使用，应看一下另一部话机送话器是否放好。当拨号时能切断蜂音，而仍拨打不通时，一般是话机故障。

（3）受话铃不响

向外打电话正常，外面向你打电话时无铃响，应检查话机开关位置，如有 OFF（关闭）位置时，可把它拨到 ON（打开）位置，如铃仍然不响，应检修话机振铃部分故障。

（4）拨号时错号

向外打电话经常错号或对方拨打的电话号码不是你的，而是另一个固定号码，这说明电话局线路故障，应向故障台申台。

（5）串音和杂音

通话时伴有是电流"嗡嗡"声或广播有"咔咔"的杂音，甚至通话中另外一个用户串入，这时应检查室内配线是否因潮湿而绝缘不良或接触不良造成两线不平衡所致，或直接向故障台申告。

（6）单方或双方音小

通话时难以听清对方讲话，应重拨一次，若仍然音小，更换话机也不好，可向故障台申告。

（7）按键故障

若拨号全部失效，可查叉簧接点是否氧化或沉积污垢造成接触不良；是否有的按键被卡住没有弹起而造成连续发号，使别的按键全被锁住。若某一按键接触不好而失灵，可用酒精清擦按键导电橡胶与印刷板的触点（也可用 B 号铅笔或炭精墨水涂抹）即可解决。导电橡胶磨损严重的，可将易拉罐铝片剪成与导电橡胶等大的干净铝片，粘在导电橡胶触点上，即可保持按键与电路板间的接触良好。

（8）叉簧故障

叉簧故障不但导致不能拨号，还影响通话。如何判断叉簧故障？只要反复拍打叉簧，如果明显弹不起来，或者听不到任何动静，则故障就出在叉簧，这时挂机后指示灯仍然常亮。叉簧故障一般多为接触不良，可用酒精清擦和调整簧片位置，使之接触良好。

（9）引线、话机绳故障

通话时有杂音，此故障多为电话机引线、话机绳、接线盒等器件氧化发霉或锈蚀造成接触不良所致，特别是在潮湿环境中更容易出现此故障。查找故障时，可分别摇动话机引入线、话机绳，如杂音加大，可能是线绳有断裂或接触不良，也可能是连接插卡、连接螺丝等器件松动。

这时可用砂纸将氧化污物清除和用酒精清擦。另外,引入线绳、连接插卡、连接螺钉等紧固件要拧紧,卡插件确保牢固可靠。话机绳、接线盒、卡插件等破损严重的器件,应即时更换。

(10)送、受话器故障

拨通后单方听不到讲话。能拨通,但听不到对方讲话,或对方听不到我方讲话,这时应首先检查送、受话器是否有故障。检查受话器的方法是:取一节干电池,再用两段导线,分别接在电池的正负极上,用导线的另两头去触小扬声器的两个接线柱,正常情况下应听到"哧哧"的声音,否则可能是音圈断线,换一只就可以了。检查送话器的方法是:对送话器吹气,此时在小扬声器中应听到反应,若声音很低或根本没有声音,则证明送话器断线或接触不良,视情况进行检修或更换。提起话筒啸叫也是送、受话器常见故障。当用免提通话时声音正常,但拿起听筒,靠近耳边就发出刺耳的啸叫声,使拨号通话失效,解决这一问题的方法是,打开听筒盒盖,然后在送话器上垫一小块海绵或棉花,盖好听筒盖,接上电话线,重新拿起听筒再试,啸叫声就没有了,拨号通话就可恢复正常。

(11)铃声故障

振铃无声主要检查收线开关是否压下,铃声开关所处的位置是否正确。振铃常响应检查电话机线路有无碰触进线,话机内部隔直电容是否漏电,线路板有无短路等,响铃控制开关断线、老化或振铃电路中隔直流电容器失效也容易出现此故障,将以上线路隔离、更换、绝缘,即可排除故障。

(12)交换机所有分机提机无音

检查交换机是否存在电路故障;检测交换机电源电压大小是否为正常值。若交换机主时钟晶振停振无时钟输出,多为环境温度骤降等因素引起,关电后用手轻触主机板时钟晶体,然后开机即可恢复。

(13)交换机与计算机不能正常连接

可能是计算机串口故障,需更换计算机串口或计算机。检查交换机串口与计算机连接是否存在短路或断路,用万用表测量判断或更换交换机和计算机连接线。查看交换机串口是否进行了保护性闭锁,复位交换机即可恢复。交换机串口故障,需电信专业人员维修或更换主机板。

(14)环路中继呼入交换机不接收

检查环路中继振铃流频率是否为国际25 Hz,若频率设置问题,可调节本机收铃频率参数。查看环路中继振铃断许续比是否为国际1:4,若不是,可调节本机收铃响铃时长参数;检查中继线接至交换机的线路是否良好。确保交换机中继开关打开。

2. 一般程控交换机软件设置故障

(1)分机号码无法设定,不能保存

程控电话交换机出现此故障,有可能是:①分机号的长度超出2~4位的范围。②分机号码首位不是1,2,3,当然特殊更改功能的除外,比如8开头。③分机号码里有重码,只要是在这3种情况中任意一种,编进去的分机号就不能保存。④某些电话交换机容易出现重码情况,主要是因为这些交换机的分机号码在出厂状态下有128个号码,用户在使用时没有考虑48个端口后面还有分机号,往往就会出现重码问题。

解决方法是在设置分机号前先进行清除,例如,需要设置1个"111"分机号码,则应首先把110-119端口的分机号清除,再输入111并保存即可。

（2）服务等级编号后，无法进行长途通话

由于现在 IP 电话号码的不断增加，某些程控电话交换机在 16 项增加一些限制号码的同时，把第一组的 0 字头更改为其他号码，16 项限制号码的 0 字头就取消了，这样长途就失控了，还有一种由于线路是拨 9 出局的外线，如果要限制长途功能，就要在 16 项设为 90 开头或者在 02 项改设 PBX 线等。

（3）日夜模式不能自动切

程控电话交换机出现此故障，需要检查：①系统时间是否正确。②指定切换时间是否按24 小时制。③打入指定振铃端口设定是否正确。

任务实施

一、任务提出

到学校物业服务中心实习，负责校园固定通话系统的维护管理。

二、任务目标

1. 能独立进行校园固定通话系统的管理维护。

2. 能维修简单的固定通话系统故障。

三、实施步骤

1. 教师进行分组教学，3～5 人一组。

2. 分批跟随校园物业负责电话设备管理维护的技术人员进行实习，边做边学。

3. 填写固定电话维护作业记录表，见表 2-3。

4. 维修 1～2 个简单通话系统故障，记录到表 2-4 中。

四、任务总结

1. 任务实施过程中，要时刻遵守各项安全制度。教学采用分组形式，实施前要进行实训安全教育。

2. 利用 2 课时，进行实习总结。每一组都要做实习分享。

3. 任务结束后，学生要完成相应的实训报告书。

思考与练习

1. 现代常用的语音通信系统都有哪些？

2. 某家庭采用电话上网方式。但是上网时不能打电话，打电话时网络就掉线。简述该故障的原因。

3. 办公室电话杂音严重，请给出维修方法。

4. 上网进行资料检索，简述程控交换机的发展。

5. 简述有线通信与无线通信的优劣。

表 2-3　维护作业记录表

	维护测试项目	设备数量	作业记录	执行人
机房	机房温、湿度检查			
	机房环境的清洁			
设备	机柜指示灯观察			
	风扇状态的检查			
	检查设备 CPU 内存利用率			
	各中继电路状态监测			
	设备的状态监测			
	处理板的状态监测			
	核对设备系统时间和网管时间			
	查看并解决当前告警			
	测试告警上报状况			
	查看交换机话单接受进程的运行状态			
	以低级别用户身份登录网管			
	所有后台系统病毒检查维护			
	监测服务器及终端的状态			
	检查服务器 CPU、内存、磁盘利用率			
	查看文件系统及主要进程的运行状态			
	检查网络业务数据收集情况			

表 2-4　故障处理记录表

序号	故障现象	处理过程	处理结果	备注
1				
2				
3				
4				
5				

任务三　卫星有线电视系统的运行管理与维护

教学目标

终极目标:会进行日常管理及维护维修卫星有线电视系统。

促成目标:1.能讲解卫星有线电视系统的组成。

　　　　　2.会进行日常管理卫星有线电视系统。

　　　　　3.会维修卫星有线电视系统的简单故障。

工作任务

1.维护卫星有线电视系统(以校园电视网为对象)。

2.进行简单故障的维修。

相关知识

一、卫星有线电视系统组成

　　传统有线电视系统也称为 CATV(Community Antenna Television)系统,是指共用一组天线接收电视台电视信号,并通过同轴电缆传输、分配给许多电视机用户的系统。

　　现代卫星有线电视网是指以电缆、光纤为主要传输媒介,通过卫星或天线发射向用户传送本地、远地及自办节目的电视广播数据通信系统,称为混合光纤同轴电缆网(Hybrid Fiber-Co-axial;HFC)。它是一个集节目组织、节目传送及分配于一体,并向综合信息传播媒介的方向发展的综合性网络,提供包括图像、数据、语音等全方位的服务。光纤同轴电缆(HFC)网成为有线电视网络发展的主流。为有线电视网开展增值业务、进行综合信息应用提供了重要条件。目前,我国正在大力推进计算机网络、有线电视网络与电信网络的"三网融合"。

　　卫星有线电视系统由 3 部分组成:前端部分、干线部分和分配部分,如图 2-24 所示。

　　前端部分提供有线电视信号源,前端设备主要有卫星接收设备、采编、录放(节目制作)设备、调制器、混合器、光发射机等。有线电视信号源可以有各种类型,用户如果有自办节目,或者要接收上级有线电视台以外的卫星电视都要设置卫星接收设备和调制器。如果当卫星接收的频道与有线电台播放的频道有冲突的时候,应将卫星接收频道加频道转换器,转换到 1~64 频道中某一空余频道,如果制式不同还必须加制式转换器,最后与有线电视系统一起混合后传向用户电视系统。

　　干线主要设备是光发射机、光中继、光接收机、干线放大器,根据距离远近、有线电视用户总数不同,需要干线提供的信号大小也不一样,光发射机、光中继、光接收机、干线放大器用来补偿干线上的传输损耗,把输入的有线电视信号调整到合适的大小输出。

　　分配系统部分的设备包括接入放大器、分支分配器及用户盒。分支分配器属于无源器件,作用是将一路电视信号分成几路信号输出,相互组合直接接到终端用户的电视面板上,使电视机端的输入电平按规范要求应控制在 64 dBmV ±4 dBmV。在用户终端相邻频道之间的信号电平差不应大于 3 dB,但邻频传输时,相邻频道的信号电平差不应大于 2 dB,根据此标准采用不同规格的分支分配器。分配出的线路不能开路,不用时应接入 75 Ω 的负载电阻。

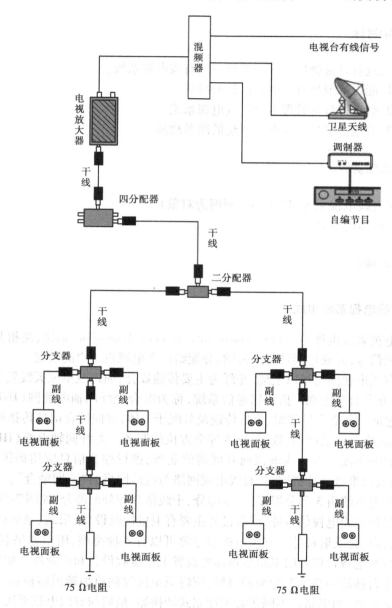

图 2-24　有线电视系统结构

我们常说的数字电视是一个从节目采集、节目制作、节目传输直到用户端都以数字方式处理信号的端到端的系统,基于 DVB(数字视频广播)技术标准的广播式和"交互式"数字电视。采用先进用户管理技术能将节目内容的质量和数量做得尽善尽美,并为用户带来更多的节目选择和更好的节目质量效果,数字电视系统可以传送多种业务,如高清晰度电视(简写为

"HDTV"或"高清")、标准清晰度电视(简写为"SDTV"或"标清")、互动电视、BSV 液晶拼接及数据业务等。与模拟电视相比,数字电视具有图像质量高、节目容量大(是模拟电视传输通道节目容量的 10 倍以上)和伴音效果好的特点。

数字机顶盒的基本功能是接收数字电视广播节目,同时具有所有广播和交互式多媒体应用功能,如:①电子节目指南(EPG)。给用户提供一个容易使用、界面友好、可以快速访问想看节目的一种方式,用户可以通过该功能看到一个或多个频道,甚至所有频道上近期将播放的电视节目,如图 2-25 所示。②高速数据广播。能给用户提供股市行情、票务信息、电子报纸、热门网站等各种消息。③软件在线升级。软件在线升级可看成是数据广播的应用之一。数据广播服务器按 DVB 数据广播标准将升级软件广播下来,机顶盒能识别该软件的版本号,在版本不同时接收该软件,并对保存在存储器中的软件进行更新。④因特网接入和电子邮件。数字机顶盒可通过内置的电缆调制解调器方便地实现因特网接入功能。用户可以通过机顶盒内置的浏览器上网,发送电子邮件。同时机顶盒也可以提供各种接口与 PC 相连,用 PC 与因特网连接。⑤有条件接收。有条件接收的核心是加扰和加密,数字机顶盒应具有解扰和解密功能。

图 2-25　电视机顶盒

数字机顶盒不仅是用户终端,还是网络终端,它能使模拟电视机从被动接收模拟电视转向交互式数字电视(如视频点播等),并能接入因特网,使用户享受电视、数据、语言等全方位的信息服务。随着数字技术、多媒体技术和网络技术的发展,数字机顶盒内置和整个成本的下降,大多数用户可以在普通模拟电视机上实现既能娱乐,又能上网等多种服务。随着"三网融合"的不断深入,除了广电网络推出自己的数字电视机顶盒外,现在中国移动、中国联通、中国电信等移动通信公司,以及乐视、小米等互联网公司,都推出了自己品牌的机顶盒,真正实现了三网的互通互联。

二、卫星有线电视系统运行维护

对于有线电视系统的维护,行业流传一句话,"供电正常是前提,接头精细是关键,接地良好是保证,日常维护是根本",说明了维护的重要性。

有线电视系统的维护的主要内容包括:前端设备、干线设备和分配系统3部分。可分为一般性检查和电器测试。一般性检查主要是线路巡视和设备、器材的外观检查,观察设备、器材和线路有无损伤、锈蚀、松脱、进水及其他异常情况等。电器测试是对网络的抽样监测点进行定期检测并比较,以确定网络是否按设计要求正常工作,发现问题及时调整网络运行工作状态,以保证网络的安全可靠运行,始终保证网络高质量地传输广播电视节目。如图2-26所示。

图2-26　线路巡查与电器测试

日常的有线电视维护工作要做到有制度可循、有规范可依,建立出一套日常维护的质量保障体系以及有效的维护措施,就能够达到用户的要求,确保系统能够稳定地运行下去。

1. 有线电视系统维护的队伍

有线电视系统质量保证体系需要将维护队伍建设成为一支专业技术强、政治素质好的队伍,并且要求每一位维护人员对本职工作都具有高度的责任心,做到爱岗敬业,自觉地充实自己的专业知识。

2. 有线电视系统维护的管理

日常维护管理体系,需要一套严密的科学系统。例如,定期检测、走访制度等,建立责任制度的同时,也需要严明奖惩条例,如此才能够充分地将维护人员的积极性调动起来。建立由用户、维护人员、维修人员、管理部门组成的系统信息反馈网。

3. 有线电视系统维护的主要内容

①前端设备的维护主要包含天线的方向是否正确地摆放,固定螺丝是否出现了松动现象,地线避雷器是否完好,电源电压以及供电器电压是否正常,冬天是否出现了结冰积雪等现象。

每年定期对天线馈线和接头进行检查,对氧化的馈线进行处理,对氧化或腐蚀的接头要重新制作,以免影响接收信号质量。尤其是对天线的避雷装置进行检查,并测量避雷针的接地电阻不要大于4 Ω,如出现接触不良或断线要及时处理。每次雷雨大风过后,要认真检查天线支撑竖杆和固定拉线是否损坏,必要时进行加固。检查天线的方向是否变动,如有变动必须微调修正。对天线每隔半年进行一次检查校正,检查的内容有:抛物面的型面是否受到破坏而变形,F接头是否进水生锈;螺丝是否松动;转动是否灵活等。检查中发现的问题要及时处理,氧化了的接头要重新制作。每年对天线喷漆一次,以防锈蚀损坏,定期对天线调节部分加油,以免锈蚀卡死。每年雨季到来之前,要做好两件事:检查防水胶布是否完好;检查室外线路是否有外伤破口。以防进水,造成信号衰落。

前端供电电源应保持稳定工作在 220 V(1±10%) 范围内,有些设备还应根据产品的技术要求保持电压的稳定幅度,如有的卫星地面接收机和彩色电视信号发生器采用 220 V(1±5%) 的电压供电,否则不能正常工作。整个前端设备由信息资料部负责,定期检查调整,每次调整均应作好记录。对前端的输出信号应每日检测一次,作好记录,以观察和掌握输出信号的变化情况。对前端设备中的有源部件,如频道放大器、频道变换器、功率放大器等,通常每周检测一次,并同时检查各种无源器件如衰减器、均衡器和混合器是否正常工作,接触是否良好。调制器每次使用时应检查、调整图像和伴音,每周检查一次主要部件的工作状况。前端主要设备均应有备份,并保持备用品良好,以备突发故障时更换。电视信号出现故障,无法正常收看电视节目,及时进行检查和修理。

②对于干线设备的维护主要包含地线、避雷器、供电器、电源等是否能够正常工作;电缆、电力线的垂度、钢绞线的高度等间距是否布置得符合规定;有无拉线紧固件、电缆损坏现象出现;检查设备的老化现象、分支分配器的防雨性能;日常的电平输入与输出状况等。

③对于分支分配系统的维护主要包含分支分配器、放大器的防雨性能,电杆吊线、拉线地线紧固情况如何,器件终端口的工作电平如何,入户线、支线及引入器件的紧固性能、电缆老化情况、损坏情况,还有用户私接、乱接、乱拉和用户的收看效果如何。

4.有线电视系统的主要维护方法

(1)定期维护

定期维护指的就是通过系统设计的相应要求以及日常工作的实际情况从而进行的定点、定时的预防性的维护工作。其中尤其是需要注重电平的检测,作好详细的检测记录,并且与原来的规范值进行比较。如果两者存在较大的差异,就需要及时地找出问题所在,及时地解决,确保系统的工作状态一直处于稳定之中。

(2)不定期维护

不定期维护指的就是将重心放在用户的投诉与外观的检查之上的一种突发性的排除故障的维护方式。对于外观的观察主要表现在:电缆线是否断裂、钢绞线是否损坏;放大器分支分配器是否能够密封不进水、地线是否完好、避雷针有无损坏等。此外,就是用户日常的不正当使用造成的破坏。负责人需要经常地进行巡视,如果发现隐患或者是已经出现的问题,需要进行必要的修复,如果问题棘手,需要请示,采取应急处理措施,尽量满足用户的要求,确保系统的正常运行。对于新搬入的用户的有线电视系统需要按照一定的施工安装程序,进行合理的设计与安排。对于迁出的用户,则需要将分支器终端负债封闭。

5.防雷措施

1)雷电危害

有线电视系统最常见的是遭受雷电破坏,雷电是一种大气中的放电现象,常常使有线电视设备严重损坏,在 CATV 系统中,防雷设计是一项十分重要的工作,而在实际工程当中,防雷并没有引起技术人员的足够重视,一旦遭到雷击,没有良好防雷措施的系统就会遭到严重破坏,甚至瘫痪。对于干线较长的大系统,防雷设计更是刻不容缓的大事。

雷击主要有两种:"直击雷"和"感应雷"。直击雷只有雷击率的 10% 左右,危害范围一般较小,可使用避雷针、避雷线和避雷网来防避,危害大得多的"感应雷"占雷击率近 90%,危害范围甚广,CATV 系统的电子设备受雷击损坏,主要是感应雷造成的。直击雷是带电云层和大地之间放电造成的,在形成雷云的过程中某些云积累起正电荷的雾云接近到一定程度时,发生迅猛的放电,出现耀眼的闪光。当雷云很低,周围又没有异性电荷的雷云时,就会在地面或者建筑物上感应出异性电荷,形成带电云层向地面或者建筑物放电;放电电流可达到几十甚至几百千安,放电时间为 50 ~ 100 μs,这种放电就是直击雷,直击雷对建筑物和人、畜安全危害甚大。安装避雷针后,CATV 系统的电子设备即使在其保护范围之内,仍然可能遭雷击而受损,大多数都是烧保险丝、电源变压器、整流元件,三端稳压器,严重的还可能损坏集成电路等元件,这说明雷击不是从天线引入的,而是从电源线引入的,可见避雷针虽保护了建筑物,却保护不了置于其内的 CATV 电子设备,这是感应雷造成的。

感应雷由静电感应和雷电流产生的电磁感应两种原因所引起,当带电的云层(雷云)靠近输电线路时,会在它们上面感应出异性电荷,这些异性电荷被雷云电荷束缚着。当雷云对附近的目标或接闪器(避雷针是最早、最常用的接闪器)放电时,其电荷迅速中和,而输电线路上束缚的电荷便为自由电荷,形成局部感应高电位。这种感应高电位发生在低压架空线路时也可达 100 kV;在电信线路上可达 40 ~ 60 kV。而且它可以沿着线路传入电子设备,造成损害。雷击后巨大的雷电流在周围空间产生交变磁场,由于电磁感应使附近设备感应出高电压,从而使设备损坏。如图 2-27 所示。

图 2-27 遭雷击的电视机

2)防雷措施

对于系统的防雷最有利的措施是系统有良好的接地,良好接地不仅能及早地泄掉感应雷产生的电压,同时也可泄掉由于设备漏电而产生的对地电压,达到保护设备和人身安全的目的,具体的系统防雷也是从接地开始的。

(1)天线的防雷接地

有线电视的接收天线和竖杆一般架设在建筑物的顶端,应把所有的接收天线,包括卫星接收天线的接地焊在一起,接天线的竖杆(架)上应装设避雷针,避雷针的高度应能满足对天线设施的保护,安装独立的避雷针时,由于单根避雷针的保护范围呈帐篷状,边界线呈双曲线,因此避雷外高于天线顶端的长度应大于天线的最大尺寸,避雷针与天线之间的最小水平间距应大于 3 m,建筑物已有防雷接地系统时避雷针和天线竖杆的接地应与建筑物的防雷接地系统共地连接;建筑物无专门的防雷接地可利用时,应设置专门的接地装置,从接闪器至接地装置采用两根引下线,从不同的方位以最短的距离沿建筑物引下,其接地电阻应小于 4 Ω,无论是新制作的接地线还是原建筑的接地线,接地电阻都应小于 4 Ω,除天线应有良好的避雷的接地外,还应采取以下措施:①无线输出端应安装专用 CATV 保安器。②天线输出电缆按接地要求接地。③使用装有气体放电管及快速反应保护二极管的天线放大器或频道放大器。

(2)前端设备的防雷接地

如果在前端附近发生雷击,则会在机房内的金属机箱和外壳上感应出高电压,危及设备及人身安全。前端设备的电源漏电也会危及人员的安全,因此,对机房内的所有设备,输入、输出电缆的屏蔽层,金属管道等都需要接地,不能与层顶天线的接地接在一起,设备接地与房屋避雷针接地及工频交流供电系统的接地应在总接地处连接在一起。系统内的电气设备接地装置和埋地金属管道应与防雷接地装置相连,不相连时两者的距离应大于 3 m,机房内接地母线表面应完整,并无明显锤痕以及残余焊剂渣;铜带母线应光滑无毛刺。绝缘线的老化层不应有老化龟裂现象。一些前端设备如调制器、接收机等没有过压保护,而只有过流保护,一旦有雷击物会出现电源烧坏而保险不断的情况,针对此种情况应在总电源处加装避雷器,以更好地保护前端设备。

(3)干线和分配系统的防雷接地

①敷设于空旷地区的地下电缆,当所在地区年雷暴天数大于 20 天及土壤电阻率大于100 Ω 时,电缆的屏蔽层或金属护套应每隔 2 km 左右接地一次。②架空电缆的屏蔽层及金属护套、钢纹吊线每隔 250 m 左右接地一次,在电缆分线箱处的架空电缆金属护套、屏蔽层及钢绞线应与电缆分线箱共用接地装置。埋设于空旷地区地下电缆,其屏蔽层和护套,应每隔2 km 左右接地一次,以防止感应电的影响。③电缆进入建筑物时,在靠近建筑物的地方,应将电缆的外导电屏蔽层接地,架空电缆直接引入时,在入户处应增设避雷器,并将电缆外导体接到电气设备的接地装置上,电缆直接埋地引入时,应在入户端将电缆金属外皮与接地装置相连。④不要直接在两建筑物屋顶之间敷设电缆,可将电缆沿墙降至防雷保护区以内,并不得妨碍车辆的运行,吊线应作接地处理。⑤系统中设备的输入输出端应有气体放电保护管,220 V供电的放大器的电源端应有过压保护装置,目前市面上的放大器鱼龙混杂,为了降低成本,甚至省去了防过压措施,如输入输出端元器件过压放电管,220 V 供电的放大器电源端只有过流保护,而无过压保护,在选用干线器材时,应把防过压保护作为一个重要的前提条件来考虑。⑥CATV 系统中的同轴电缆屏蔽网和架空支撑电缆用的镀锌铁线都有良好的接地。

在系统接地时,一定注意接地电阻的最小化,接地电阻大防雷效果就差,尽量减小接地电阻,控制在 8 Ω 以下为最好。有线电视系统的防雷是一项综合的技术工程,任何一个环节出了漏洞,都会影响整个系统的防雷效果。在做系统的防雷设计时一定要本着科学严谨的态度,切实做好系统的防护设计。

三、卫星有线电视常见故障分析

随着技术的发展,老式的模拟电视已经逐步被淘汰,取而代之的是高清数字电视。数字电视结构更为复杂,电路板上电子元器件多为贴片形式,难以维修。同时数字传输网络也比早期的模拟同轴电缆传输复杂得多。因此,数字电视及传输网络故障的维修对电视维护人员也提出了更高的要求。由于数字电视需配套安装机顶盒,其故障多由机顶盒故障引起,机顶盒常见故障如下：

1）机顶盒漏电现象

在安装机顶盒过程中，时常会出现机顶盒"电人"的现象，这是由于电视机的地线为参考地线，而 HFC 网的地线为真正的地线，因此，当两者相互接触时会产生不至于对人体造成危害的几十伏的电位差。当电视机与已连接 RF 信号线的机顶盒在带电状态接拔 AV 插头时，就会引起放电现象。

处理方法：

①避免在机顶盒与电视机带电的情况下连接其 AV 信号线。

②若需带电操作时，应先连接 AV 信号线，后接机顶盒的 RF 信号线。

2）机顶盒画面滚屏现象。

安装机顶盒后电视机画面有自下而上的快速翻滚或上下往返跳动现象，这是由于机顶盒主板与机顶盒前面板数码管的数据线连接不良引起的。

处理方法：

打开机顶盒机盖，将该数据线重新插拔，使其完全接触且不得松动。

3）机顶盒无法开机

①电源部分的器件损坏导致：由于用户在不收看数字电视节目时将机顶盒置于待机状态，当机顶盒遇到突然停电、来电或电压不稳定时，很容易损坏其电源部分的器件，使机顶盒不能正常启动。

②有少数机顶盒是在进行在线升级软件时，遇到断电，致使其 Flash（闪存）数据丢失而造成无法启动。

处理方法：

①更换电源板。

②需用计算机通过机顶盒串行接口对机顶盒进行"刷机"，即重装机顶盒系统软件。

③建议用户在不使用机顶盒时，将其电源关闭。

4）机顶盒有空频道现象

在 HFC 网用户终端的数字电视信号无异常的情况下，机顶盒出现有节目表而无图像和伴音的现象，该现象多发生于前端 CA 系统中的节目信息发生改变时，机顶盒由于处于待机状态，未能及时检索到新的信息，即机顶盒存储的信息未能及时升级。

处理方法：

将机顶盒恢复默认设置后，设置好机顶盒的升级主频点（315），重启机顶盒即可。

5）机顶盒缺频点现象

机顶盒中缺少的节目以频点为单位，该现象是由于系统输出口的信号电平过低或 HFC 网络线路严重老化、分支分配器接反、损坏等导致信号电平过低引起的。

处理方法：

①测量系统输出口的信号电平是否在正常工作范围。

②检查分支分配器是否异常，更换老化线路。

6）机顶盒交流声现象

此现象多发生于带有接地线的液晶电视上，这是由于液晶电视的地线为参考地线，而数字电视网络的地线为真正的地线，但电视机与机顶盒连接后，两者之间就会存在电位差（悬浮电),该电位差的频率点落在电视机的中频信号上,对其产生干扰,使得电视机图像上出现一道或两道横杆,伴音出现"嘟嘟"的交流声,影响用户收看电视节目。

处理方法:

①在机顶盒与用户终端盒之间的 RF 信号线上加装隔离端子。

②将为此提供信号的放大器作良好的接地。

③切断电视机的接地线路(不推荐)。

7)机顶盒断信号现象

在正常收看节目时,电视信号突然中断,机顶盒信号指示灯不亮,数秒后又自动恢复正常,尤其在刮风的时候,这是由于 HFC 网中用户分配网的线路接头松动,接触不良造成的。

处理方法:

加强线路维护,排除线路连接不良处。

8)死机现象

机顶盒画面停滞,无伴音及遥控失灵。该现象类似于计算机的死机,这是由于机顶盒的CPU 或 RAM 在处理数据时发生阻塞造成的。

处理方法:

①关闭机顶盒电源片刻后重启。

②可能是智能卡的问题,需要换卡。

9)机顶盒遥控失灵

①遥控器存在问题:如电量不足,电池正负极装反,晶振体损坏。

②机顶盒的红外接收器损坏,当遥控器对机顶盒发出红外线指令时,电视机同时也收到了指令,但因机顶盒与电视机晶振频率不同,电视机不会做出相应的动作,只是红外接收器的指示灯闪烁,此时若机顶盒没有做出相应的动作,则说明机顶盒的红外接收器损坏。

处理方法:

①更换或重装电池。

②更换遥控器。

③更换机顶盒红外接收器。

10)机顶盒马赛克现象

在数字电视中马赛克是最为常见的故障,导致马赛克的原因很多,如反射、信号过低、接触不良等。

(1)信号源引起的马赛克

此类马赛克是由于卫星的下行信号受到干扰(日凌或星蚀)或前端系统的设备不良造成的。图像瞬间出现马赛克,伴有"咔咔"声,在出现马赛克的频点节目信息中无误码提示,通过场强仪测量,其信号质量达标:即 MER≥28 dBV,BER≥1E-9,C/N≥43 dBV,平均功率65 dBV±4 dBV。

处理方法:

①查找干扰源。

②检查前端系统中与之相关的设备,更换之。

（2）线路接触不良引起的马赛克

此类马赛克是因 HFC 网中用户分配网的线路接头或用户暗线分支接头连接不良导致阻抗不匹配而引起的，严重时，将导致机顶盒的节目不全。机顶盒的一个或两个频点的节目图像出现连续的马赛克，伴音有"咔咔"声，触接线路接头时，马赛克和伴音均有强烈变化，在出现马赛克的频点节目信息中有误码提示，通过数字场强测量用户端的信号，发现该频点的 MIR < 28 dBV，BER > 1E-3，C/N < 43 dBV，平均功率 < 50 dBV。

处理方法：

①排除线路连接不良处。

②去除用户暗线的不规则接头，必要时另敷用户线，尽可能做到一户一线。

（3）高频头损坏引起的马赛克

此类马赛克较易判断，通过数字场强测量其用户端信号各项指标达标，线路无异常，但图像仍有马赛克存在（更换机顶盒后马赛克消失），则说明是机顶盒高频头损坏。机顶盒的节目图像均有马赛克存在，无缺频点现象，在出现马赛克的频点节目信息中无误码提示。

处理方法：

①更换机顶盒。

②更换机顶盒主板。

（4）信号电平过低引起的马赛克

此类马赛克是由于系统输出口电平正处于临界点，即"虚信号"引起的，同时伴有机顶盒缺频点现象。类似于线路接触不良引起的马赛克现象，但它们之间有本质的区别：线路接触不良，尤其是用户暗线存在问题，HFC 网用户终端的出口电平是正常的；而信号过低是 HFC 网中放大器输出口电平过低或分支分配器损坏或传输距离过远造成的，它与用户暗线或线路接头无关。

处理方法：

①根据实际情况，提高用户端输出口电平。

②更换损坏的分支分配器。

（5）网络中非线性产物引起的马赛克

HFC 网中的有源设备是非线性产物产生的根源，当传输通道中存在非线性失真时，数字频道间或数字频道和模拟频道间的非线性产物呈白噪声性质，以均匀分布的噪声干扰数字频道。被干扰频道电平并无降低，但图像上有马赛克频繁出现。

处理方法：

调整有源设备的工作电平，使其非线性指标在正常范围内工作。

11）传输网络常见故障

（1）整个小区信号不正常，马赛克或丢包

大部分是由光节点非正常引起的，常见的有光节点输入光功率低，光节点内光纤头脏，光纤接触不好，光节点本身故障等。

处理方法：

调整光功率，保证光纤干净、接触良好。

（2）某几栋楼无信号或信号不良

引起此故障的原因为：过电分支器损坏，干线接头脱落或氧化严重，电缆有损伤等。

处理方法：

查出故障具体部位,维修或更换。

(3)某栋楼信号不良,马赛克严重

引起此故障的原因为:放大器未调好,放大器本身故障,器件接头接触不良等。

处理方法：

按照设计要求调整放大器或者更换放大器。

(4)某栋楼或某单元信号不良,有规律地出现马赛克,比如每天固定时间出现应是楼内有某用户家漏电蹿入网内,该用户开机时就影响到其他用户。

处理方法：

分段排查,确定漏电用户后,在该用户家中加装隔离用户盒。

(5)某楼普遍出现丢包现象

一般是由于放大器本身故障引起的。

处理方法：

更换放大器即可。

(6)某单元出现丢包或马赛克现象

一般是因为分支器坏,或者分支器接反引起的。

处理方法：

测某几个频点电平有无明显异常,排查分支器是否接反。如果分支器坏,则需更换。

 任务实施

一、任务提出

到学校物业服务中心实习,负责校园有线电视系统的维护管理。

二、任务目标

1.能独立进行校园有线电视系统的管理维护。

2.能维修简单的有线电视系统故障。

三、实施步骤

1.教师进行分组教学,3～5人一组。

2.分批跟随校园物业负责有线电视管理维护的技术人员进行实习,边做边学。

3.填写有线电视维护作业记录表,见表2-5。

4.维修1～2个简单有线电视系统故障,记录到表2-6中。

四、任务总结

1.任务实施过程中,要时刻遵守各项安全制度。教学采用分组形式,实施前要进行实训安全教育。

2.利用2课时,进行实习总结。每一组都要做实习分享。

3.任务结束后,学生要完成相应的实训报告书。

 思考与练习

1.简述有线电视系统的组成。

2.简述HFC网络与CATV网络的区别。

3. 夏天雷雨天气,为什么有线电视容易损坏?

4. 何谓"三网融合"? 指出自己家上网的方式。

5. 为什么数字电视要加机顶盒? 机顶盒有何用途?

6. 为何家中的电视遥控器和机顶盒遥控器都能控制电视的音量? 控制原理有什么区别?

7. 教学楼某层的电视均无信号,简述可能是什么故障引起的,并给出维修方法。

表 2-5 有线电视系统保养记录表

设备	检查内容	检查情况	备注
机房	照明		
	指示灯		
	电源		
	光交换机		
	空调		
	卫星接收机		
	密码卡		
	邻频调制器		
	信号放大器		
	分配器		
	分支器		
	混合器		
室外设备	卫星接收天线		
	高频头		
	75-7 射频线		
	75-9 射频线		
楼栋设备	指示灯		
	电源		
	温度		
	信号放大器		
	分配器		
	分支器		
其他			
卫生清扫			

维保人: 审核人:

表 2-6　有线电视系统故障

序号	故障现象	处理过程	处理结果	备注
1				
2				
3				
4				
5				

任务四　视频会议系统的运行管理与维护

教学目标

终极目标:会进行日常管理及维护维修视频会议系统。

促成目标:1. 能讲解视频会议系统的组成。

　　　　　2. 会进行日常管理视频会议系统。

　　　　　3. 会维修视频会议系统的简单故障。

工作任务

1. 维护视频会议系统(以校园视频会议系统为对象)。

2. 进行简单故障的维修。

相关知识

一、视频会议系统组成

视频会议系统是通过网络通信技术来实现的虚拟会议,使其在地理上分散的用户可以共聚一处,通过图形、声音等多种方式交流信息,支持人们远距离进行实时信息交流与共享、开展协同工作的应用系统,如图 2-28 所示。视频会议极大地方便了协作成员之间真实、直观的交流,对于远程教学和会议也有着举足轻重的作用。

视频会议作为网络时代出现的新型会议方式,它的数据和图像传送功能是传统会议无法达到的。信息化的社会对工作效率和工作质量的要求在不断提高,视频会议系统建设已成现代化办公建设的重要组成部分。视频会议系统建设中要求充分利用现有资源,集成图像传输、远程培训、会议录像等功能,系统建成后能够实现平滑兼容和升级,将来能够向更高带宽和更高图像质量扩展。

图 2-28　视频会议现场

1996 年,国际电信联盟(ITU)批准了 H.323 规范,现代会议系统多是与互联网协同工作。H.323 为基于网络的会议系统定义了 4 个主要的组成部分:终端(Terminal)、网关(GATE-WAY)、网闸(GATEKEEPER)也称关守、多点控制器(MCU),如图 2-29 所示。会议终端设备采集会场的音视频信号进行编码成数字信号,通过传输网络发给多点控制单元(MCU),由 MCU 进行处理后再通过传输网络发给会议终端,会议终端设备再将 MCU 发来的数据进行解码还原成模拟信号输出到显示设备上,以实现"面对面"的交流。

终端在分组网络中能提供实时、双向通信的节点设备,也是一种终端用户设备。在发端,从输入设备获取的视频和音频信号,经编码器压缩后,按照一定格式打包,通过网络发送出去;在收端,来自网络的数据包首先被解包,获得的视频、音频压缩数据经解码后送入输出设备;用户数据和控制数据也得到了相应的处理。

网关也是 H.323 会议系统的一个可选组件。网关提供很多服务,其中包含 H.323 会议节点设备与其他 ITU 标准相兼容的终端之间的转换功能。这种功能包括传输格式(如 H.250.0 到 H.221)和通信规程的转换(如 H.245 到 H.242)。另外,在分组网络端和电路交换网络端之间,网关还执行语音和图像编解码器转换工作,以及呼叫建立和拆除工作。

关守是 H.323 系统的一个可组选件,其功能是向 H.323 节点提供呼叫控制服务。当系统中存在 H.323 关守时,其必须提供以下 4 种服务地址:地址翻译、带宽控制、许可控制与区域管理功能。带宽管理、呼叫鉴权、呼叫控制信令和呼叫管理等为关守的可选功能。

MCU 是多点视频会议系统的关键设备,它的作用相当于一个交换机的作用,它将来自各会议场点的信息流,经过同步分离后,抽取出音频、视频、数据等信息和信令,再将各会议场点的信息和信令,送入同一种处理模块,完成相应的音频混合或切换、视频混合或切换、数据广播和路由选择、定时和会议控制等过程,最后将各会议场点所需的各种信息重新组合起来,送往各相应的终端系统设备。

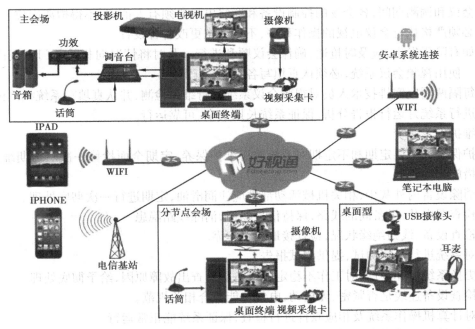

图 2-29　视频会议系统组成

二、视频会议系统运行维护

1. 运行管理职责

①接到会议通知后应及时通知网络传输部门,保证电路质量。维护人员应按时开机,保证设备正常,根据会议要求放好话筒,调整好音量,做好回声抑制训练。如图 2-30 所示。

图 2-30　视频会议系统管理

②主会场负责会前点名,对各分会场的图像、声音质量进行评定;各分会场应主动配合,到会场及时应答,及时闭音,业务用语简练准确。会议期间,操作人员应根据会议要求切换图像、开闭话筒,不得进行与会议无关的操作。

③会议和调测期间,各会场的控制设备和联络电话必须有人值守,不得擅离岗位。维护操作人员必须严格执行会议电视的操作程序,不得随意更改各种设置。

④如有障碍发生,应及时抢通,确保会议顺利进行。及时将情况向相关部门汇报;同时作好记录。使用视频会议系统,必须认真填写各类会议记录表。

⑤每隔两周应安排技术人员对视频会议系统进行维护检测,并认真填写系统检测记录表。每月应进行系统月运行报告分析,保证系统长期安全、可靠运行。

2. 维护保养职责

维护保养人员要定期和不定期对系统进行维护保养,定期全面检修一次。定期维护保养内容及措施如下:

①消除设备内外灰尘,相关机械活动部件应注润滑油,定期进行一次彻底处理。

②检查弱电井、设备间的线路,保持信号畅通,消除线路隐患。

③检查设备、线路绝缘状况,检查接地是否牢靠。

④对系统进行功能测试,提供测试报告。

⑤更换系统损坏零件,对工作不稳定的设备必须查出故障原因,给予彻底处理。

⑥检查设备连线是否紧密、无松动、电气性能符合相关规范。

⑦对计算机操作系统及相应软件进行检查,保证系统能正常运行。

⑧检查设备和系统参数设置是否正确,使设备和系统处于最佳设置状态。

⑨检查测试电源的输出电压,保证输出电压在标准输出的±5%范围内。

⑩检查所有金属件的腐蚀情况,如需要可除锈刷漆,检查设备并报告发现老化的情况。

⑪对存在的问题和隐患彻底进行处理,使系统处于良性工作状态。

⑫及时提供以下报告:

a. 年度维保计划及维保报告。

b. 季度维护计划及维保报告。

c. 系统测试报告。

d. 系统维护检查记录。

3. 重点设备的维护保养

(1)摄像机保养与维护

对摄像机的维护保养,要注意防潮、防尘、防腐、防雷、防干扰的工作。一旦摄像机防护罩及防尘镜头玻璃上蒙上一层灰尘,将严重影响监控图像效果,也给设备带来损坏,因此必须做好摄像机的防尘、防腐维护工作。在一些湿气较重的地方,则必须在维护过程中就安装位置、设备的防护进行调整以提高设备本身的防潮能力,同时对高湿度地带要经常采取除湿措施来解决防潮问题。摄像机在维护过程中必须对防雷问题高度重视。防雷的措施主要是要做好设备接地的防雷地网,同时杜绝弱电系统的防雷接地与电力防雷接地网混在一起的做法,以防止电力接地网杂波对设备产生干扰。

①定期进行检查。一般每月检测其各项技术参数及监控系统传输线路质量,及时更换、维修老化的摄像设备部件,处理故障隐患,如信号装接头,硬盘录像机的散热风扇等,确保各部分设备各项功能良好,能够正常运行。

②定期地进行除尘工作。一般是每季度一次设备的除尘、清理,目的是扫净监控设备显露的尘土。一般步骤是:卸下摄像机、防护罩等部件要彻底吹风除尘,之后用无水酒精棉将各个

镜头擦干净,调整清晰度,防止由于机器运转、静电等因素将尘土吸入监控设备机体内,确保机器正常运行。同时检查监控机房通风、散热、净尘、供电等设施。室外温度、室内温度、相对湿度应在规定的范围,确保监控设备一个良好的运行环境。

③对摄像设备的运行情况进行监控,分析运行情况,及时发现并排除故障。如网络设备、服务器系统、监控终端及各种终端外设。桌面系统的运行检查,网络及桌面系统的病毒防御。每月定期对监控系统和设备进行优化:合理安排监控中心的监控网络需求,如带宽、IP 地址等限制。提供每月一次的监控系统网络性能检测,包括网络的连通性、稳定性及带宽的利用率等;实时检测所有可能影响监控网络设备的外来干扰,实时监控各服务器运行状态、流量及入侵监控等。对异常情况,进行核查,并进行相关的处理。根据用户需要进行监控网络的规划、优化;协助处理服务器软硬件故障及进行相关硬件软件的拆装等。

（2）投影机保养与维护

投影机的使用并不复杂,但是由于投影机的用户常常不是单一的,而且也不是经常性地使用投影机,人们往往忽略了投影机的保养维护问题。

①镜头保养:投影机的镜头会有灰尘,其实那并不会影响投影品质,若真的很脏,可用镜头纸擦拭处理。

②机器使用:大多数的投影机在关机时必须散热,用完不可直接把总电源关掉。若正常开关机,机器可用得更久。

③散热检查:投影机在使用时一定注意,其进风口与出风口是否保持畅通。

④滤网清洗:为了让投影机有良好的使用状况,请定时清洗滤网(滤网通常在进风口处),清洗时间视环境而定,一般办公室环境,约半年清洗一次。

⑤连接:投影机所提供的接口很多,有很多的接线,在接信号线时,必须注意是否拿对线、插对孔,以减少故障。

⑥遥控器:使用完时,最好把电池取出,避免下次使用时没电。

投影机有着高热源、高价值、高后期使用成本、怕灰尘、严操作的使用特点,日常专人操作管理制度。定期保养除尘是延长投影机的使用寿命最经济的方法,这样可以降低更换灯泡频率,提高液晶板、偏振板等易老化部件的使用时间,由于后期支付使用成本的必然性,必须研究如何控制好后期使用费用的最佳投入,以便达到以最小的投入获取投影机最长使用时间的目的。

（3）音响器材保养与维护

①音响器材正常的工作温度应该为 18 ~ 45 ℃。温度太低会降低某些机器(如电子管机)的灵敏度;太高则容易烧坏元器件,或使元器件提早老化。

②音响器材切忌阳光直射,也要避免靠近热源,如取暖器。

③音响器材用完后,各功能键要复位。如果功能键长期不复位,其牵拉钮簧长时期处于受力状态,就容易造成功能失常。

④开关音响电源之前,把功放和调音台的音量电位器旋至最小,这是对功放和音箱的一项最有效的保护手段。这时候功放的功率放大几乎为零,至少在误操作时也不至于对音箱造成危害。

⑤机器要常用。常用反而能延长机器寿命,如一些带电机的部件(录音座、激光唱机、激光视盘机等)。如果长期不转动,部分机件还会变形。

⑥要定期通电。在长期不使用的情况下尤其在潮湿、高温季节,最好每天通电半小时。这样可利用机内元器件工作时产生的热量来驱除潮气,避免内部线圈、扬声器音圈、变压器等受潮霉断。

⑦每隔一段时间要用干净潮湿的软棉布擦拭机器表面;不用时,应用防尘罩或盖布把机器盖上,防止灰尘入内。

⑧从电子学的原理来说,任何电子设备在带电工作状态都不应该连接或断开其他设备,带电插拔有源设备是十分危险的。

(4)灯光设备保养与维护。

灯光设备的维修保养,基本上做到每周的定期检测、每月的设备保养及适当调试。

每周定期检测包括:

①灯泡是否能正常点亮。

②所有设备是否能正常使用,包括灯控开关、计算机灯动作等是否正常。

③特效设备是否正常使用,并装满所需材料,例如:烟机、雾机、雪花机、泡泡机等。

设备保养及适当调整:

①设备的检测,包括灯具的功能、特效设备的喷嘴等。

②检查所有线路。检测是否有断点、破损、是否有漏电。

③清理灯具内外部的灰尘、油污及杂物。灯光在使用中本身就会有一些杂物,例如灯泡爆炸残留在灯体内的碎片,另外长时间暴露在观众区的计算机灯、特效机械容易落入一些杂物,比如彩带条、玻璃碴、酒水饮料的残液等。因此要将灯具外部的灰尘及污物擦拭干净,并将灯具内部的杂物清除。

④在灯泡冷的状态下,猛然间推亮(满)灯光,结果可能会造成灯泡"啪"的一声爆碎或造成灯泡钨丝熔断。

⑤切忌在调光台推子推满的状态下,再打开硅箱电源。其结果和上述结果相同,同样会损坏灯泡。应该将调光台所有的推子处于关闭状态,再打开硅箱电源。

⑥切忌在开关设备时,将灯控台和硅箱电源的顺序颠倒。开启电源时,要先打开灯控台的电源,再打开硅箱的电源;关闭电源时,先关闭硅箱的电源,后关闭灯控台的电源。如果颠倒操作顺序的话,会造成所有灯光都闪烁一下,这样会影响到灯泡的使用寿命。

⑦切忌在灯泡推亮时,大动作摇晃灯具,灯泡钨丝会因此断裂或脱落。

⑧切忌更换灯泡时,直接用手接触灯泡,这会影响灯泡的光洁度,而另一个隐性的危害是导致灯泡的爆碎。更换时,断电后需等一二十分钟让灯泡冷却后再行更换。

三、视频会议系统常见故障分析

视频会议系统使用频率较高,由于操作不当及设备本身的质量问题,其故障率也不断升高。比如,在开启系统后马上就关闭系统,这样会较容易损伤设备。

1. 整个系统不能启动

整个系统的启动是依靠中控系统的编程控制完成,当整个系统不能启动时,多数是由以下几个原因造成:

①中控系统的开机命令得不到执行,可以把控制主机或应用程序重启。

②电源时序器有故,无法接收中控系统的指令,可以采取手工启动的方式应急处理。

③如有中控系统,可能是无线触摸屏故障,无法发射控制指令,可以把电池拆出再重装。

2. 部分器材不能遥控

部分器材不能遥控,需要根据该器材的控制方式分别判断和处理:

①红外遥控失效:红外发射棒脱落或有光源干扰。

②串口控制失效:协议无法通信,请尝试重启该器材。

③中控总线控制失效:接线脱落或器材有问题。

3. 无法显示视频信号

在选择视频信号时手动切换视频矩阵的信号源,并留意矩阵面板 LED 的显示。视频矩阵无法切换的应急处理可以把需要显示的视频信号源与输出视频线缆短接。

4. 无法显示计算机信号

在选择计算机信号时:

①确认手提电脑显卡输出已开启和动作正常,比如手提电脑大部分是先按住[Fn]键,再反复按[F8]键在关闭和开启外接显示器之间切换而 IBM 电脑则是先按住[Fn]键,再反复按[F7]键在关闭和开启外接显示器之间切换。

②手动切换矩阵的计算机信号源,并留意矩阵面板 LED 的显示。

③矩阵无法切换的应急处理可以把需要显示的计算机信号源与输线缆短接。

5. 显示类故障

这类故障不仅包含由于显示设备或部件所引起的故障,还包含有由于其他部件不良所引起的在显示方面不正常的现象。也就是说,显示方面的故障不一定就是由于显示设备引起的,应全面进行观察和判断。显示类可能的故障现象:

①开机无显、显示器有时或经常不能加电。

②显示偏色、抖动或滚动,显示发虚、花屏等。

③在某种应用或配置下花屏、发暗(甚至黑屏)、重影、死机等。

④屏幕参数不能设置或修改。

⑤亮度或对比度不可调或可调范围小、屏幕大小或位置不能调节或范围较小。

⑥休眠唤醒后显示异常。

⑦显示器异味或有声音。

可能涉及的部件:显示器、显示卡及其设置;主板、内存、电源,及其他相关部件。特别要注意计算机周边其他设备及地磁对计算机的干扰。

维修处理方法:

①市电检查:

a.市电级压是否在 220 V ±10%、50 Hz 或 60 Hz;市电是否稳定。

b.其余参考加电类故障中有关市电检查部分。

②连接检查:

a.显示器与主机的连接牢靠、正确(特别注意:当有两个显示端口时,是否连接到正确的显示端口上);电缆接头的针脚是否有变形、折断等现象,应注意检查显示电缆的质量是否完好。

b.显示器是否正确连接上市电,其电源指示是否正确(是否亮及颜色)。

c.显示设备的异常,是否与未接地线有关。特别注意:不允许计算机维修工程师为用户安装地线,应请用户通过正规电工来安装。

③周边及主机环境检查:

a. 检查环境温、湿度是否与使用手册相符(如钻石珑管,要求的使用温度为 18～40 ℃)。

b. 显示器加电后是否有异味、冒烟或异常声响(如爆裂声等)。

c. 显示卡上的元器件是否有变形、变色,或温升过快的现象。

d. 显示卡是否插好,可以通过重插、用橡皮或酒精擦拭显示卡(包括其他板卡)的金手指部分来检查;主机内的灰尘是否较多,进行清除。

e. 周围环境中是否有干扰物存在,如日光灯、UPS、音箱、电吹风机、相靠过近(50 cm 以内)的其他显示器,及其他大功率电磁设备、线缆等。注意显示器的摆放方向也可能由于地磁的影响而对显示设备产生干扰。

f. 对于偏色、抖动等故障现象,可通过改变显示器的方向和位置,检查故障现象能否消失。

④其他检查及注意事项:

a. 主机加电后,是否有正常的自检与运行的动作(如有自检完成的鸣叫声、硬盘指示灯不停闪烁等),如有,则重点检查显示器或显示卡。

b. 禁止带电搬动显示器及显示器方向,在断电后的一段时间内(2～3 min)也最好不要搬动显示器。

6. 音视频故障

与多媒体播放、制作有关的软硬件故障。可能的故障现象:

①播放 CD、VCD 或 DVD 等报错、死机。

②播放多媒体软件时,有图像无声或无图像有声音。

③播放声音时有杂音,声音异常、无声。

④声音过小或过大,且不能调节。

⑤不能录音、播放的录音杂音很大或声音较小。

⑥设备安装异常。

可能涉及的部件:音、视频板卡或设备,主板,内存,光驱,磁盘介质和机箱等。

维修级处理方法:

①维修前的准备:

a. 除必备的维修工具外,应准备最新的设备驱动、补丁程序、主板 BIOS、最新的 DirectX、标准格式的音频文件(CD、WAV 文件)、视频文件(VCD、DVD)。

b. 熟悉多媒体应用软件的各项设置,如 Windows 下声音属性的设置、声卡/显卡附带应用软件的设置、视频盒/卡应用软件的设置等。

c. 有针对性地了解用户的信息,主要了解:出现故障前是否安装过新硬件、软件、重装过系统(包括一键恢复)。

②环境检查:

a. 检查市电的电压是否在允许的范围内(220 V±10%)。

b. 检查设备电源、数据线连接是否正确,插头是否完全插好,如音箱、视频盒的音/视频连线等;开关是否开启;音箱的音量是否调整到适当大小。

c. 观察用户的操作方法是否正确。

d. 检查周围使用环境,有无大功率干扰设备,如空调、背投、大屏幕彩电、冰箱等大功率电器。如果有应与其保持相当的距离(50 cm 以上)。

e. 检查主板 BIOS 设置是否被调整,应先将设置恢复出厂状态,特别检查 CPU、内存是否被超频。

③故障判断要点:

a. 对声音类故障(无声、噪声、单声道等),首先确认音箱是否有故障,方法:可以将音箱连接到其他音源(如录音机、随身听)上检测,声音输出是否正常,此时可以判定音箱是否有故障。

b. 检查是否由于未安装相应的插件或补丁,造成多媒体功能工作不正常。

c. 对多媒体播放、制作类故障,如果故障是在不同的播放器下播放不同的多媒体文件均复现,则应检查相关的系统设置(如声音设置、光驱属性设置、声卡驱动及设置),乃至检查相关的硬件是否有故障。

d. 如果是在特定的播放器下才有故障,在其他播放器下正常,应从有问题的播放器软件着手,检查软件设置是否正确,是否能支持被播放文件的格式。可以重新安装或升级软件后,看故障是否排除。

e. 如果故障是在重装系统、更换板卡、用系统恢复盘恢复系统或使用一键恢复等情况下出现,应首先从板卡驱动安装入手检查,如驱动是否与相应设备匹配等。

f. 对于视频输入、输出相关的故障应首先检查视频应用软件采用信号制式设定是否正确,即应该与信号源(如有线电视信号)、信号终端(电视等)采用相同的制式。中国地区普遍为 PAL 制式。

g. 进行视频导入时,应注意视频导入软件和声卡的音频输入设置是否相符,如软件中音频输入为 MIC,则音频线接声卡的 MIC 口,且声卡的音频输入设置为 MIC。

h. 当仅从光驱读取多媒体文件时出现故障,如播放 DVD/VCD 速度慢、不连贯等,先检查光驱的传输模式,应设为"DMA"方式。

i. 检查有无第三方的软件,干扰系统的音视频功能的正常使用。另外,杀毒软件会引起播放 DVD/VCD 速度慢、不连贯等(如瑞星等,应关闭)。

④软件检查:

a. 检查系统中是否有病毒。

b. 声音/音频属性设置:音量的设定,是否使用数字音频等。

c. 视频设置:视频属性中分辨率和色彩深度。

d. 检查 DirectX 的版本,安装最新的 DirectX。同时使用其提供的 Dxdiag. exe 程序,对声卡设备进行检查。

e. 设备驱动检查:在 Windows 下"系统—设备管理"中,检查多媒体相关的设备(显卡、声卡、视频卡等)是否正常,即不应存在有"?"或"!"等标志,设备驱动文件应完整。必要时,可通过卸载驱动再重新安装或进行驱动升级。对于说明书中注明必须手动安装的声卡设备,应按要求删除或直接覆盖安装(此时,不应让系统自动搜索,而是手动在设备列表中选取)。

f. 如用户曾重装过系统,可能在装驱动时没有按正确步骤操作(如重启动等),导致系统显示设备正常,但实际驱动并没有正确工作。此时应为用户重装驱动。方法可同上。

g. 用系统恢复盘恢复系统或使用一键恢复后有时会出现系统识别的设备不是用户实际使用的设备,而且在 Windows 下"系统—设备管理"中不报错,这时必须仔细核对设备名称是否与实际的设备一致,不一致则重装驱动(如更换过可替换的主板后声卡芯片与原来的不一致)。

h.重装驱动仍不能排除故障,应考虑是否有更新的驱动版本,应进行驱动升级或安装补丁程序。

⑤硬件检查:

a.用内存检测程序检测内存部分是否有故障。考虑的硬件有主板和内存。

b.首先采用替换法检查与故障直接关联的板卡、设备。声音类的问题:声卡、音箱、主板上的音频接口跳线;显示类问题:显卡;视频输入、输出类问题:视频盒/卡。

c.当仅从光驱读取多媒体文件时出现故障,在软件设置无效时,用替换法确定光驱是否有故障。

d.对于有噪声问题,检查光驱的音频连线是否正确安装,音箱自身是否有问题,音箱电源适配器是否有故障,及其他匹配问题等。

e.用磁盘类故障判断方法,检测硬盘是否有故障。

f.采用替换法确定 CPU 是否有故障。

g.采用替换法确定主板是否有故障。

7.灯光常见故障

(1)成像灯、四眼观众灯不亮

①灯泡坏,更换灯泡;②硅箱对应的硅路坏,可调到其他硅路进行判断。

(2)摇头灯不亮

①灯泡坏,更换灯泡;②触发器坏,更换触发器;③线路接触不好。

(3)LED 灯不亮

①开关电源无输出,更换电源;②主板坏,更换主板;③线路接触不好。

(4)灯具不受控

①灯具的控制线路板坏;②信号放大器坏或接触不好;③控台故障。

(5)控台不受控

①控台钥匙没旋到对应的位置;②控台内部线路板坏。

 任务实施

一、任务提出

到学校物业服务中心实习,负责校园视频会议系统的维护管理。

二、任务目标

1.能独立进行校园视频会议系统的管理维护。

2.能维修简单的视频会议系统故障。

三、实施步骤

1.教师进行分组教学,3~5 人一组。

2.分批跟随校园物业负责视频会议系统管理维护的技术人员进行实习,边做边学。

3.填写视频会议系统维护作业记录表,见表 2-7。

4.维修 1~2 个简单视频会议系统故障,记录到表 2-8 中。

四、任务总结

1.任务实施过程中,要时刻遵守各项安全制度。教学采用分组形式,实施前要进行实训安全教育。

2.利用 2 课时,进行实习总结。每一组都要做实习分享。

3.任务结束后,学生要完成相应的实训报告书。

 思考与练习

1.简述视频会议系统的组成。

2.上网进行资料检索,简述视频会议系统协议的发展历程。

3.在我国,由于南方与北方气候条件不同,视频会议系统的维护保养会有什么区别呢?

4.学校视频会议系统无法显示图像,简述可能的故障原因,并给出维修方法。

5.学校视频会议系统使用时,杂音太大,简述可能的故障原因,并给出维修方法。

6.写一篇文章:未来的视频会议系统。

表 2-7　视频会议系统日常维护管理记录表

视频会议系统巡检记录		
巡检项目	巡检内容	巡检反馈
MCU 服务器	工作状态	
	网络状态	
	告警状态	
会议终端	能否正常开机	
	能否进入系统	
	系统功能是否完整	
	视频输入是否正常	
	音频输入是否正常	
	视频输出是否正常	
	音频输出是否正常	
	网络通道是否正常	
摄像机	是否能正常开机	
	是否有视频输出	
	镜头变焦状态	
	镜头变倍状态	
	镜头左右旋转状态	
	镜头上下旋转状态	

续表

视频会议系统巡检记录		
巡检项目	巡检内容	巡检反馈
显示设备	能否正常开机	
	VGA、AV 等输入状态	
	分辨率是否正常	
	切换是否正常	
	色彩是否正常	
调音台	音频输入状态	
	音频输出状态	
	音量调节状态	
混音器	音频输入状态	
	音频输出状态	
	音量调节状态	
麦克风	音频输出状态	
功放	音频输入状态	
	音频输出状态	
	音量调节状态	
音箱	工作状态	
网络	第一通道	
	第二通道	
	通道切换	

巡检人员签字：_____   用户负责人签字：_____

表 2-8　视频会议系统故障维修记录表

序号	故障现象	处理过程	处理结果	备注
1				
2				
3				
4				
5				

任务五　公共广播系统的运行管理与维护

教学目标

终极目标:会进行日常管理及维护维修公共广播系统。

促成目标:1.能讲解公共广播系统的组成。

　　　　　2.会进行日常管理公共广播系统。

　　　　　3.会维修公共广播系统的简单故障。

工作任务

1.维护公共广播系统(以校园为对象)。

2.进行简单故障的维修。

相关知识

一、公共广播系统的组成

公共广播系统是专用于远距离、大范围内传输声音的电声音频系统,能够对处在广播系统覆盖范围内的所有人员进行信息传递。公共广播系统在现代社会中应用十分广泛,主要体现在背景音乐、远程呼叫、消防报警、紧急指挥以及日常管理应用上。随着现代社会的发展,公共广播的应用范围也在逐步扩展。比如,学校校园内公共广播系统普遍应用于校园电台、听力考试、广播体操等日常教学任务;旅游景点内公共广播系统具有导游功能;大型商场内公共广播系统具有导购与商品广告等功能。总之,公共广播系统在军队、学校、宾馆、工厂、矿井、大楼、中大型会场、体育馆、车站、码头、空港、大型商场等场所都有普遍应用。

公共广播系统主要是由广播扬声器、功率放大器、传输线路及其他传输设备、管理/控制设备(含硬件和软件)、寻呼设备、广播寻呼和其他声源设备,如图2-31所示。

IP网络广播系统,是网络传播多媒体形态的重要体现,也是广播电视媒体网上发展的重要体现。基于TCP/IP协议的公共广播系统,采用IP局域网或Internet广域网作为数据传输平台,扩展了公共广播系统的应用范围。网络广播系统采用集中应用/分布式控制的管理模式,在广播系统管理员集中管理的前提下,通过系统授权和IP网络连接,不同的用户都可以通过客户端来编排个性化的节目并进行定时定点的播放,如图2-32所示。基于目前很多学校及企事业单位的基础设施建设已经完成,重新规划广播系统的施工布线存在很大的困难,随着局域网络和Internet网络的发展,使网络广播的普及变为可能,强大的功能及灵活的操作必将成为未来广播系统的主流产品。

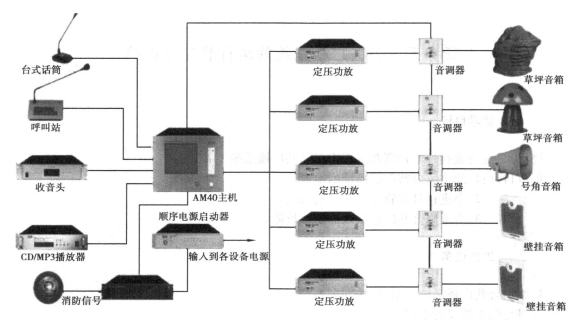

图 2-31　公共广播系统的组成

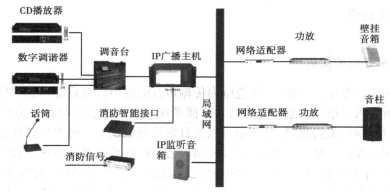

图 2-32　IP 网络广播系统组成

二、公共广播系统运行维护

公共广播系统设备在安装好之后,需要对其进行日常运行维护,才能让其使用寿命更长久。那么,公共广播系统设备需要怎样的维护呢?

①公共广播系统设备正常的工作温度应该一般为 18～45 ℃。温度太低会降低某些机器的灵敏度;太高则容易烧坏元器件,或使元器件提早老化。夏天要特别注意降温和保持空气流通。

②公共广播系统设备切忌阳光直射,也要避免靠近热源,如取暖器。

③公共广播系统设备用完后,各功能键要复位。如果功能键长期不复位,其牵拉钮簧长时期处于受力状态,就容易造成功能失常。

④开关设备电源之前,把功放的音量电位器旋至最小,这是对功放和音箱的一项最有效的保护手段。这时候功放的功率放大几乎为零,至少在误操作时也不至于对音箱造成危害。

⑤开机时由前开至后，即先开 CD 机，再开前级和后级功放，开机时把功放的音量电位器旋至最小。关机时先关功放，让功放的放大功能彻底关闭，再关掉前端设备时，不管产生再大的冲击电流也不会伤及功放和音箱了。同样关机时要把功放的音量电位器旋至最小，关好后级功放后再关前级与 CD 机。

⑥机器要常用。常用反而能延长机器寿命，如一些带电机的部件（录音座、激光唱机、激光视盘机等），如果长期不转动，部分机件还会变形。

⑦要定期通电。在长期不使用的情况下尤其在潮湿、高温季节，最好每天通电半小时。这样可利用机内元器件工作时产生的热量来驱除潮气，避免内部线圈、扬声器音圈、变压器等受潮霉断。

⑧每隔一段时间要用干净潮湿的软棉布擦拭机器表面。不要使用挥发性溶液清洁机器，如用汽油、酒精等擦拭机器表面，抹尘要用软布。清洁机器外壳时要先拔掉电源，要待水分干透后，才能开机工作。不用时，应用防尘罩或盖布把机器盖上，防止灰尘入内。

⑨工作时，严禁带电插拔有源设备。切莫湿手拔、插电源插头，以免触电。甚至麦克风这样的无源设备也不提倡带电插拔。需要提醒的是千万不要开着功放去接音箱线，因为音箱的接线柱距离一般都很近，音箱线又是两条紧紧地并行的，接线时往往会不小心使喇叭线短路，其后果将是迅速烧毁功放。尽管有的功放设有保护线路，但有的 HI-FI 级纯功放为了提高音质，减少不必要的音染，往往会省掉这部分保护措施。

三、公共广播系统常见故障分析

①主机开机后长时间按下全开键（ALL ON）无效，可以断定是通信线路部分出了问题。这可能是主机本身的故障，也可能是终端解码器的问题，还有可能是网线的问题。

a. 首先判断主机是否有问题：将主机后面连接终端解码器的网线都拔掉，用一根测试网线（此网线与系统所用网线相同）插入主机的 LINE1 接口，另一端接上一个已确认能正常工作的终端解码器，如果在主机上能搜寻到此终端解码器，则说明主机是正常的。

b. 判定是哪部分线路出了问题，可以通过断开分支器的分支线路的办法来确定出故障的部位，在进行此操作时，要从最靠近主机的分支器开始检查起，逐级逐个的分支器进行相同步骤的操作，直至断开每个终端解码器，以确定出有故障的部位和原因。

②如果在主机上搜索到的终端比实际的终端数要多，说明通信线和其他的音频线有短路现象，排查的方法和步骤与第一个故障所介绍的方法和步骤相似，也是通过断开分支器的分支线路的办法逐级排查，直至找出有故障的部位。

③如果在主机上搜索到的终端比实际的终端数要少，也就是有些终端搜索不到，有可能是这些终端未通上电，还有可能是有些终端的地址重码，可以直接检查有问题的终端解码器，以找出故障原因。如果是在某一解码器之后的所有终端都搜索不到，那么就要检查这个解码器后面的那个终端的网线连接是否不良。

④如果主机可搜寻到终端，而在定时播放器上没有显示，则要检查主机和定时播放器之间的连线是否正常，首先检查有没有用错线，再检查连接线有无开路或短路。如果这些检查未发现故障的话，就可判定是通信 IC 出了问题。

⑤如果发现有某路音源有串音的现象，则要检查传输此路音源的两条线是否有与其他的连线短路的现象，或是在某个节点上接触不良。还有就是那些音源输入电路不良的解码器，也

会造成串音现象。因此,我们在遇到串音时,在确认所有线路正常的情况下,检查解码器是否正常。

⑥如果系统调试时,发现有系统不稳定的现象,可在控制总线的最末端接一个120 Ω的匹配电阻(注意:由于所用的网线材质不同,有可能需要调节该电阻的大小,以达到系统稳定的要求为准)。

公共广播音频系统核心部件为功放,功放的故障率相对较高,主要故障及排查方法如图2-33—图2-39所示。

①开机无电源/指示灯不亮。

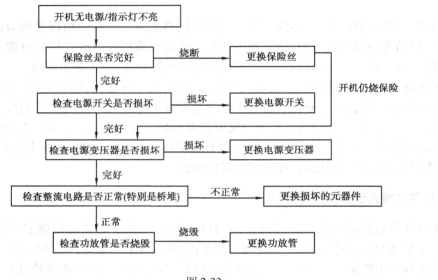

图 2-33

②空载加信号保护。

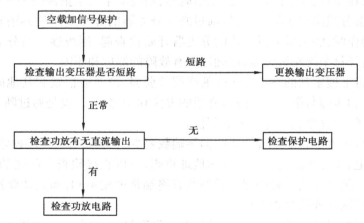

图 2-34

③功放无输出。

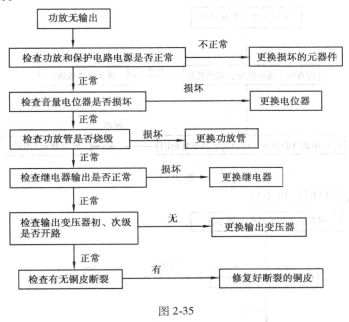

图 2-35

④开机保护报警。

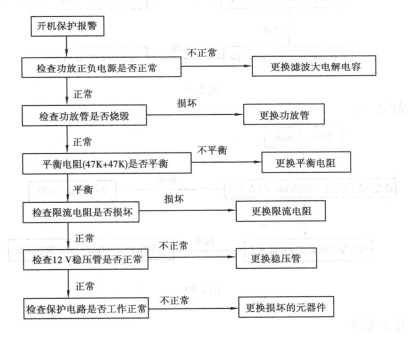

图 2-36

⑤开机不接负载就发热。

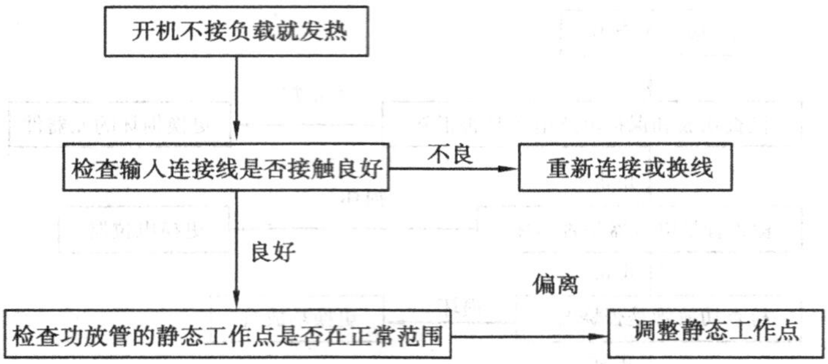

图 2-37

⑥机器工作后发热但风机不转。

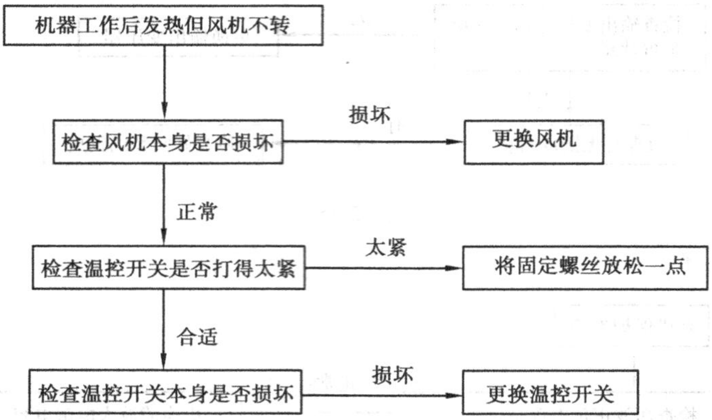

图 2-38

⑦静态噪声偏高。

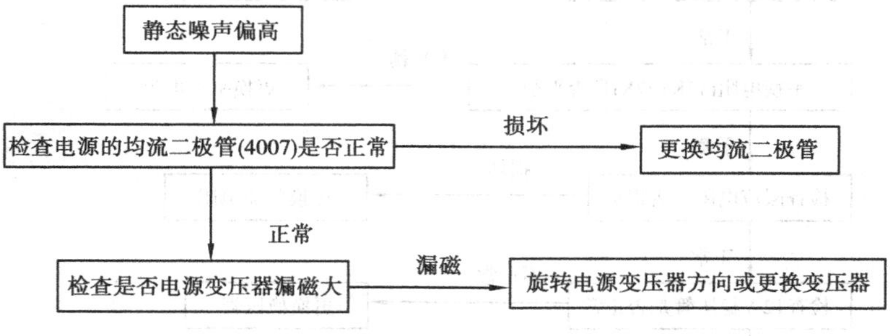

图 2-39

任务实施

一、任务提出

到学校电教中心实习，负责校园广播系统的维护管理。

二、任务目标

1. 能独立进行校园广播系统的管理维护。

2. 能维修简单的校园广播系统故障。

三、实施步骤

1. 教师进行分组教学,3~5 人一组。

2. 分批跟随校园物业负责校园广播系统管理维护的技术人员进行实习,边做边学。

3. 填写校园广播系统维护作业记录表,见表 2-9。

4. 维修 1~2 个简单校园广播系统故障,记录到表 2-10 中。

四、任务总结

1. 任务实施过程中,要时刻遵守各项安全制度。教学采用分组形式,实施前要进行实训安全教育。

2. 利用 2 课时,进行实习总结。每一组都要做实习分享。

3. 任务结束后,学生要完成相应的实训报告书。

思考与练习

1. 简述公共广播系统的组成。

2. 简述 IP 网络广播系统的特点。

3. 上网进行资料检索,简述商场公共广播系统与消防应急广播系统的区别及联系。

4. 教学楼中某间教室的广播与主机不能连接,简述故障原因及维修方法。

5. 校园广播电台的功率放大器一启动就会报警,简述故障原因及维修方法。

表 2-9　公共广播系统维护检查记录表

检查项目	检查结果	备注
CD 机		
DVD MP3 播放器		
数字矩阵主机		
主机扩展机箱		
主机扩展卡		
音频输入卡		
双轴数码源卡(内置两张 MMC 卡)		
遥控麦克风输入卡		
音频输出卡		
16 路控制输入卡		
16 路控制输出卡		
功率放大器		
功放监听仪		
主机电源供应单元		

续表

检查项目	检查结果	备注
功放电源供应单元		
音量开关		
强切功能		
话筒		

巡检人员签字：_____   用户负责人签字：_____

表 2-10　公共广播系统故障维修记录表

序号	故障现象	处理过程	处理结果	备注
1				
2				
3				
4				
5				

任务六　综合布线系统的运行管理与维护

教学目标

终极目标：会进行日常管理及维护维修综合布线系统。

促成目标：1. 能讲解综合布线系统的组成。

　　　　　2. 会进行日常管理综合布线系统。

　　　　　3. 会维修综合布线系统的简单故障。

工作任务

1. 维护综合布线系统（以校园为对象）。

2. 进行简单故障的维修。

 相关知识

一、综合布线系统的组成

综合布线系统就是用数据和通信电缆、光缆、各种软电缆及有关连接硬件构成的通用布线系统,是能支持语音、数据、影像和其他控制信息技术的标准应用系统。综合布线系统是智能建筑快速发展的基础和需求,没有综合布线技术的快速发展就没有智能建筑的普及和应用。综合布线也是物联网、数字化城市的基础,还是建筑物的基础设施。

按照 GB 50311—2007《综合布线系统工程设计规范》国家标准规定,参照"西元"综合布线工程教学模型,把综合布线系统工程按照以下 7 个部分进行分解:工作区子系统、水平子系统、垂直子系统、建筑群子系统、设备间子系统、进线间子系统和管理间子系统。各系统的具体讲解详见项目一中的任务二。

二、综合布线系统运行维护

1. 综合布线系统的维护范围

(1)室外通信线路维护的范围

室外通信线路是本地通信线路网中的重要组成部分,其线路设备一般有地下电缆管道和人孔及手孔(包括电缆沟和渠道等)、架空杆路、管道电(光)缆、架空电(光)缆、墙壁电(光)缆、直埋电(光)缆以及配线设备等,这些线路设备都需要进行日常的维护管理。

(2)室内通信线路维护的范围

室内通信线路是房屋建筑的基础设施之一,主要包括室内明敷或暗敷管路(包括电缆桥架或槽道)、室内电(光)缆、配线设备(包括交接设备、分线设备和接头箱及出线盒等)和用户终端设备。在高层房屋建筑中,室内通信线路还有交接间、各楼层的电信间或电缆竖井房间辅助设施。这些线路设备都需要进行日常的维护管理。

2. 综合布线系统的维护内容

(1)系统运行管理

系统运行管理是综合布线系统维护管理的核心,主要完成监测综合布线系统运行中的状态,并进行记录和分析,及时处理综合布线系统运行过程中的问题,完成电气测试以及调度线对等维护工作。

(2)维护检修组织管理

维护检修组织管理是保证综合布线系统正常运行的重要措施。主要完成根据综合布线系统和设备的状况,有计划地组织维护检修工作,以保证系统处于良好质量的状态,包括编制维护检修计划,具体组织维修实施,监督检查以保证维修质量并如期完成,制订和贯彻有关维护管理的规章制度,按时进行维护工作记录和统计等工作。

(3)设备、材料、工具、仪表等日常行政管理

主要包括通信设备、材料、工具及仪表的增添、购置、调拨、包管、维修和领用等一整套行政管理,是维护管理工作中的关键。

3. 综合布线系统维护管理的制度

(1)维护管理的基本方式

①预防性维护,又称规定性维护,是按预定的周期或规定的标准进行例行性的维护检查,

属于经常性维护。其中,以预防发生故障为主,主要完成综合布线系统的检查、清洁和保养,对可能形成的故障进行修理。

②恢复性维护,又称纠正性维护。当综合布线系统发生各种故障后,必须迅速派遣专门查修线路故障的人员进行测试和修复,使线路设备的电气性能劣化或使用功能失常得以恢复。

③控制性维护,又称受控性维护,是主动性维护。它是根据监视控制系统(例如综合布线系统测试管理系统等)和抽样调查取得的信息后数据,系统、科学地应用分析技术,得到较为准确的依据,据此适当安排维修计划。

(2)维护检测周期

维护检测周期见表2-11。

表2-11　网络设备维护周期

维护检测项目		周期	备注
室内线路设备	(1)终端设备基本功能测试 ① 一般用户 ② 重要用户或业务繁忙用户	1次/半年 1次/季	对于终端质量较差的用户,应适当缩短检测周期
	(2)线路链路的监测和维护	1次/半年	如有工程或装拆移换线路,应适当增加维护检查次数
	(3)配线设备的维护和检测(清洁保养)	1次/半年	
	(4)配线设备所在房间(如设备间、管理间、进线间、电缆竖井等)的清洁、保养、维护管理	1次/半年	
	(5)配线设备跳线管理、线序核对管理	1次/季	
	(6)电缆竖井,槽道和管路设施维护	1次/年	
室外线路设备	(1)电线电缆管道巡查	1次/月	巡查为例行的
	(2)人孔、手孔检修维护	1次/半年	在南方多雨季节,应适当增加检修次数,改为1次/季
	(3)架空杆路巡查	1次/年	
	(4)人孔、手孔中积水排污等清洁维护(雨季后、入冬前必须进行一次)	1次/半年	
	(5)主干电缆线对的绝缘电阻测试	1次/年	以每条电缆的空闲线对测试
	(6)架空电缆、墙壁电缆的维护(包括电缆吊线、吊线终端、固定铁件等)	1次/半年	根据具体情况,可以适当增加次数
	(7)架空电缆、墙壁电缆一般巡查	1次/季	主要巡查有无异常,或需及时修复的情况
	(8)架空电缆、管道电缆、直埋电缆的电压测试 ① 有自动检测的遥测装置时 ② 无自动检测的遥测装置时	1次/天 1次/周	应视电缆质量来增减测试次数
	(9)直埋电缆的一般巡查和维护(包括检查手孔、电缆埋深和保护措施等)	1次/年	如当地有挖掘工程施工时,应不受此限制,需增加巡查和维护次数

（3）日常维护管理工作

网络设备日常维护管理工作见表2-12。

表2-12　网络设备日常维护管理工作

线路设备分类	线路设备名称	日常维护内容	备注
杆路设备	（1）电杆	有无倾斜、杆身有无腐朽、有无被撞伤的现象	如有较大规模变化，应列入计划检修
	（2）吊线	有无松弛失效现象，是否锈蚀，有无妨碍行人通行或车辆通行等情况	
	（3）撑杆	杆身有无腐朽，支撑是否有效	
	（4）引上杆	杆身是否正直，有无倾斜，应安装稳固可靠，符合标准要求	
电缆设备	（1）架空电缆	垂度是否符合标准，电缆挂钩有无连续脱落，电缆与其他线路净距是否符合标准，周围环境有无损伤电缆的可能，对影响电缆的树枝应剪伐或采取保护措施	
	（2）墙壁电缆	墙壁电缆有无被损耗的可能，沿墙壁卡子式的墙壁电缆有无卡子掉落，与其他线路净距是否符合标准，吊挂式墙壁电缆挂钩有无掉落，安装铁有无失效或不稳固现象	

三、综合布线系统常见故障分析

1. 布线系统的故障分类

根据统计，50%～70%的网络故障与电缆有关，因此电缆本身的质量以及安装质量都直接影响网络的正常运行。网络电缆故障有很多种，概括起来可以将布线系统的故障分为物理故障（也可称连接故障）和电气性能故障两大类。

（1）物理故障

物理故障主要是指由于主观因素造成的可以直接观察的故障，多是由于施工的工艺或对网络电缆的意外损伤所造成的，如模块、接头的线序错误，链路的开路、短路、超长等。

（2）电气性能故障

电气性能故障主要是指链路的电气性能指标未达到测试标准的要求，即电缆在信号传输过程中达不到设计要求。影响电气性能因素除电缆材料本身的质量外，还包括施工过程中电缆的过度弯曲、电缆捆绑太紧、过力拉伸和过度靠近干扰源等，如近端串扰、衰减、回波损耗等。

2. 布线系统的故障定位技术

在综合布线工程验收过程中，对布线系统性能的验收测试是非常重要的一个环节，这样的测试通常称为认证测试，即依照相应的标准对被测链路的物理性能和电气性能进行检测。通过测试可以发现链路中存在的各种故障，这些故障包括接线图（Wire Map）错误、电缆长度（Length）问题、衰减过大、近端串扰（NEXT）过高、回波损耗过高等。为了保证工程质量通过验收，需要及时确定和解决故障，从而对故障的定位技术以及定位的准确度提出了较高的要求。实际工作中常用的两种先进的故障定位技术是：

（1）HDTDR（High Definition Time Domain Reflectometry）

高精度的时域反射技术，主要针对有阻抗变化的故障进行精确的定位。该技术通过在被测线对中发送测试信号，同时监测信号在该线对的反射相位和强度来确定故障的类型，通过信号发生反射的时间和信号在电缆中传输的速度可以精确地报告故障的具体位置。

（2）HDTDX（High Definition Time Domain Crosstalk）

高精度的时域串扰分析技术，主要针对各种导致串扰的故障进行精确的定位。以往对近端串扰的测试仅能提供串扰发生的频域结果，即只能知道串扰发生在哪个频点（MHz），并不能报告串扰发生的物理位置，这样的结果远远不能满足现场解决串扰故障的需求。而 HDTDX 技术是通过在一个线对上发送测试信号，同时在时域上对相邻线对测试串扰信号。由于是在时域进行测试，因此根据串扰发生的时间以及信号的传输速度可以精确地定位串扰发生的物理位置。这是目前唯一能够对近端串扰进行精确定位并且不存在测试死区的技术。

3. 常见故障的定位方法

针对现场测试中常见的故障，结合上面的测试技术，下面介绍两种常见故障的定位方法。

（1）线图错误

主要包括以下几种错误类型：反接、错对、串绕。对于前两种错误，一般的测试设备都可以很容易地发现，测试技术也非常简单，而串绕却很难被发现。由于串绕破坏了线对的双绞，因而造成了线对之间的串扰过大，这种错误会造成网络性能的下降或设备的死锁。然而一般的电缆验证测试设备是无法发现串绕位置的。利用具有 HDTDX 就可以轻松地发现这类错误，它可以准确地报告串绕电缆的起点和终点（即使串绕存在于链路中的某一部分）。

（2）电缆接线图及长度问题

主要包括以下几种错误类型：开路、短路、超长。开路、短路在故障点都会有很大的阻抗变化，对这类故障可以利用 HDTDR 技术来进行定位。故障点会对测试信号造成不同程度的反射，并且不同的故障类型的阻抗变化是不同的，因此测试设备可以通过测试信号相位的变化以及相应的反射时延来判断故障类型和距离。当然，定位的准确与否还受设备设定的信号在该链路中的额定传输速率（NVP）值的影响。超长链路发现的原理是相同的。

4. 常见故障及排查方法

综合布线的故障多在水平区。这里穿线和模块端接较多，施工工艺因人而异，建筑格局比垂直部分复杂，因此故障率较高。常见故障及排查方法如下：

（1）网线短路导致网络通信中断

故障现象：局域网中一台计算机经常出现丢包现象，且丢包数量不固定。用网线测试仪检测该计算机的物理链路，发现网线中的白橙线和白蓝线发生了短路。

解决方法：如果不重新布线的话，可以通过改变线序来解决此问题。对于100Base-TX 的局域网络只用到了双绞线中的 2 对线来传输信号，分别与水晶头上的 1,2,3,6 线相对应，而对应的双绞线颜色则依次是白橙、橙、白绿、绿。既然白橙线和白蓝线发生了短路，只需放弃白橙和橙这一对双绞线，并用白棕线和棕线代替即可。重新压制后的线序应该是：白棕、棕、白绿、空、空、绿、空、空，且网线两端都应该按此顺序压制。

（2）网线断路导致网络通信中断

故障现象：室内没有安装网络模块，网线从机房引出后直接插接在网卡上。现发现网线中间有断开现象，导致无法上网。截开后的两段网线长度不够长。

解决方法:将网线的水晶头剪断再接出一段网线的做法显然是不行的,因为这样做会破坏网线的电气特性,使数据传输的误码率大大增加。建议购买一个两头均是 RJ-45 接口的 RJ-45 连接器,然后再做一根足够长的网线进行连接即可,如图 2-40 所示。

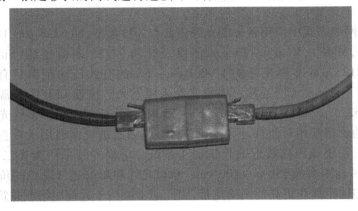

图 2-40　网线连接器

(3)网线类型使用错误导致网络不通

故障现象:两台计算机欲进行双机直联,实现 Internet 连接共享,可是使用普通网线连接两台计算机后,用于双机直联的网络连接总是提示"网络线缆没有插好"。而与 ADSL Modem 相连的网络连接显示正常,更换网卡和网线故障依旧。

解决方法:根据故障描述可以断定是双机直联所使用的网线有问题。用于双机直接的网线应当使用交叉线,而不能使用直通线。普通的网线一般都按照 T568B 标准做成直通线,因此不能实现双机直联。解决该问题的方法很简单,只需将用于双机直联的网线换成交叉线即可。交叉线的线序应遵循此规则:一端为白橙、橙、白绿、蓝、白蓝、绿、白棕、棕,另一端为白绿、绿、白橙、蓝、白蓝、橙、白棕、棕,需按此规则进行压制。

(4)水晶头制作错误导致网络不通

故障现象:在按照 T568B 标准制作一条直通线并进行测试时,网线测试仪上的指示灯显示线序错误。

解决方法:在确认网线已经严格按照 T568B 标准进行压制的前提下,应是错误判断针脚的排列顺序引发的问题。双绞线的 8 条线分别对应水晶头的 8 根针脚,8 根针脚的排列顺序应按照以下方式确定:将水晶头有塑料弹簧片的一面向下,有针脚的一面向上,然后将能够插进网线的一端面对自己,此时从左到右依次为第 1 脚至第 8 脚。

(5)网线线材选错导致网络不通

故障现象:某单位办公室新添一台计算机,该办公室跟网络主控室之间的距离超过 100 m。使用 5 m 非屏蔽双绞线制作网线,发现网络不通。

解决方法:使用双绞线连接以太网或快速以太网时,理论上的最大传输距离是 100 m。需要注意的是,100 m 的极限规定不仅是基于信号衰减的考虑,更重要的是基于对信号延迟的考虑。当传输距离超过 100 m 时,由于信号延迟太大将致使网络设备在规定的最大时间内不能收到反馈信息。这将使网络设备误认为发送的数据没有到达,因此将不停地重复发送数据,从而导致通信失败。如果必须在超过 100 m 的条件下布线,建议更换传输介质或在线路中间添加一台集线设备。

（6）光纤选择错误导致网络无法升级

故障现象：两座建筑物之间的距离约为 350 m，使用 62.5 μm/125 μm 多模光纤连接交换机。当连接速率为 100Base-FX 时通信正常，但是将网络升级为 1 000Base-SX 后交换机之间无法彼此连接。

解决方法：在网络布线中应用较多的光纤主要有 3 种类型，即 62.5 μm/125 μm 多模光纤（Multi Mode Fiber，MMF）、50 μm/125 μm 多模光纤和 9/125 多模光纤（Single Mode Fiber，SMF）。62.5 μm/125 μm 多模光纤的 1 000Base－SX 的有效传输距离只有 220 m，因此在 350 m 距离的情况下交换机无法连接。多模光纤采用发光二极管 LED 为光源，1 000 Mbps 的传输距离为 220（62.5 μm/125 μm 多模光纤）~550 m（50 μm/125 μm 多模光纤）。多模光纤和多模光纤端口的价格都相对便宜，但传输距离较近，因此被更多地用于垂直主干子系统，有时也被用于水平子系统或距离较近的建筑群子系统。单模光纤采用激光二极管 LD 作为光源，1 000 Mbps 的传输距离为 550 m ~ 100 km。单模光纤和单模光纤端口的价格都比较昂贵，但可提供更远的传输距离和更高的网络宽带，因此通常被用于远程网络或建筑物间的连接，即建筑群子系统。

（7）网卡或集线器损坏导致通信中断

故障现象：某公司局域网内的一台计算机无法连接局域网。经检查确认网卡指示灯亮且网卡驱动程序安装正确。另外网卡与任何系统设备均没有冲突，并且正确安装了网络协议（能 Ping 通本机 IP 地址）。

解决方法：从故障描述的情况来看，网卡驱动程序和网络协议安装不存在问题，且网卡的指示灯表现出正常的现象，因此可以判断故障原因可能出在网线上。因为网卡指示灯亮并不能表明网络连接没有问题，譬如 100 Base-TX 网络使用 1,2,3,6 两对线进行数据传输，即使其中一条线断开后网卡指示灯也会点亮，但是网络却不能通信。建议使用网线测试仪检查故障计算机的网线，如果网线正常则尝试能否 Ping 通其他计算机。如果不能 Ping 通可更换集线设备端口再试验，仍然不通时可更换网卡。

（8）雷击造成网络设备损坏

故障现象：某公司局域网在一次强烈的雷雨天气中惨遭雷击，损坏了大量网卡和交换机。经调查是在室外裸露了过多的双绞线引起雷击的。

解决方法：建议通过一个带防浪涌接口的 UPS 为安放集线设备的机柜供电，这种类型的 UPS 一般都包含两个防浪涌 RJ-45 接口，一个用于输入，一个用于输出。将从室外引入的双绞线插入防浪涌输入端口，再使用一条双绞线将输出端口与交换机连接在一起即可。另外，建议不要在室外走多条双绞线。

（9）架空的水平布线无法通过测试

故障现象：采用架空方式敷设水平布线。布线工程完成后，无法通过超五类标准测试。已经确定双绞线、配线架和接插件不存在质量问题。

解决方法：架空式布线通常在吊顶或天花板内进行，在布线过程中应当注意以下方面的问题：

①加固桥架支撑。线槽或桥架在水平敷设时，支持加固的间距一般为 1.5 ~ 2.0 m。垂直敷设时间距一般应小于 2 m。其实间距大小应当根据线槽和桥架的规格尺寸和敷设线缆的数量决定。线槽或桥架的规格较大、线缆敷设数量较多，则支撑加固的间距应当相应缩小；相反，

则支撑加固的间距可以加大。金属桥架或线槽由于本身重量较大,因此在接头处、转弯处、距端头 0.5 m 处以及中间每隔 2 m 等地方均应设置支撑构件或悬吊架。

②线缆留有余量。线缆布放时应留有余量,在交接间或设备间内,线缆预留长度一般为 3 ~ 6 m,在工作区处应预留 0.3 ~ 0.6 m。

③绑扎必须牢固。线缆在桥架或开放式线槽内敷设时,应当采取牢固的绑扎措施。在水平桥架内敷设,应当在线缆的首端、尾端、转弯处及每间隔 3 ~ 5 m 处进行绑扎;在垂直线槽内敷设,应当每间隔 1.5 m 将线缆绑扎在线槽内的支架上。在桥架或线槽内绑扎固定线缆时,应当根据线缆的类型、缆径、线缆芯数分束绑扎,这样做不仅可以有所区别,同时也便于线缆的维护检查。

④保持安全间距。在很多情况下,架设双绞线的地方还可能会有其他管线系统,如电力、给水、污水、暖气等管线。为了避免上述管线对双绞线可能造成的危害,应当与这些管线系统保持安全距离。

⑤避免损伤线缆。为了保护线缆本身不受损伤,在敷设时线缆的牵引力不宜过大,一般应小于线缆允许张力的 80%。在牵引过程中,牵引速度宜慢不宜快,更不能猛拉紧拽。在线缆拽不动时应当及时查明原因,排除障碍后再继续牵引。必要时可将线缆拉回重新牵引。为防止线缆被拖、蹭、刮、磨等损伤,应均匀设置吊挂或支撑线缆的支点,吊挂或支撑的支持物间距不应大于 1.5 m。另外,在线缆进出天花板处也应增设保护措施和支撑装置。线缆不应有扭绞、打圈等有可能影响线缆本身质量的现象。双绞线的最小曲率以线缆直径 40 mm 为界,小于 40 mm 时为线缆外径的 15 倍,大于 40 mm 时为线缆外径的 20 倍。

(10)埋入式水平布线无法通过测试

故障现象:采用埋入方式敷设水平布线。布线工程完成后,无法通过超五类标准测试。已经确定双绞线、配线架和接插件不存在质量问题。

解决方法:埋入式布线通常在墙壁或地板内进行,在布线过程中应当注意以下方面的问题:

①管槽尺寸不宜太大。预埋的管槽宜采用对缝钢管或具有阻燃性能的 PVC 管,且直径不能太大,否则对土建设计和施工都有影响。根据我国建筑结构的情况,一般要求预埋在墙壁内的暗管内径不宜超过 50 mm,预埋在楼板中的暗管内径则不宜超过 25 mm。金属线槽的界面高度也不宜超过 25 mm。

②设置暗线箱。预埋管槽应尽可能采用直线管槽,最大限度地避免采用弯曲管槽。当直线管槽超过 30 m 后仍需延长时,应当设置暗线箱,以便敷设时牵引线缆。如不得不采用弯曲管槽时,要求每隔 15 m 设置一个暗线箱。金属线槽的直线埋设长度一般不超过 6 m,当超过该距离或需要交叉、转弯时则应当设置拉线盒。

③转弯角度不宜过小。当不得不采用弯曲管槽时,转弯角度应当大于 90°。并且要求整个路径的转弯小于两个,更不能出现 S 形或 U 形弯。

④预设牵引绳索。预埋的管槽内壁应当光滑,绝对不允许有障碍物。为了保护线缆管口应当加设绝缘套管,管端伸出的长度应为 25 ~ 50 mm。另外还要求在管槽内预设牵引绳或拉绳,以便于线缆的敷设施工。管槽的两端还应设有标志,内容包括序号、长度、房间号等,以免发生错误。

⑤管槽留有余量。在管槽中敷设线缆时,应当使管槽留有一定的空间余量。避免线缆受

到挤压,使双绞线线缆的扭绞状态不发生变化,从而保证线缆的电器性能。通常情况下,直线管槽的管径利用率应为50% ~60% ,弯道则应为40% ~50% 。

小提示:线缆的扭曲、挤压都可能产生不良的后果。在施工过程中,使用劣质的工具、卡线钳、卡刀都会使链路的性能下降,从而不能通过测试。

 任务实施

一、任务提出

到学校网络信息中心实习,负责校园弱电综合布线系统的维护管理。

二、任务目标

1.能独立进行综合布线系统的管理维护。

2.能维修简单的综合布线系统故障。

三、实施步骤

1.教师进行分组教学,3 ~5 人一组。

2.分批跟随网络信息中心负责校园综合布线系统管理维护的技术人员进行实习,边做边学。

3.填写综合布线系统维护作业记录表,见表2-13。

4.维修1 ~2 个简单综合布线系统故障,记录到表2-14 中。

四、任务总结

1.任务实施过程中,要时刻遵守各项安全制度。教学采用分组形式,实施前要进行实训安全教育。

2.利用2 课时,进行实习总结。每一组都要做实习分享。

3.任务结束后,学生要完成相应的实训报告书。

 思考与练习

1.画出教学楼综合布线系统图。

2.按书中所讲,测试教学楼综合布线系统的各项参数。

3.某办公室计算机全部无法连接到网络,简述故障的原因及维修方法。

4.上网进行资料检索,简述综合布线的好坏是否会影响上网速度。

5.雷雨天,应该如何维护综合布线系统?

6.简述按 T568B 标准制作网线的方法及步骤。

表 2-13　综合布线系统维护记录表

机房环境	
温度	□ 正常　□ 不正常　具体温度:
湿度	□ 正常　□ 不正常　具体湿度:
痕迹	□ 正常　□ 不正常
清洁	□ 正常　□ 不正常
异味/异响	□ 正常　□ 不正常

续表

周边设备	
UPS	□ 正常　□ 不正常
电池组	□ 正常　□ 不正常　电压：
空调	□ 正常　□ 不正常
消防	□ 正常　□ 不正常
网络设备	
布线整齐	□ 正常　　　□ 不正常
设备标志	□ 有　　　　□ 无
线缆标志	□ 有　　　　□ 无
系统指示灯	□ 正常（绿,不闪烁）□ 不正常
电源指示灯	□ 正常（绿,不闪烁）□ 不正常
接口卡指示灯	□ 正常（绿）　　　□ 不正常
交换机端口使用情况	
巡检总结	
上次巡检存在问题解决情况：	
本次巡检存在问题及解决措施：	

表 2-14　综合布线系统故障维修记录表

序号	故障现象	处理过程	处理结果	备注
1				
2				
3				
4				
5				

项目三
安全防范系统的运行管理与维护

安全防范系统(Security Automation System,SA)以维护社会公共安全为目的,运用安全防范产品和其他相关产品所构成的入侵报警系统、视频监控系统、出入口控制系统、电子巡更系统、防爆安全检查系统等,或由这些系统为子系统组合或集成的电子系统或网络。《安全防范工程技术规范》(GB 50348—2004)对安全防范工程的现场勘查、工程设计、施工、检验、验收等各个环节都提出了严格的质量要求。

任务一 视频监控系统的运行管理与维护

教学目标

终极目标:会进行日常管理及维护维修视频监控系统。
促成目标:1. 能讲解视频监控系统的组成。
        2. 会进行日常管理视频监控系统。
        3. 会维修视频监控系统的简单故障。

工作任务

1. 维护视频监控系统(以校园视频监控系统为对象)。
2. 进行简单故障的维修。

相关知识

一、视频监控系统组成

《视频安防监控系统工程设计规范》(GB 50395—2007)中规定监控系统是由摄像、传输、控制、显示、记录登记5大部分组成。摄像机通过同轴视频电缆(双绞线或光纤)将视频图像传输到控制主机,控制主机再将视频信号分配到各监视器及录像设备,同时可将需要传输的语音信号同步录入到录像机内。

随着光纤通信的不断发展,现代视频监控系统产品包含光端机、光缆终端盒、云台、云台解码器、视频矩阵、硬盘录像机、监控摄像机、镜头、支架等。这些产品可以简单分为监控前端、管理中心、监控中心、PC 客户端及无线网桥等,如图 3-1 所示。

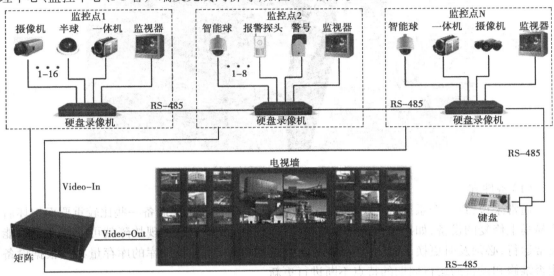

图 3-1　视频监控系统拓扑图

通过控制主机,操作人员可发出指令,对云台的上、下、左、右的动作进行控制及对镜头进行调焦变倍的操作,并可通过控制主机实现在多路摄像机及云台之间的切换。利用特殊的录像处理模式,可对图像进行录入、回放、处理等操作,使录像效果达到最佳。

视频监控系统发展了短短二十几年时间,从 20 世纪 80 年代模拟监控到火热的数字监控再到方兴未艾的网络视频监控,发生了翻天覆地的变化。从技术角度出发,视频监控系统发展划分为第一代模拟视频监控系统(CCTV)、第二代基于"PC + 多媒体卡"的数字视频监控系统(DVR)、第三代完全基于 IP 的网络视频监控系统(IPVS)。大规模的网络视频监控系统业务尚处于起步探索阶段,网络化、数字化、智能化是视频监控的必然趋势。面对这个大趋势,视频监控在一些关键技术方面,还有待改进。

二、视频监控系统运行维护

为了做好监控设备的维护工作,需配备相应的人力、物力(工具、通信设备等),负责日常对监控系统的监测、维护、服务、管理,承担起设备的维护服务工作,以保障监控系统长期、可靠、有效地运行,如图 3-2 所示。

1)维护的基本条件

对监控系统进行正常的设备维护所需的基本维护条件是要做到"四齐",即备件齐、配件齐、工具齐、仪器齐。

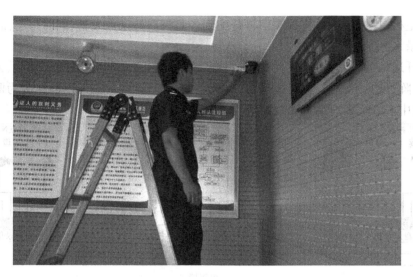

图 3-2　视频监控系统维护

（1）备件齐

通常来说，每一个系统的维护都必须建立相应的备件库，主要储备一些比较重要而损坏后不易马上修复的设备，如摄像机、镜头、监视器等。这些设备一旦出现故障就可能使系统不能正常运行，必须及时更换，因此必须具备一定数量的备件，而且备件库的库存量必须根据设备能否维修和设备的运行周期的特点不断进行更新。

（2）配件齐

配件主要是设备里各种分立元件和模块的额外配置，可以多备一些，主要用于设备的维修。常用的配件主要有电路所需要的各种集成电路芯片和各种电路分立元件。其他较大的设备就必须配置一定的功能模块以备急用。这样，经过维修就能用小的投入产生良好的效益，节约大量更新设备的经费。

（3）工具和检测仪器齐

要做到勤修设备，就必须配置常用的维修工具及检修仪器，如各种钳子、螺丝刀、试电笔、电烙铁、胶布、万用表、监视器、信号检测仪等，需要时还应随时添置，必要时还应自己制作如模拟负载等作为测试工具。

2）设备维护中的一些注意事项

在对监控系统设备进行维护过程中，应对一些情况加以防范，尽可能使设备的运行正常，主要做好防潮、防尘、防腐、防雷、防干扰和外围设备人为损坏等工作。

（1）防潮、防尘、防腐

对于监控系统的各种采集设备来说，由于设备直接置于有灰尘的环境中，对设备的运行会产生直接的影响，需要重点做好防潮、防尘、防腐的维护工作。如摄像机长期悬挂于空中，防护罩及防尘玻璃上很快会被蒙上一层灰尘、炭灰等的混合物，又脏又黑，还具有腐蚀性，严重影响收视效果，也给设备带来损坏。因此必须做好摄像机的防尘、防腐维护工作。在某些湿气较重的地方，则必须在维护过程中就安装位置、设备的防护进行调整以提高设备本身的防潮能力，同时对高湿度地带要经常采取除湿措施来解决防潮问题。

（2）防雷、防干扰

雷雨天气一来，设备遭雷击是常事，给监控设备正常的运行造成很大的安全隐患，因此，监控设备在维护过程中必须对防雷问题高度重视。防雷的措施主要是要做好设备接地的防雷地网，应按等电位立体方案做好独立的地阻小于1Ω的综合接地网，杜绝弱电系统的防雷接地与电力防雷接地网混在一起的做法，以防止电力接地网杂波对设备产生干扰。防干扰则主要做到布线时应坚持强弱电分开原则，把电力线缆跟通信线缆和视频线缆分开，严格按通信和电力行业的布线规范施工。

3）具体操作维护

①每季度一次设备的除尘、清理，扫净监控设备显露的尘土，对摄像机、防护罩等部件要卸下彻底吹风除尘，之后用无水酒精棉将各个镜头擦干净，调整清晰度，防止由于机器运转、静电等因素将尘土吸入监控设备机体内，确保机器正常运行。摄像机内部清洁除尘要求：拆下摄像机的防护罩进行内部清洁除尘，清洁除尘时需使用干燥、清洁的软布和中性清洁剂，以防止产生静电和腐蚀摄像机。在对带云台的摄像机进行维修保养时还需要对云台的机械部分加适量的润滑机油，以保证云台转动灵活。对效果不好的摄像镜头必须及时调整好焦距、光圈、方向，测量电源电压是否正常等，保证安装牢固。对室外监视摄像机进行维修保养，在每次清洁除尘、安装防护罩时，必须注意用防水胶圈或胶布密封接合部位，以防止雨水的渗入。在对摄像机清洁除尘时，必须注意不要用手触摸摄像镜头，只能用镜头纸对摄像镜头进行擦拭。

②检查监控机房通风、散热、净尘、供电等设施。室外温度应为-20～60℃，相对湿度应为10%～100%；室内温度应控制在5～35℃，相对湿度应控制在10%～80%，留给机房监控设备一个良好的运行环境。

③根据监控系统各部分设备的使用说明，每季度检测其各项技术参数及监控系统传输线路质量，处理故障隐患，协助监控主管设定使用级别等各种数据，确保各部分设备各项功能良好，能够正常运行。

④对容易老化的监控设备部件每月进行一次全面检查，一旦发现老化现象应及时更换、维修，如视频头（视频接口BNC头）等。如视频线BNC接头有老化或松动现象，必须用30W以下的电烙铁进行焊接处理，并检查BNC接头与主机接口是否松动，完成检查和维修后，需对线路进行整理，保证线路的畅顺、整齐、规范。

⑤对易吸尘部分每季度定期清理一次，如监视器暴露在空气中，由于屏幕的静电作用，会有许多灰尘被吸附在监视器表面，影响画面的清晰度，要定期擦拭监视器，校对监视器的颜色及亮度。

⑥对长时间工作的监控设备每季度定期维护一次，如硬盘录像机长时间工作会产生较多的热量，一旦其电风扇有故障，会影响排热，导致硬盘录像机工作不正常。

⑦对监控系统及设备的运行情况进行监控，分析运行情况，及时发现并排除故障。如网络设备、交换设备、监控终端及各种终端外设。桌面系统的运行检查，网络及桌面系统的病毒防御。

⑧每月定期对监控系统和设备进行优化，合理安排监控中心的监控网络需求，如网络连接、IP地址等限制。提供每月一次的监控系统网络性能检测，包括网络的连通性、稳定性及局域网的利用率等；实时检测所有可能影响监控网络设备的外来网络攻击，实时监控各交换机独

立运行状态、流量及入侵监控等。对异常情况进行核查,并进行相关的处理。根据用户需要进行监控网络的规划、优化;协助处理应用软硬件故障及进行相关软硬件的拆装等。

⑨定期对摄像机信号防雷器接地阻值进行测量,对不符合要求的接地点进行维修。

⑩大屏幕在使用时,由于机内温度高和静电吸引,周围的灰尘和油烟会迅速向机内聚集,对元器件有腐蚀作用,使之逐渐变质形成半短路状态,积尘过多而不及时清理还会造成电路短路、漏电打火。对于日常的清洁维护,大屏幕用干布擦拭即可,不宜用水,容易留下水痕。平时应保护大屏幕,不要让各种工具、密度比较高的坚硬物等撞击大屏,很容易损坏。当遇到大屏幕黑屏等异常情况,如无法自己简单修复,需要拆卸等,则通知设备厂家及时处理。

⑪以上工作必须形成工作记录表格备双方签字确认方为完成以上工作。

⑫提供每月一次的定期信息服务:每月第一个工作日,将上月抢修、维修、维护、保养记录表以电子文档的形式报送监控中心负责人。

三、视频监控系统常见故障分析

一个大型的、与防盗报警联动运行的视频监控系统,是一个技术含量高、构成复杂的系统。在一个监控系统进入调试、试运行阶段以及交付使用后,电源不正确引发的设备故障,因供电错误或瞬间过电压导致设备损坏,设备连接处理不好等有可能出现这样那样的故障现象,如不能正常运行、系统达不到设计要求、整体性能和质量不理想,即一些"软故障"。这些问题对于一个监控工程项目来说,特别是对于一个复杂的、大型的监控工程来说,是在所难免的。

下面对相应问题和解决办法进行阐述:

①监视器上产生较深较乱的大面积网纹干扰,以致图像全部被破坏,形不成图像和同步信号,由于视频电缆线的芯线与屏蔽网短路、断路造成的故障。这种故障多出现在 BNC 接头或其他类型的视频接头上。即这种故障现象出现时,往往不会是整个系统的各路信号均出问题,而仅仅出现在那些接头不好的路数上。只要认真逐个检查这些接头,故障就能迎刃而解。

②电源不正确引发的设备故障,电源不正确大致有以下4种可能:

a. 供电线路或供电电压不正确。

b. 功率不足(或某一路供电线路的线径不够,降压过大等)。

c. 供电系统的传输线路出现短路、断路、瞬间过压等。

d. 特别是因供电错误或瞬间过电压导致设备损坏的情况时有发生,因此,在系统设备调试完毕后、供电以前,一定要认真严格地进行核对与检查,绝不能掉以轻心。

③三可变镜头的摄像机及云台不旋转/镜头不动作。

a. 这些设备的连接线路有很多条,常会出现断路、短路、线间绝缘不良、误接线等导致设备的损坏、性能下降等故障现象。

b. 特别值得指出的是,带云台的摄像机由于全方位的运动,时间长了,导致连线的脱落、拉断连线是常见的。因此,要特别注意这种情况的设备与各种线路的连接应符合长时间运转的要求。

④设备或部件本身的质量问题。从理论上说,各种设备和部件都有可能发生质量问题。但从经验上看,纯属产品本身的质量问题,多发生在解码器、云台电机传动部分、传输部件等设备上。值得指出的是,某些设备从整体上看质量上可能没有出现不能使用的问题,但从某些技

术指标上却达不到产品说明书上给出的指标。因此必须对所选的产品进行必要的抽样检测。如确属产品质量问题,最好的办法是更换该产品,而不应自行拆卸修理。

⑤由于对设备调整不当产生的问题。

a. 比如摄像机后截距的调整是非常细致和精确的工作,如不认真调整,就会出现聚焦不好或在三可变镜头的各种操作时发生散焦等问题。

b. 摄像机上一些开关和调整旋钮的位置是否正确、是否符合系统的技术要求、解码器编码开关或其他可调部位设置得正确与否都会直接影响设备本身的正常使用或影响整个系统的正常运行性能。

⑥设备(或部件)与设备(或部件)之间的连接不正确产生的问题大致会发生在以下 3 个方面:

a. 阻抗不匹配。

b. 通信接口或通信方式不对称。

c. 驱动能力不够或超出规定的设备连接数量。

⑦监视器的画面上出现一条黑杠或白杠,并且向上或向下慢慢滚动。产生类似故障可能有两种不同原因:

a. 要分清是电源的问题还是地环路的故障,一种简易的方法是,在控制主机上,就近接入一只电源没有问题的摄像机输出信号,如果在监视器上没有出现上述的干扰现象,则说明控制主机无问题。接下来可用一台便携式监视器就近接在前端摄像机的视频输出端,并逐个检查每台摄像机。

b. 如有,则进行处理,如无,则干扰是由其他干扰源(如电梯控制信号、变频器等)或环路传输所带来干扰源等其他原因造成。

⑧监视器上出现木纹干扰。这种干扰的出现,轻微时不会淹没正常图像,而严重时图像就无法观看了(甚至是破坏图像信号同步)。这种故障现象产生的原因较多也较复杂。大致有以下 3 种原因:

a. 视频传输线的质量不好,特别是屏蔽性能差(屏蔽网不是质量很好的铜线网,或屏蔽网编织线过稀而起不到屏蔽作用)。与此同时,这类视频线的线电阻过大,因而造成信号产生大衰减也是加重故障的原因。此外,这类视频线的特性阻抗不是以 75 Ω 为标准参数,超出标准规定也是产生故障的原因之一。

由于产生上述的干扰现象不一定就是视频线质量或传输线不良而产生的故障,因此这种故障原因在判断时一定要准确和慎重。只有当排除了其他可能后,才能从视频线不良的角度去考虑。若真是电缆质量问题,最好的办法当然是把所有的这种电缆全部换掉,换成符合要求的电缆,这是彻底解决问题的最好办法。

b. 由于供电系统的电源过滤不洁净而引起的。这里所指的电源不"洁净",是指在正常的电源(50 Hz 的正弦波)上叠加有干扰信号。而这种电源上的干扰信号,多来自本电网中使用可控硅的设备。特别是大电流、高压电的可控硅设备,对电网的污染非常严重,这就导致了同一电网中的电源不"洁净"。比如本电网中有大功率可控硅调频调速装置、可控硅整流装置、可控硅交直流变换装置等,都会对电源产生污染。这种情况的解决方法比较简单,只要对整个系统采用净化电源或在线 UPS 供电就基本上可以得到解决。

c.系统附近有很强的干扰源。这可以通过调查和了解而加以判断。如果属于这种原因，解决的办法是加强摄像机的屏蔽，以及对视频电缆线的管道进行接地处理等。

⑨监视器的画面上产生若干条间距相等的竖条干扰。

a.由于传输线的特性阻抗不匹配引起的故障现象：这是由于视频传输线的特性阻抗不是75 Ω 而导致阻抗失配造成的。也可以说，产生这种干扰现象是由视频电缆的特性阻抗和分布参数都不符合要求综合引起的。

b.解决的方法一般靠"始端串接电阻"或"终端并接电阻"的方法去解决。另外，值得注意的是，在视频传输距离很短时（一般为 150 m 以内），使用上述阻抗失配和分布参数过大的视频电缆不一定会出现上述的干扰现象。解决上述问题的根本方法是在选购视频电缆时，一定要保证质量。必要时应对电缆进行抽样检测。

⑩监视器上画面上产生若干条细条纹的干扰。

a.这种干扰现象的产生，多数是因为在传输系统、系统前端或中心控制室附近有较强的、频率较高的空间辐射源。

b.一般在系统建立时，应对周边环境有所了解，尽量设法避开或远离辐射源。

c.当无法避开辐射源时，对前端及中心设备加强屏蔽，对传输线和管路采用钢管并良好接地。

⑪云台的故障。一个云台在使用后不久就运转不灵或根本不能转动，是云台常见的故障。这种情况的出现除去产品质量的因素外，一般是以下各种原因造成的：

a.只允许将摄像机正确安装的云台，在使用时采用了吊装的方式。在这种情况下，吊装方式导致了云台运转负荷加大，故使用不久就会导致云台的旋转机构损坏，甚至烧毁电机。

b.摄像机及其防护罩等总重量超过云台的承重。特别是室外使用的云台，往往防护罩的重量过大，常会出现云台转不动（特别垂直方向转不动）的问题。

c.室外云台因环境温度过高、过低、防水、防冻措施不良而出现故障甚至损坏。

⑫距离过远时，操作键盘无法通过解码器对摄像机（包括镜头）和云台进行遥控的控制信号故障。这时应该在一定的距离上加装中继盒以放大整形控制信号。

⑬监视器的图像对比度太小，图像淡。

a.这种现象如不是控制主要机及监视器本身的问题，就是传输距离过远或视频传输线衰减太大所造成的。

b.在这种情况下，应加入线路放大或线路补偿的装置。

⑭图像清晰度不高、细节部分丢失，严重时出现彩色信号丢失或饱和度过低。

a.这是由于图像信号的高频端损失过大，因 3MHz 以上频率的信号基本丢失造成的。

b.这种情况或因传输距离过远，而中间又无放大补偿装置；或因视频传输电缆分布电容过大；或因传输环节在传输线的芯线与屏蔽线间出现了集中分布的等效电容造成的。

⑮色调失真。这是在远距离的视频基带传输方式下容易出现的故障现象。主要原因是由传输线引起的信号高频段相移过大而造成的。这种情况应加相位补偿器。

⑯操作键盘失灵。这种现象在检查连线无问题时，基本上可确定为操作键盘"死机"造成。键盘的操作使用说明上，一般都有解决"死机"的方法。例如"整机复位"或重新启动设备等方式，可用此方法解决。如无法解决，就可以断定是键盘本身的损坏故障。

⑰主机对图像的切换不干净。

a. 这种故障现象的表现是在选切后的画面上,叠加有其他画面的干扰,或有其他图像的行同步信号的干扰。这是因为主机或矩阵切换开关质量不良,达不到图像切换间隔度的要求。

b. 如果采用的是射频传输系统,也可能是系统的交扰调制和相互调制过大而造成的。

⑱数字硬盘录像机不能启动,可能存在以下6个方面的原因:

a. 主机电源开关失灵。

b. 主机电源损坏。

c. 主机主板或CPU卡损坏。

d. 主系统硬盘引导区损坏,或者硬盘本身故障。

e. 操作系统被破坏。

f. 对以上原因要仔细分析,逐一排除。

⑲数字硬盘录像机死机(现场监看的图像定格不动或图像上叠加的时间信息不走)软件问题,对于PC式硬盘主机其中包括操作系统或监控软件两个方面的故障;对于嵌入式的硬盘录像主机是监控软件问题。产生该问题的主要原因有以下5个方面:

a. 系统软件某个文件被破坏,对于PC式硬盘主机重新安装系统或者监控软件;嵌入式主机则需要升级软件。

b. 主机内硬盘存在磁盘坏道,需对硬盘进行修复或更换硬盘。

c. 主机内电源功率不够,需更换大功率电源。

d. 主机内硬盘太多,发热量太大,引起死机,改善散热条件即可。

e. 主机视频卡发热过大,引起死机,需更换视频卡或更换主机。

 **任务实施**

一、任务提出

到学校物业服务中心实习,负责校园视频监控系统的维护管理。

二、任务目标

1. 能独立进行校园视频监控系统的管理维护。

2. 能处理简单的视频监控系统故障。

三、实施步骤

1. 教师进行分组教学,3~5人一组。

2. 分批跟随校园物业负责视频监控系统管理维护的技术人员进行实习,边做边学。

3. 填写视频监控系统维护作业记录表,见表3-1。

4. 处理1~2个简单视频监控系统故障,记录到表3-2中。

四、任务总结

1. 任务实施过程中,要时刻遵守各项安全制度。教学采用分组形式,实施前要进行实训安全教育。

2. 利用2课时,进行实习总结。每一组都要做实习分享。

3. 任务结束后,学生要完成相应的实训报告书。

思考与练习

1. 简述视频监控系统的组成。
2. 上网进行资料检索,弄清视频监控系统中常用的摄像机有哪几种。
3. 校园视频监控系统中一路摄像机无画面,简述此故障的原因及处理办法。
4. 校园内一摄像机的云台无法旋转,简述此故障的原因及处理办法。
5. 简述 BNC 头的制作方法及步骤。

表 3-1 视频监控系统日常维护管理记录表

序号	保养工作内容	保养频次	维保记录	标准
1	检查摄像机、支架是否牢靠稳固			牢固
2	检查摄像机罩是否完好			完好、无损坏
3	检查摄像机工作状态			清晰度不低于 480 线
4	检查云台控制状态			各功能正常
5	检查其他设备(如巡更等)工作状态			自测功能正常
6	检查各设备电源			电压在设备允许范围内
7	检查数字硬盘录像机按钮			各按钮能正常操作
8	测试控制台功能	每月一次		各功能正常
9	测试数字硬盘录像机录像及回放功能			硬盘文件完好、回放图像清晰、各设置正确
10	测试监视器、画面处理器功能			自测功能正常
11	测试字符发生器、切换器、分配器功能			自测功能正常
12	测试巡更系统、巡更棒功能			自测功能正常
13	接插件、线路测试检查与紧固			线路工作正常、无短路无开路现象
14	清洁各设备及设备箱内部及其过滤网			无积灰
15	检查冷却风扇工作状况			清洁、完好
保养日期		到达时间		离开时间
保养情况说明:				
保养维修人员(签名):			使用单位(签名):	

表 3-2 视频监控系统故障维修记录表

用户单位	
故障原因	
故障分析及建议	
故障处理	
用户意见	

故障处理单位：
故障处理人员：
用户负责人：
故障处理日期：

任务二 防盗报警系统的运行管理与维护

教学目标

终极目标:会进行日常管理及维护防盗报警系统。
促成目标:1.能讲解防盗报警系统的组成。
2.会进行日常管理防盗报警系统。
3.会维修防盗报警系统的简单故障。

工作任务

1.维护防盗报警系统(以校园为对象)。
2.进行简单故障的维修。

相关知识

一、防盗报警系统组成

在《入侵报警系统工程设计规范》(GB 50394—2007)中将入侵报警系统定义为:利用传感器技术和电子信息技术探测并指示非法进入或试图非法进入设防区域(包括主观判断面临被劫持、遭抢劫或其他危急情况时,故意触发紧急报警装置)的行为,处理报警信息、发出报警信息的电子系统或网络。通常意义上指的是对公共场合、住宅小区、重要部门(楼宇)及家居安全的控制和管理。

防盗报警系统的设备一般分为前端探测器和报警控制器。报警控制器是一台主机(如计算机的主机一样),用来控制包括有线/无线信号的处理、系统本身故障的检测、电源部分、信号输入、信号输出、内置拨号器等,一个防盗报警系统中报警控制器是必不可少的,如图3-3所示。前端探测器包括:门磁开关、玻璃破碎探测器、红外探测器和红外/微波双鉴器、紧急呼救按钮。

二、防盗报警系统运行维护

防盗报警系统维保内容包含线路维护、报警设备维护、监控软件维护、报警主机及其附属设备维护,如图3-4所示。维保服务内容一般包含:报警信号线路、视频信号线路、摄像机云台控制线路的检测,故障排除,隐患排查;所有接口、线路接口焊点的检测,视频头的更换等;监控系统前端摄像机的镜头清理、设备除尘、位置调整、设备维修及更换、故障排除等;报警主机及其附属设备检测、设备除尘、防区调整、故障排除等;监控主机设备检测、设备除尘、系统维护、设备维护、系统扩容、故障排除等。

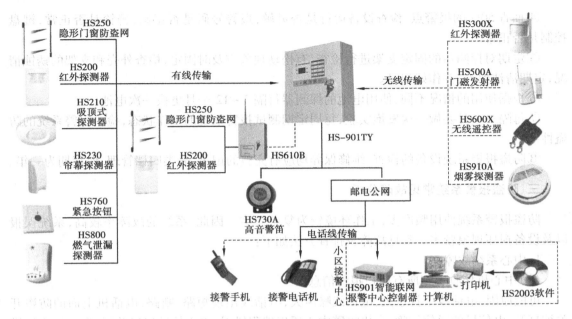

图 3-3　防盗报警系统的组成

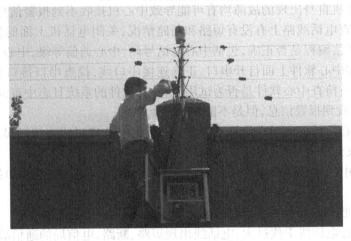

图 3-4　防盗报警系统维护

防盗报警系统维保的具体操作要求如下：

①规定每月对系统进行一次维护保养。防止误报警的维护,每月对报警主机外观进行清洁,擦拭灰尘。对影响防区误报警应勘察误报的树枝进行修剪。检查投光器与受光器是否校对正确,投光器与受光器之间有无障碍物。对影响探头正常工作的异物是否存在,如有,应设法排除。对于误报频繁又无其他干扰影响正常工作的探头,应及时换。对各个防区红外发射、接受探头表面进行清洁,除去表面灰尘。对各个防区解码器电源箱进行保养、除尘。

②对电源箱内线路接头进行绝缘测试,不符合要求的重新做接头,做好防水措施。检查室外部分设备内有无受潮,接线是否牢固,导线绝缘层是否良好,有无裸露。

③检查主机箱内有无异常情况,电器元件有无异常发热,接线是否牢固,通风散热是否正常,电源是否正常。对每个探测器与主机所供电源的插座要经常检查,防止插头脱落。

④抽查50%的报警点,检查设备运行是否灵敏,报警号码是否正确,警铃是否正常,键盘控制是否正常。

⑤定期对探测器的固定支架进行检查,有松动现象应及时固定,检查外壳和支架的锈蚀情况,定期清洁保养,并作好记录。

⑥根据使用的情况不同,使用电池的探测器每隔3~12个月更换一次电池。

⑦每隔一个月要做一次发炮实验,每周定期测试报警系统的工作状态,检验报警系统的防盗性能。

⑧防盗报警系统设备的检查、维修保养均应有完整的记录,分类归档管理,保存期为一年。

三、防盗报警系统常见故障分析

防盗报警系统使用频次多,工作环境较为复杂恶劣。因此,系统的故障率较高,系统误报以及设备损坏现象较多。常见故障及排查方法如下:

1. 中心系统故障

(1)中心机接收不到所有用户报警信息

可能原因:电话线干扰过大,电话线噪声大,电话线出现短路、断路,电话机上面的防盗开关被打开,电信局的通信故障,主机报警中心通信编程错误,中心软件串口关闭,串口线连接错误,串口损坏,计算机自身出现的故障均有可能导致中心机接收不到报警信息。

排除方法:检查电话线路上有没有短路和断路情况,关闭电话机上面的防盗开关,检查用户端主机的中心通信编程是否正确,包括中心电话号码、中心通信等级、中心通信格式、用户编号、报告选项等;在中心软件上面打开串口,正确连接串口线,检查串口接口是否损坏;检查计算机是否正常工作;检查中心软件是否为试用版,并从软件的系统日志中查询试用是否到期。

(2)中心机接收到报警信息,但是不能在软件上弹出

可能原因:中心软件上面用户信息不存在、串口被关闭、串口线连接错误、串口损坏都可能导致中心机能接收到报警信息,但是不能在软件上弹出。

排除方法:在中心软件上面添加用户信息,打开对应串口,正确连接串口线,检查串口线接口是否损坏。

(3)中心机接收到报警信息后,警情不能上/下传

可能原因:中心电话线干扰过大,电话线出现短路、断路,电信局的通信故障。中心软件上面转发号码填写不正确都可能导致中心机接收到报警信息后,警情不能上/下传。

排除方法:检查电话线干扰是否过大,电话线有无短路、断路,正确填写中心软件上面的转发号码。

2. 主机系统故障

(1)主机布防或强制布防后触发有线前端,但不报警

可能原因:有线前端与主机的连接线路错误,线路发生短路、断路,前端供电电压不足,线尾电阻未接、接错,防区属性没有编写或编写错误等都可能导致主机布防后触发有线前端不报警。

排除方法:正确检查有线前端和主机之间的连接线路,检查线尾电阻是否未接或接错,利用万用表测试线路有无短路、断路,前端供电电压是否稳定(不能低于9 V)等情况,若编程错误应重新正确地对有线前端进行属性的编写。

（2）主机布防后触发无线前端,但不报警。

可能原因:无线前端的电池电量不足,无线前端学码不正确,或者学进乱码,无线前端学进主机后没有编入该防区的防区属性或防区属性编写错误,无线前端与主机间的距离超出了额定的发射距离,无线前端与主机之间有金属物阻隔导致屏蔽等都可能导致主机布防后触发无线前端,但不报警故障。

排除方法:更换电池,将无线前端与主机重新学码,正确地对无线前端所学进主机的该防区进行属性编程,缩短无线前端和主机之间的距离,若有金属物阻隔导致屏蔽则考虑重新调整无线前端安装位置。

（3）主机接收不到高频信号(包括遥控器及无线转换器)

可能原因:遥控器电池电量不足或转换器未通电,遥控器及无线转换器的无线码未学进主机,或者距离主机太远,主机的高频不能解码等都可能导致主机接收不到高频信号。

排除方法:更换电池连接电源,或换一个遥控器测试,正确编程学习无线码,缩短遥控器及无线转换器与主机间的距离测试,若使用多个遥控器均学不进主机则说明主机高频接收可能有问题,建议将产品发回,利用专业器材检验。

（4）主机误报

可能原因:主机误报的可能性非常小,因为主机只是一个信号接收处理器,即使有误报则多数是前端探测器的原因。除非电压高低波动实在过大有可能导致主机误报,但主机在稳压电路这一块的设计做得很精细,因此主机误报的几率很小,当发生误报时请多查前端探测器原因。

排除方法:先确认是哪个防区误报,然后针对性地对探测器进行调节。

（5）主机在正常使用时无故发出叫声

说明:主机的提示音可分为报警音、故障提示音、布防退出延时音、报警进入延时音。

排除方法:当用户在反映主机无故发出叫声时,请安装工程商先确认主机所发出的声音为何种提示音,然后有针对性地进行检查,一般用户在没有对主机发出任何指令时所听到的提示音多为主机检测到故障时发出的提示音,请加以确认,作出相应排除。

（6）主机连接外接警号后,但报警时外接警号没有声音

可能原因:警号与主机的连接线的正、负极接反,连接线短路、断路,主机输出电压不足(12 V左右),主机的外接警号输出程序未编入或编程错误等,都有可能导致外接警号不输出。

排除方法:检查警号所连接的线路是否完全正常,当主机在报警时用万用表测试主机的外接警号接口是否有12 V左右的电压输出,若没有输出则表示主机可能没有编入警号输出程序,此时请正确编写程序,若以上操作都正确后,主机报警时警号还是没有输出则建议换一个警号或换一台主机测试。

（7）主机报警后不通信个人电话

可能原因:电话线路干扰过大,电话线短路、断路,编程过程中个人通信的电话号码、通信格式、通信等级等可能未编入或编程错误,连接主机的电话线路上的座机可能开启了防盗功能等都有可能导致主机报警后不通信个人电话。

排除方法:检查电话线是否干扰过大,查看电话线是否有短路、断路问题存在,确认所连接主机的电话线是否需加拨代码后才能拨打外线电话,若需要请在输入报警拨号电话号码时正确输入代码,若还不行则考虑重新正确地编入个人通信电话号码、个人通信等级、个人通信格

式程序。

（8）主机报警后不通信中心电话

可能原因：电话线干扰过大导致数据传输失败，主机连接的电话线短路、断路，编程过程中中心通信电话号码、通信格式、通信等级、用户编号出现错误或未完全编入等，都有可能导致主机报警后不通信中心电话。

排除方法：查看电话线是否有短路、断路存在，正确编写中心通信电话号码、中心通信等级、中心通信格式、用户编号。若以上都为正常则可能是电话线路干扰过大导致，由于中心通信是属于数据传输，不同于一般的语音传输，因此电话线路若干扰过大很有可能导致通信不可靠，此时建议工程商作以下测试和处理：①听电话机的听筒是否有噪声，如果有明显的噪声，应先找通信公司解决，否则会由于电话线干扰过大，导致主机传输数据错误。②用万用表直流电压挡，测电话线的以下几项参数：a. 空载电压：在电话机听筒未拿起时，测电话线上的直流电压，看是否为 43 ~ 53 V。b. 摘机电压：将电话机听筒拿起，测电话线上的电压，看是否为 6 ~ 10 V。c. 接电阻电压：在电话线上并接一只 300 Ω 电阻，测电话线上直流电压，看是否为 6 ~ 12 V。测试后根据测试结果作以下处理：a. 如果测试出的所有电压符合要求，说明线路正常，可以更换一台主机试一下（该主机一定要在贵公司办公室已实际测试向中心通信非常可靠，否则可能造成错误判断，走很多冤枉路）。b. 如果电压不正常，但超出不是很多，可在电话线上串联一只 100，200 或 300 Ω（1/4 W）电阻试一下。c. 如果电压不正常，且超出太多，或者按 b 的方法测试后未解决问题，需联系生产厂家，根据该用户电话线参数专门修改主机电路参数，以适应该电话线路。

3. 前端探测器

（1）护栏连接上主机后，主机布防但触发护栏不报警，或因该防区有故障导致主机无法布防

可能原因：护栏两端之间有阻挡物，护栏与主机的连接有错误，护栏的防拆开关未闭合，线路有短路、断路，供电电压不足，护栏的防区属性未进行编程定义，编程过程中编写的防区属性有错误等。

排除方法：正确连接护栏和主机之间的线路和线尾电阻（电阻的连接和大小根据所使用的主机而定），检查线路有无短路、断路存在，测试护栏的供电电压是否大于 9 V，在让防拆开关闭合的前提下检查发射端上的对准指示灯是否熄灭，闪烁或长亮均不正常，对护栏的防区属性重新进行正确的编程。

（2）初装调试过程中护栏在主机撤防状态下不停地报警，而且报警时无法撤防

可能原因：护栏处于开路状态，防区属性被设置成了 24 小时防区。

排除方法：检查护栏开路原因以及对其原因正确排除，将护栏的防区属性修改成普通防区。

（3）护栏的对准指示灯闪烁或长亮

可能原因：同步线连接有误，接收端与发射端没有对准，接收端和发射端距离太远，探测区域内有阻挡物，供电电压不足，接收端的防拆开关未闭合。

排除方法：正确地连接同步线，检查防拆开关是否闭合，调整接收端与发射端的角度使其对准，保证供电电压在 9 V 以上。

（4）护栏误报

可能原因:供电电压上下浮动过大,环境原因,线路进水导致间歇短路现象,护栏自身原因。

排除方法:确保供电电压在9 V以上,检查线路是否正常,将误报的护栏安装位置与没有误报过的护栏安装位置进行对换,以此确认究竟是环境原因还是护栏自身原因,然后作出相应处理。

（5）探头连接上主机后,主机布防但触发探头不报警或因该防区有故障导致主机无法布防

可能原因:有线探头与主机的连接有错误,探头的防拆开关未闭合,线路有短路、断路,供电电压不足,探头的防区属性未进行编程定义,编程过程中编写的防区属性有错误等。

排除方法:正确连接探头和主机之间的线路与线尾电阻(电阻的连接和大小根据所使用的主机而定),检查线路有无短路、断路存在,测试探头的供电电压是否大于9 V,在让防拆开关闭合的前提下检查探头的报警指示灯是否熄灭,对探头的防区属性重新进行正确的编程。

（6）初装调试过程中探头在主机撤防状态下不停地报警,而且报警时无法撤防

可能原因:探头处于开路状态,防区属性被设置成了24小时防区。

排除方法:检查探头开路原因及对其原因正确排除,将护栏的防区属性修改成普通防区。

（7）探头误报

可能原因:被动探头是探测环境温差变化而发生报警的,灵敏度调节不当,探测环境温差变化恶劣都有可能导致探头发生误报。

排除方法:检查线路是否进水而导致的间歇性短路,适当调节灵敏度和安装位置,检查供电电压偏差是否过大,将误报的探头安装位置与没有误报过的探头安装位置进行对换,以此确认究竟是环境原因还是探头自身原因,然后作出相应处理。

（8）无线探头安装后,主机布防触发探头不报警

可能原因:电池电量不足,无线学码不正确或未学写,在编程过程中对该防区属性的编写错误或未编写,都有可能导致探头安装后,主机布防触发探头不报警。

排除方法:检查电池电压是否正常,若不正常则更换电池,对无线探头进行重新学码和防区属性的编程。

（9）探头的触发指示灯闪烁,而主机也同时发出故障提示音

可能原因:无线探头电池欠压。

排除方法:更换探头专用电池。

（10）无线门磁安装后,将主机布防触发不报警

可能原因:电池电量不足,无线学码不正确或未学写,在编程过程中对该防区属性的编写错误或未编写。

排除方法:检查电池电压是否正常,若不正常则更换电池,对无线门磁进行重新学码和防区属性的编程。

（11）无线门磁误报

可能原因:磁铁与主板的安装间隙处于报警边缘。

排除方法:磁铁与主板的安装间隙最好不要过大,应根据所安装位置的间隙浮动情况作相应调整。

任务实施

一、任务提出

到学校物业服务中心实习,负责校园防盗报警系统的维护管理。

二、任务目标

1. 能独立进行校园防盗报警系统的管理维护。

2. 能维修简单的防盗报警系统故障。

三、实施步骤

1. 教师进行分组教学,3～5 人一组。

2. 分批跟随校园物业负责防盗报警系统管理维护的技术人员进行实习,边做边学。

3. 填写防盗报警系统维护作业记录表,见表3-3。

4. 维修 1～2 个简单防盗报警系统故障,记录到表3-4 中。

四、任务总结

1. 任务实施过程中,要时刻遵守各项安全制度。教学采用分组形式,实施前要进行实训安全教育。

2. 利用2 课时,进行实习总结。每一组都要做实习分享。

3. 任务结束后,学生要完成相应的实训报告书。

 思考与练习

1. 简述防盗报警系统的组成。

2. 上网进行资料检索,简述防盗报警系统的发展趋势。

3. 简述防盗报警系统探头常见故障及维修方法。

表 3-3　防盗报警系统日常维护管理记录表

日期

检查项目	状况	处理结果	备注
信息按钮			
信息采集器			
信息变送器			
巡更管理计算机			
巡更管理软件			
报警主机			
备用电池			
控制键盘			
主机串口模块			
主机联网卡			

检查项目	状况	处理结果	备注
防区总线模块			
电子护栏			
红外探测器			
紧急按钮			
报警软件			
报警音箱			

检查人： 审核人：

表 3-4 防盗报警系统故障维修记录表

用户单位	
故障原因	
故障分析及建议	
故障处理	
用户意见	
故障处理单位：	
故障处理人员：	
用户负责人：	
故障处理日期：	

任务三 可视对讲系统的运行管理与维护

教学目标

终极目标:会进行日常管理及维护维修可视对讲系统。
促成目标:1.能讲解可视对讲系统的组成。
2.会进行日常管理视频可视对讲。
3.会维修可视对讲系统的简单故障。

工作任务

1.维护可视对讲系统。
2.进行简单故障的维修。

相关知识

一、可视对讲系统组成

可视对讲系统提供访客与住户之间双向可视通话,达到图像、语音双重识别从而增加安全可靠性,同时节省大量的时间,提高了工作效率。家内所安装的门磁开关、红外报警探测器、烟雾探测器、瓦斯报警器等设备连接到可视对讲系统的室内机上以后,可视对讲系统就升级为一个安全技术防范网络,它可以与住宅小区物业管理中心或小区警卫有线或无线通信,从而起到防盗、防灾、防煤气泄漏等安全保护作用,为屋主的生命财产安全提供最大程度的保障。

《楼宇对讲电控防盗门通用技术条件》(GA/T 72—2013)中指出可视楼宇对讲系统是由门口主机、室内可视分机、不间断电源、电控锁、闭门器等基本部件构成的连接每个住户室内和楼梯道口大门主机的装置,在对讲系统的基础上增加了影像传输功能,如图3-5所示。

二、可视对讲系统运行维护

(1)日检

每日由工程技术员组织对楼宇对讲系统进行下列功能检查:每日对单元门口主机进行外观检查,如图3-6所示。面板功能:检查面板按钮是否灵敏、有无按键音、有无夜光照明。开锁功能:用密码开锁检查开锁机构是否正常、灵活。闭门器闭关是否正常。

(2)月检

每月由工程技术员组织对楼宇对讲系统进行功能检查,并填写《楼宇对讲系统保养记录表》。对单元门口主机进行清洁、除尘,线路松动应给予紧固。测试楼宇对讲系统控制部分工作电压是否正常,对供电系统进行细微检查,测量稳压源的电压偏差和交流波纹系数。对单元门口主机进行测试,检查面板按钮是否灵敏、夜光照明是否正常。检查单元门口主机板,查看外接线是否固定良好。检查闭门器闭关情况,检查其传动机构是否正常,调整闭门速度、力度。调整门锁灵敏度。对控制计算机的内容进行审查,把不必要的文件、参数、数据及无用的存储清除掉。有用、有备可查的应打印留档。

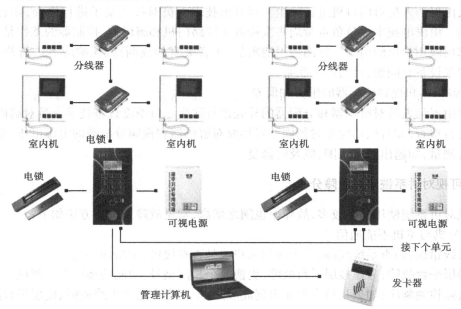

图 3-5 可视对讲系统的组成

图 3-6 可视对讲系统维护

(3)每半年由技术人员对整个系统进行考核

对其作用在防盗报警功能上、煤气泄漏报警功能上、紧急求助报警功能上、防破坏功能上有如实的评价并入档。

(4)监控中心管理主机的维护和保养

每天由值班人员对管理主机进行除尘。每月由技术人员对主机接线端子进行检查,如有松动应及时紧固。每半年由技术人员对电源电压、系统接地电阻进行测量,如超出正常范围,应及时修复。

(5)大堂门口机的维护和保养

每天由保洁人员对门口机进行除尘。每月由技术人员对接线端子进行检查,如有松动应及时紧固。由弱电技术人员负责每周一次检查主线路门机和解码器、控制器的工作是否正常,由客务部反映用户机的情况。有图像不清晰的、声音失真的或断路、无响应者进行修理,查找故障。如果设备有问题,可与厂家联系。

(6)解码器和视频分配器的维护和保养

每周由保洁人员对解码器和分配器的外壳进行除尘。每季度设备技术人员对解码器的接线端子进行检查,如有松动应及时紧固。每年要对解码器和视频分配器的电源电压、系统接地电阻进行测量,如超出正常范围,应及时修复。

三、可视对讲系统常见故障分析

可视对讲系统使用频率较多,故障率也随之增高,常见故障及排查方法如下:

(1)分机与主机不能通信

①接线错误:检查系统线路,主干线与入户线是否有接错、短路、断裂。

②楼层平台故障:考虑楼层平台故障,更换一个相同型号、功能的楼层平台测试。

③故障检测顺序:如果是整个单元出现此故障,主要考虑是主干线故障、楼层平台故障,最后是主机故障,请更换相同型号、功能的产品替换测试;如果是部分分机出现故障,多数为入户线故障,该层楼层平台故障,最后是分机故障,应依这个顺序去检查问题所在。

(2)呼一台分机,其他分机响或多台分机一起响

故障原因及排除方法:

①室内分机编码出错:按照说明书重新编制室内分机的号码。

②线路接错:部分厂家的系统没有使用楼层平台,直接将入户线并接入系统主干线,这种现象明显是系统信号串扰或系统线路接错。

(3)分机呼不通管理机

故障原因及排除方法:

①联网转换器(切换器)故障:检测联网转换器的接线,看是否有错;在呼叫管理机时,用万能表检测至管理机端口是否有信号输出;用万能表检测联网转换器由主机输入端口是否有信号输入;最后请更换相同型号、功能联网转换器测试。

②线路接错:部分厂家的系统没有使用联网转换器,直接将联网主线并接入单元系统主干线(或直接接入单元主机),重点考虑系统线路接错;直接接入的,重点考虑主机故障,考虑主机的切换功能是否导致联网信号切换不到位。

(4)室内分机有声音无图像

故障原因及排除方法:

①检测入户信号是否正常:检测入户线是否有充足的视频信号输入,检测可视分机的供电线是否有正常充足的电压、电流输入(黑白分机一般为 12~18 V,彩色分机一般为 11~14 V,超压将烧毁产品,低压将导致供电不足,并有可能导致不能亮屏显示)。

②线路接错:请检测入户线路是否正常、检测楼层平台的线路是否正常,即线材是否有断

裂、短路、接头松动等线路故障。注:请使用适当的线径线材。

③楼层平台损坏:用万能表测试楼层平台各个端口,看是否有正常充足的信号输入与输出,最好是用备用楼层平台规换现有楼层平台测试。

④考虑分机的质量问题,请用相同型号、功能的分机测试。

⑤线路问题请及时处理,信号不正常、不充足的,请使用视频放大器。

(5)分机图像有干扰

故障原因及排除方法:

①布线不合理:严格按照弱电系统相关规定,并按该系统产品说明书的要求布线,尽量远离强电,最好使用带屏蔽的线材。

②接触不良:严格按照弱电规范方法布线、接线。

③系统视频信号不足、不正常,请使用视频中继放大器。

④系统信号较强或阻抗不匹配,建议使用带均衡信号的视频处理器。

小方法提示:系统信号阻抗不匹配,在入户分机的视频线正负极并接一个75 Ω的电阻,一般就可以消除阻抗不匹配。

(6)分机图像不稳定,有拉伸的现象

故障原因及排除方法:

①电源供应不稳定:检测系统电源,看是否稳定、充足。

②查看分机的对比度与亮度调节是否正常。

③视频信号不稳定:用万能表检测系统信号,看是否稳定、充足;部分楼宇可视对讲系统单独使用视频分配放大器,请查看视频分配放大器的调节器,看调节是否正常。

(7)遥控不开锁

钥匙能开锁,分机遥控不能开锁,对讲系统其他功能正常,分整个单元住户均不能开锁和单元内部分住户或个别住户不能开锁。

①整个单元均不能开锁的维修步骤和方法(主机处于工作状态时)。

a.拆下单元门主机后护板,检查主机对外连线是否有松动、断线。松动紧固,断线接牢。

b.若连线完好,则找出主机外引受话开锁线和地线,用维修备用线两端直接触碰两线,使两线瞬间短路,洞察动静。若短路瞬间无任何动静,则为主机故障,需拆下主板进一步检查开锁线路;若短路瞬间,听到小继电器吸合声,继而电控锁开锁声,则表明主机无故障。故障应出在主机外至各楼层分机连线松断;若小继电器有吸合声而锁无动静,表明主机至电控锁的接线或电控锁损坏。

c.万用表测量法。万用表电流挡(500 mA)串入电控锁线路,主机外引开锁线和地线直接触碰,观察万用表是否有300 mA的瞬间电流,如有,表明主机和连接电控锁线无故障,若此时没有开锁动作,表明锁损坏;如无,表明主机故障。

②单元内个别住户不能开锁或偶尔不开锁。

一般为开锁按键故障(接触不好或损坏)。分机与主机处于工作状态时,可将分机开锁线直接与地线短接试开锁,锁开,表明按键故障;锁不开,估计为分机控制板或入户线故障,可用检修用的4芯护套线为测试线,直接将这台分机接入主机线端测试,正常,说明是入户线故障;不正常,就是分机控制板故障。

（8）听不见

从楼宇门主机按某一户分机按键,分机不响,但拿起该分机能听到外面的声音,也能开门。

一般分机都是 4 线分机,其电路简单,又可通用,一般为不保密通话,即可以有两户同时和主机通话,主机呼叫分机时需要一直按住按键,振铃声才会有,分机 4 根线为信号进、信号出、地线、振铃(呼叫)线。其中,信号进、信号出、地线是公共线。

故障检查要点:

①拆下主机后护板,检查该分机呼叫线是否松断。松断紧固,正常,则往下找。

②把该分机呼叫线与另一分机呼叫线互换试之,以判断主机呼叫键是否完好。

③分机上挂机开关(插簧开关、蛙式开关)损坏。一般电话机上都有 6 只脚,拆邻居分机一试便知。或用万用表检测。

④检查主机至该分机线路是否完好、有否松脱。

（9）不能通话

①任意分机与主机处于工作状态时,主机说话分机都听不见。

先看主机麦克风线是否接好,麦克风是否损坏,可找一只 52 dB 的麦克风更换测试(一般分机麦克风可与主机通用)。

②任意分机与主机处于工作状态时,分机说话主机都听不见。

先查主机喇叭线是否接好,喇叭是否长锈损坏,可找一大小差不多的喇叭更换测试。

③分机与主机处于工作状态时,主机说话个别分机听不见,其他功能正常。

查分机 4 根进出线,将该分机用检修 4 芯护套线接于主机后测试。故障除,表明连接该分机的 4 线有故障;故障存,表明分机控制板或听筒喇叭损坏。

④分机与主机处于工作状态时,部分分机说话主机听不见,其他功能正常。

查分机 4 根进出线,将该分机用检修 4 芯护套线接于主机后测试。故障除,表明连接该分机的 4 线有故障;故障存,表明分机控制板或听筒麦克风损坏。

 任务实施

一、任务提出

到校企合作企业实习,负责某小区可视对讲系统的维护管理。

二、任务目标

1. 能独立进行小区可视对讲系统的管理维护。

2. 能维修简单的可视对讲系统故障。

三、实施步骤

1. 教师进行分组教学,3～5 人一组。

2. 分批跟随校园物业负责可视对讲系统管理维护的技术人员进行实习,边做边学。

3. 填写可视对讲系统维护作业记录表,见表 3-5。

4. 维修 1～2 个简单可视对讲系统故障,记录到表 3-6 中。

四、任务总结

1. 任务实施过程中,要时刻遵守各项安全制度。教学采用分组形式,实施前要进行实训安全教育。

2. 利用 2 课时,进行实习总结。每一组都要做实习分享。

3. 任务结束后,学生要完成相应的实训报告书。

 思考与练习

1. 简述可视对讲系统的组成。

2. 某小区 404 住户可视对讲系统有声音无画面。简述故障原因及处理办法。

3. 上网进行资料检索,简述可视对讲系统未来的发展方向。

4. 某小区 503 住户可视对讲系统有声音有画面,但是不能控制门锁。简述故障原因及处理办法。

表 3-5　可视对讲系统日常维护管理记录表

保养级别	保养内容	保养情况及处理
日常保养	1. 清扫机箱内外灰尘、保持外观清洁	
	2. 管理主机、门口主机显示是否正常,通话质量、图像是否清晰	
一级保养	1. 完成日常保养内容	
	2. 管理主机、门口主机、楼层解码器、电源等安装是否牢固	
	3. 管理主机、门口主机断交流电检查情况:断开交流电开关,备用电池供电,同时电源指示发光管应正常发光,并对电池充放电	
二级保养	1. 完成一级保养的内容,保持机箱内外洁净、无锈蚀	
	2. 检查管理主机、门口主机、楼层解码器、电源等各部件工作是否正常	
	3. 检查管理主机、门口主机、楼层解码器、电源等各部件工作是否正常,测试电源电压是否符合设计	
	4. 紧固所有端子连线	
说明	检查保养设备设施,正常则在"保养情况及处理"栏内打"√",如有情况需处理的则用文字详细注明	
备注		
保养人/日期		审核人/日期

表 3-6　可视对讲系统故障维修记录表

用户单位	
故障原因	
故障分析及建议	
故障处理	
用户意见	
故障处理单位：	
故障处理人员：	
用户负责人：	
故障处理日期：	

任务四　出入口控制系统的运行管理与维护

教学目标

终极目标:会进行日常管理及维护出入口控制系统。
促成目标:1. 能讲解出入口控制系统的组成。
　　　　　2. 会进行日常管理出入口控制系统。
　　　　　3. 会维修出入口控制系统的简单故障。

工作任务

1. 维护出入口控制系统(以校园为对象)。
2. 进行简单故障的维修。

相关知识

一、门禁控制系统组成

《出入口控制系统工程设计规范》(GB 50396—2007)指出,出入口控制系统(Access Control System,ACS)是采用现代电子设备与软件信息技术,在出入口对人或物的进、出进行放行、拒绝、记录和报警等操作的控制系统,系统同时对出入人员编号、出入时间、出入门编号等情况进行登录与存储,从而成为确保区域的安全,实现智能化管理的有效措施。

出入口控制系统是利用自定义符识别或模式识别技术对出入口目标进行识别并控制出入口执行机构启闭的电子系统或网络。出入口控制系统主要由识读部分、传输部分、管理/控制部分和执行部分以及相应的系统软件组成。

常见的出入口控制系统有楼宇门禁控制系统(图 3-7)、车行道闸控制系统(图 3-8)、人行道闸控制系统(图 3-9)。各类出入口控制系统都具有相同的控制原理,综合应用编码与模式识别、有线/无线通信、显示记录、机电一体化、计算机网络、系统集成等技术。

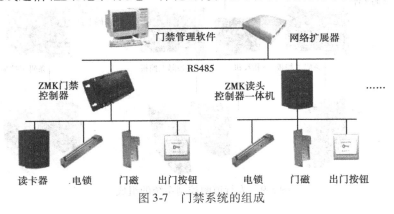

图 3-7　门禁系统的组成

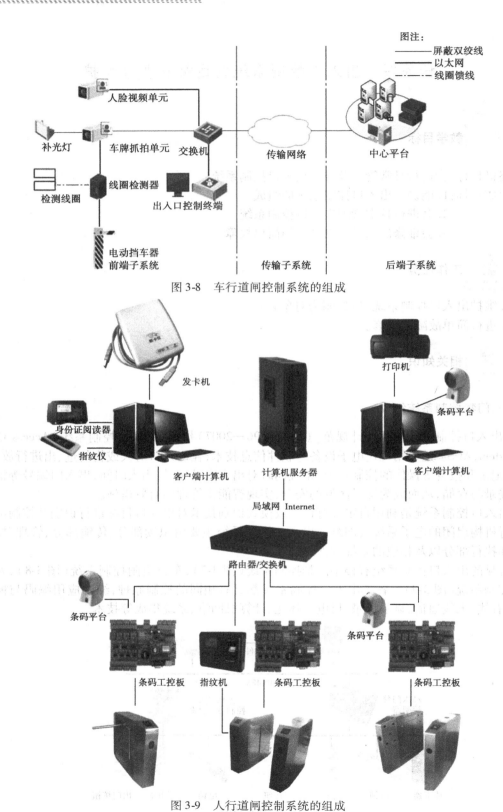

图注：
———— 屏蔽双绞线
———— 以太网
‑‑‑‑ 线圈馈线

人脸视频单元

补光灯

车牌抓拍单元　交换机

检测线圈　线圈检测器

出入口控制终端

电动挡车器

传输网络

中心平台

前端子系统　　　　传输子系统　　　　后端子系统

图 3-8　车行道闸控制系统的组成

发卡机

打印机

条码平台

身份证阅读器

指纹仪

客户端计算机　　计算机服务器　　客户端计算机

局域网 Internet

路由器/交换机

条码平台

条码平台

条码工控板　指纹机　条码工控板　条码工控板

图 3-9　人行道闸控制系统的组成

二、出入口控制系统运行维护

1. 门禁控制系统的日常维护操作

①电源保证功率足够,尽量使用线性电源,门锁和控制器应分开供电。电源的安装尽可能靠近用电设备,以避免受到干扰和传输损耗。常见故障有门禁电锁不住门、禁读卡器指示灯不亮,基本都是外部电源出了问题。日常的维护要注意使用环境,应注意通风良好,利于散热,并保持环境的清洁;固定电压的输出负载控制在 60% 左右为最佳,可靠性最高;电池式的外部电源要注意带载过轻(如 1 000 VA 的 UPS 带 100 VA 负载)有可能造成电池的深度放电,会降低电池的使用寿命,应尽量避免;平时也要适当地放电,有助于电池的激活,如长期不停供电,每隔 3 个月应人为断掉电再放电一次,当然放电后应及时充电,避免电池因过度自放电而损坏,合理地使用外部电源可以延长电池的使用寿命,如图 3-10 所示。

图 3-10　门禁控制系统维护

②布线分为电源线、通信线、信号线,布线时注意强、弱电分开走线,两管相隔要求大于 20 cm。电源线线径足够粗,采用多股导线。信号线和通信线采用屏蔽五类双绞线。其中 485 总线必须使用双绞的一对线连接 A + , A - 。在选购线材的时候建议采用 4×0.5 的 4 芯屏蔽线。日常使用经常容易遭受感应雷的侵袭,检查门禁控制系统是否安装防雷措施。

注意下面 7 点:a. 屏蔽线千万不能用来作为 0 V 电压(电源地)的连接线。b. 每个屏蔽回路只能有一个接地端。c. 当屏蔽回路中无法接地时可将屏蔽线连接到网络的另一屏蔽回路中。d. 必须将各个模块的信号连接在一起。e. 若线路中间有断点,需将断点用烙铁焊上并作好绝缘处理。f. 不要将网络连接线与交流电源放在一起。g. 如果网络连线超过 1 200 m,要加中继器,中继器后可以再延长 1 200 m。

③门禁系统要注意安装位置的选取,防止电磁干扰。a. 读卡器不要安装在金属物体上,两台读卡器之间的距离不要少于 30 cm,最好通过控制器供电。如果读卡器单独从外部供电,读卡器的电源请使用线性稳压电源(变压器),并且不能把直流的负极连接到交流的接地端。b. 网络适配器和控制器之间的连接采用手拉手的方式。c. 不带隔离的控制器,建议使用同一电源。d. 在安装磁力锁时,一定要使锁体和继铁板能紧密地结合,否则会出现吸力不够的情况。电插锁,在安装电插锁时如果需要开插孔,注意孔径一定要够大,深度一定要够深,能让锁

舌完全插入。锁舌不能完全插入,锁门后会出现锁舌不停地跳动或工作电流一直很大、锁体发烫的现象。

④对于进出频繁的地方用户可以更换芯片,日常维护时,要防止储存量不足,导致系统的用户重置。选择注册用户的存储量要足够大,脱机记录的存储量也要足够大,存储芯片需采用非易失性的存储芯片;建议注册用户权需要达到两个记录,脱机存储记录达到 10 万条最好,这样可以适合绝大多数客户对存储容量的要求,方便进行考勤统计。一定要采用 Flash 等非易失性存储芯片,掉电或者受到冲击信息也不会丢失。采用 RAM + 电池的模式,如果电池没电或者松动,或者受到电流冲击信息就有可能丢失。门禁系统就有可能会失灵。

⑤门禁系统核心部件是电感线圈,电感线圈主要由是用绝缘导线(漆包线、纱包线、塑料导线)等一圈紧靠一圈地绕制而成。在交流电路中,这类型的线圈有阻碍交流电流通过的作用,而对稳定的直流电压却不起作用。因此,线圈可以在交流电路中作阻流、变压、交连、负载等。当电感线圈和电容配合时可作调谐、滤波、选频、分频、退耦等。电感线圈是电子电路中常用的抗干扰元件,对高频噪声有很好的屏蔽作用。使用高质量的电感线圈可以做到开电即可工作,插上就能运行。购买品质优秀的电感线圈可以大大减少维护过程中所花费的更换成本和时间。

2. 道闸控制系统的日常维护操作

①清洁检查工作。修整挡车杆,每月检查保养一次;给各转动轴加润滑油,每月检查保养一次;补充齿轮箱内机油,每月检查保养一次;紧固电线接头,修锉电器触点,每月检查保养一次;检查电容器,每月检查保养一次;检查箱门、箱盖密封,每月检查保养一次;查验齿轮磨损及限位开关紧固,每半年一次;全面抹擦箱内各部件灰尘,每月检查保养一次。

②每周检查道闸遥控器是否灵活、有效,检查车库道闸遥控器、计算机控制是否灵活、有效。每月对道闸门轮的灵活性进行检查,对门轮转轴、门体收缩滑道打润滑油;每月对车库道闸杆转轴部分,闸体内大、小轴承及连杆部分打润滑油。每年对道闸的驱动电机进行检查如有噪声、振动较大,则需打开电机检查并加润滑油或更换轴承;如是齿轮变速箱,则需检查油位和油质,必要时加油或更换机油;每年对道闸减速机进行加油保养。

三、出入口控制系统常见故障分析

1. 门禁系统常见故障及排查方法

由于出入口控制系统使用频次较高,故障率较大,对设备维修人员提出了更高要求。门禁系统常见故障及排查方法如下:

(1)控制器接锁后,锁没有电

如果没有给锁单独供电,控制器默认是输出干模式,因此也没有电,这个时候,要从12 V + 到 V + 连一根线,从 GND 到 V − 接一根线,并且在继电器后边跳线到2,3,4,5,这样锁就有电了。

(2)出门按钮不能开门

控制器默认是没有权限的,必须在软件上添加后才可以正常使用。要连接软件后,把相关信息上传到控制器,就可以用出门开关开门了。

(3)485 连接控制器不成功

①请检查连接线是否正常,可能的原因是拨码开关没有设置,这个对应控制器的 485 地址

和软件中设置的一致,才可以通信。

②PC 机串行通信端口是否有用,是否正确设置通信端口,如果是多个控制器 RS485 通信是否按总线式连接并在 RS485 首末端控制器拨号开关第 8 位拨向 ON 位。

（4）控制器所用的连接线的选择

电锁到控制器的线,建议使用两芯电源线,线径在 1.0 mm² 以上。如果超过 50 m 要考虑用更粗的线(或者将控制电锁的输出方式改为输出开关信号,再在门前端配个门禁专用电源,电锁从电源里接出)。门磁到控制器的线,建议选择两芯线,线径在 0.3 mm² 以上,如果无须了解门的开关状态或者无须门长时间未关闭报警功能,门磁可不接。

2.道闸控制系统常见故障及排查方法

（1）道闸不能起落

①先检查有无电、保险管有无烧毁,如果保险丝熔断了,必须要作全面检查。

②在传达室拔掉地下电缆插头,用万用表 $R \times 1$ 挡,测量电机红、白、黄 3 条引线是否相通,（黄(红)与白色,电阻应在 15 Ω 左右,黄色与红色应在 30 Ω 左右),再用 $R \times 10K$ 挡测量与其他的线是否有一定的电阻(主要是检查线与线之间是否会间接性短路)。红、白、黄 3 条电机线不通(电阻无穷大),再检测机尾接线盒里的红、白、黄色,若相通,说明地下电缆中红、白、黄断路;不相通,再拆开机罩,在门排与机头连接的插头处再测这 3 条线,若相通,说明从门排端起至传达室的线断(包括各插头接触不良在内);若还是不通,直接测量电机定子线圈是否断路。

③电机引线只有红、黄相通,与白色分别不通,查看电机定子是否发烫。若发烫厉害,说明电机热保护停机不能开关;若不发烫,检查 20UF 的启动电容是否失效。

④电机良好还是不能开关,再测量蓝、绿、灰色 3 条限位信号线是否短路,因为门到位自动停止是通过限位传感器感应,假如两只传感器同时短路,也相当于门在开门是限位了,关门也限位了造成的不能开关。

⑤电机线、信号线良好,还是不能开关,说明控制盒有故障。先换控制盒,如果有哪里出现短路,可能刚刚换好的又会烧坏。因此,我们要检查好每个部位,没有其他故障隐患后,才可以更换。

（2）道闸能关(开)不能开(关)

能关(开)不能开(关),说明电机白色公共线良好,可以先测电机红(黄)色与白色线是否相通,再测量蓝色与灰(绿)色信号线和传感开关是否短路。

（3）能开关但不能停机

能开关说明电机线红、白、黄 3 条线没有问题,信号线没有短路。主要原因是限位信号没有送到控制器或控制器限位功能坏。

（4）道闸不能自动停机

①限位传感器同时开路(限位传感器是有磁场闭合,无磁场断开)。

②公共线蓝色断路。

③控制器坏:运用上述的检查方法测量。

（5）道闸运行过程中打颤

运行中出现打颤主要是因闸杆长度(重量)与弹簧拉力不成正比所致。如果是下杆不会颤,起杆会打颤,说明是拉簧拉力过强,调松弹簧拉力即可;上杆不会而下杆打颤,是弹簧拉力不足,要调紧拉簧或更换拉簧来处理。

(6)道闸闸杆到位不停

①控制盒内可控硅坏:控制盒一插电,就自动运行,说明可控硅被击穿。

②霍尔开关到位不导通:用手摇柄把闸杆摇到关位或开位,用万用表测关位或开位的输出电压是否有变化,若无则霍尔开关坏。

③霍尔开关与失制盒插件接触不好:打开道闸门,用表测量光电开关的正负电压存不存在。若无,说明接插件有问题,需检查。

(7)道闸通电后不运行

①控制盒没有输出电压:看控制盒内的保险丝是否烧断;看控制板上的电子元件是否有明显损坏,若有请与销售商或生产企业售后服务部联系维修。

②电容坏:按开/关按钮后,电机有振动声,而不运转,可能是启动电容坏,需予以更换。

③电机烧坏:判别方法测电机两根引线是否导通;绝缘漆气味是否强烈。

④霍尔开关长期导通:拔掉关电开关插件,道闸能开能关,而插上插件开关就不行,说明霍尔开关坏。

⑤皮带断:找开箱门,看皮带是否磨断。

(8)无法感应车辆

道闸的线圈埋线松动。当地感线圈不能牢固地固定在巢内时,汽车压过路面的振动会造成巢内线圈变形,改变地感初始电感量,此时传感器必须重新复位后方能正常工作。解决方法是将融化的沥青浇入使其固定。

(9)道闸停在空中某个位置不动(图3-11)

断电保护开关断电:当道闸控制部分失灵时,道闸自动保护装置将自动工作,此时闸杆停在斜上位置不动,总电源断开,机器不工作。此时将机器门打开,将大皮带顺时针方向旋转3~8圈到上位时即可复原。如此多次不能恢复原状,则需检查霍尔元件和电路板是否失灵。

图3-11　道闸维修

任务实施

一、任务提出

到学校物业服务中心实习,负责校园出入口控制系统的维护管理。

二、任务目标

1.能独立进行校园出入口控制系统的管理维护。

2.能维修简单的出入口控制系统故障。

三、实施步骤

1.教师进行分组教学,3～5人一组。

2.分批跟随校园物业负责出入口控制系统管理维护的技术人员进行实习,边做边学。

3.填写出入口控制系统维护作业记录表,见表3-7。

4.维修1～2个简单出入口控制系统故障,记录到表3-8中。

四、任务总结

1.任务实施过程中,要时刻遵守各项安全制度。教学采用分组形式,实施前要进行实训安全教育。

2.利用2课时,进行实习总结。每一组都要做实习分享。

3.任务结束后,学生要完成相应的实训报告书。

思考与练习

1.简述出入口控制系统的类型及组成。

2.校园大门道闸无法抬起,简述故障原因及处理办法。

表3-7　出入口控制系统日常维护管理记录表

检查项目	状况	处理结果	备注
发卡器			
一卡通管理软件			
多串口控制器			
多路通信转换器			
控制计算机			
打印机			
门禁读卡器			
出门按钮			
道闸			
车辆检测器			
入口控制			
出口控制			

续表

检查项目	状况	处理结果	备注
电插锁			
遥控钥匙			

审核：　　　　　　　　　　　　　　　　　　　　　　　检查人：

表 3-8　出入口控制系统故障维修记录表

用户单位	
故障原因	
故障分析及建议	
故障处理	
用户意见	
故障处理单位：	
故障处理人员：	
用户负责人：	
故障处理日期：	

任务五　电子巡更系统的运行管理与维护

教学目标

终极目标:会进行日常管理及维护维修电子巡更系统。
促成目标:1. 能讲解电子巡更系统的组成。
　　　　　2. 会进行日常管理电子巡更系统。
　　　　　3. 会维修电子巡更系统的简单故障。

工作任务

1. 维护电子巡更系统(以校园电子巡更系统为对象)。
2. 进行简单故障的维修。

相关知识

一、电子巡更系统组成

电子巡更系统是管理者考察巡更者是否在指定时间按巡更路线到达指定地点的一种手段。巡更系统帮助管理者了解巡更人员的表现,而且管理人员可通过软件随时更改巡逻路线,以配合不同场合的需要。电子巡更系统分为有线和无线两种:

无线巡更系统由信息纽扣、巡更手持记录器、下载器、计算机及其管理软件等组成,如图3-12 所示。信息纽扣安装在现场,如各住宅楼门口附近、车库、主要道路旁等处;巡更手持记录器由巡更人员值勤时随身携带;下载器是连接手持记录器和计算机进行信息交流的部件,它设置在计算机房。无线巡更系统安装简单,系统扩容、修改、管理非常方便。

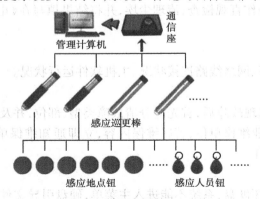

图 3-12　电子巡更系统组成

有线巡更系统是巡更人员在规定的巡更路线上,按指定的时间和地点向管理计算机发回信号以表示正常,如果在指定的时间内,信号没有发到管理计算机,或不按规定的次序出现信号,系统将认为是异常。这样,巡更人员出现问题或危险会很快被发觉。

二、电子巡更系统运行维护

设备投入正常使用后,为确保运行正常,工程技术维修人员必须对设备进行日常维护保养,以使设备正常运行,如图 3-13 所示。

图 3-13　电子巡更系统维护

（1）每日检查

保安电子巡更系统主机各项功能是否正常;计算机接线接口要经常整理,接触不良接口、破损线路要整理好或更换;读卡器是否安装牢固、防雨防晒防盗状况;检查软件有无异常;键盘系统要注意防尘保护,一旦出现操作不可靠要清出保养或更换,将检查结果填写在《电子巡更系统维护保养记录表》中。

（2）每月检查

读卡机读写感应器应灵敏,线路接触完好。感应出现"死机"状态,要按自动、手动状态转换复位,并检查感应装置,除尘以保持读卡机干净。

（3）每半年检查

对电缆、接线盒、设备作直观检查,清理尘埃,并将结果填写在《电子巡更系统维护保养记录表》中。

（4）每年检查

计算机主机运行状态、网络线路连接状况、主机软件运行状况。

（5）系统故障处理

电子巡更系统设备出现故障后,首先应分清故障类型、部位,并及时排除,一时排除不了的故障,应及时通知有关专业维修单位,若属维保内容,立即通知维保单位修理、保养,并记录在案,以便修复投入正常工作。

（6）软件及数据维护

①不当操作,严重损坏硬盘,系统不能进入主菜单,硬盘引导文件不能正确启动系统,要用修复磁盘文件的软件启动系统,重新修复硬盘引导区即可。

②不当操作会造成程序里数据库混乱,应重新引导文件或拷入备份的数据库文件。

③如发生突然停电,可在再次启动后用 SCANDISK 命令把硬盘检查一下,删去不连续簇。

④主机不得装入和使用其他无关软件,进行无关操作。

⑤每月进行一次杀毒操作。

三、电子巡更系统常见故障分析

由于电子巡更系统工作环境较为复杂,若日常维护保养不到位,就会经常性发生故障,致使整个系统无法正常运行。电子巡更系统常见故障如下:

(1)时钟错误问题,或数据满问题

解决方法:需要进行初始化巡检器,以及重新进行时钟校准。

(2)电量不足问题

解决方法:指示灯持续闪烁——表示电池电量低(可能已经超过 1 年),需要更换电池。换电池后,先正常通信,再使用软件进行初始化巡检器和时钟校准。

(3)巡检器跟软件无法通信的问题

解决方法:

①检查驱动问题,查看设备管理器里面有没有未安装的驱动,如果是驱动问题,只需要对未安装的驱动进行更新即可。

②检查巡检器摆放位置(针对第一次用不太熟悉的客户)。

③检查巡检器有没有电,有些巡检器需要开机状态才能进行通信。

④检查通信座附近有没有强电干扰(离强电远点),还有纯平显示器对通信也会有影响。

⑤检查通信端口,端口设置靠后的话通信会受影响,需要将端口设置得靠前一点。

(4)巡检器不能读点

解决方法:

①巡检器存储已满,需要把数据全部上传后再进行读点。

②巡检点的位置安装附近有干扰(巡检点要离金属至少 1 cm)。

③巡检器没电,需要对巡检器进行更换电池。

(5)巡检器屏幕出现乱码问题

解决方法:线路和巡检点在设置名称时可能会有数字和汉字混合,在此要注意在汉字和数字模式下输入所占的字节是不一样的,因此在设置线路名称时要注意区分拼写模式。

(6)巡更棒的软件无法开启

解决方法:传输器与计算机的连接线是否接妥;COM 口是否选择正确;密码钥匙是否正确接触下载口;电源是否连接好。检查完之后,依次按照以下顺序处理故障:把连接线插稳;选择正确的 COM;用密码钥匙重新接触下载口;连好电源线。

(7)巡更棒数据传输不到计算机里

解决方法:巡棒的读入/输出端是否插在传输器的下载口;巡更棒是否已经开启;传输器的下载口是否有异物或灰尘;巡更棒绿灯有无亮;计算机显示数据未读完;红灯、绿灯或两个灯长亮;时间显示同一时间。然后,分别对应的处理方法是:巡棒读入/输出端插入传输口后,转动一下,使其与传输口接触紧密;检查一下,如没开启,请开启后再试;用软布擦拭一下传输口;在绿灯长亮的情况下下载;下载时有晃动,继续下载;CPU 乱,断电复位重新充电;时钟电路有问题。

（8）巡更棒无法读出数据

解决方法：首先要检查一下巡更棒的读入／输出端是否有电压（正常电压是：新款 2.8～3 V，旧款 3.5～4 V）。其次检查巡更棒读入端是否沾染灰尘。如果有的话，就用软布擦拭一下读入端，重新试一遍。

 任务实施

一、任务提出

到学校物业服务中心实习，负责校园电子巡更系统的维护管理。

二、任务目标

1. 能独立进行校园电子巡更系统的管理维护。

2. 能维修简单的电子巡更系统故障。

三、实施步骤

1. 教师进行分组教学，3～5 人一组。

2. 分批跟随校园物业负责电子巡更系统管理维护的技术人员进行实习，边做边学。

3. 填写电子巡更系统维护作业记录表，见表 3-9。

4. 维修 1～2 个简单电子巡更系统故障，记录到表 3-10 中。

四、任务总结

1. 任务实施过程中，要时刻遵守各项安全制度。教学采用分组形式，实施前要进行实训安全教育。

2. 利用 2 课时，进行实习总结。每一组都要做实习分享。

3. 任务结束后，学生要完成相应的实训报告书。

 思考与练习

1. 简述电子巡更系统的组成。

2. 简述电子巡更系统的类型及特点。

3. 上网进行资料检索，简述电子巡更系统巡更点设置原则。

4. 某巡更点无法被巡更棒感应到，简述故障原因及处理方法。

5. 巡更棒中的数据无法导入到计算机中去，简述故障原因及处理方法。

表 3-9　电子巡更系统维护保养记录表

保养级别	保养内容	保养情况及处理
日常保养	1. 巡更检测器及巡更器清洁除尘	
	2. 巡更检测器及巡更器完整无损	
	3. 巡更检测器安装牢固	

续表

保养级别	保养内容	保养情况及处理
每月保养	1.完成日常保养的内容	
	2.检查巡更器能否正常完成记录工作	
	3.检查各个巡更点能否由巡更器正常识别	
	4.检查管理计算机能否正常下载巡更器所采集的数据,并检查记录数据是否正确	
每年保养	1.完成月保养的内容	
	2.全面检查巡更系统,对各巡更点进行重新加固,对发现的问题进行修复	
说明	检查保养设备设施,正常则在"保养情况及处理"栏内打"√",如有情况需处理的则用文字详细注明	
备注		
保养人/日期		审核人/日期	

表 3-10 电子巡更系统故障维修记录表

用户单位	
故障原因	
故障分析及建议	

续表

故障处理	
用户意见	

故障处理单位:
故障处理人员:
用户负责人:
故障处理日期:

项目四
消防系统的运行管理与维护

消防自动化系统(Fire Automation System,FA)主要由4大系统组成:①报警系统(区域报警系统、集中报警系统、控制中心报警系统),②灭火系统(水喷淋灭火系统、消火栓灭火系统、气体灭火系统),③联动系统(联动停止空调和启动防火排烟设备、联动关闭防火卷帘、联动切断非消防电源、联动电梯归底锁定等),④紧急广播系统(分区广播/全区广播,楼层消防报警电话联系以及即时录音)。消防自动化系统是以火灾探测与自动报警、疏散广播、计算机协调控制和管理的具有一定自动化和智能水平的火灾监控系统。它可以进行集中式控制,又可以进行分散式控制和运行,发挥自身所具有的防灾和灭火能力。

任务一 火灾自动报警系统的运行管理与维护

教学目标

终极目标:会进行日常管理及维护维修火灾自动报警系统。

促成目标:1.能讲解火灾自动报警系统的组成。

　　　　　2.会进行日常管理火灾自动报警系统。

　　　　　3.会处理火灾自动报警系统的简单故障。

工作任务

1.维护火灾自动报警系统(以校园为对象)。

2.进行简单故障的处理。

相关知识

一、火灾自动报警系统组成

《火灾自动报警系统设计规范》(GB 50116—2013)指出火灾自动报警系统是由触发装置、

火灾报警装置、联动输出装置以及具有其他辅助功能的装置组成的,如图 4-1 所示。它具有能在火灾初期,将燃烧产生的烟雾、热量、火焰等物理量,通过火灾探测器变成电信号,传输到火灾报警控制器,并同时以声或光的形式通知整个楼层疏散。控制器记录火灾发生的部位、时间等,使人们能够及时发现火灾,并及时采取有效措施,扑灭初期火灾。

一般火灾自动报警器系统会和自动喷水灭火系统、室内消防栓系统、防排烟系统、通风系统、空调系统、防火门、防火卷帘、挡烟垂壁等设备联动,自动或手动发出指令,启动相应的装置。根据保护对象的不同,可分为区域报警系统、集中报警系统、控制中心报警系统。

①区域报警系统:由火灾探测器、手动报警按钮、区域火灾报警控制器或火灾报警控制器、火灾警报装置及电源组成。

②集中报警系统:由火灾探测器、手动报警按钮、区域火灾报警控制器或区域显示器(两台以上)、集中火灾报警控制器、火灾警报装置及电源组成。

③控制中心报警系统:由火灾探测器、手动报警按钮、区域火灾报警控制器或区域显示器(两台以上)、集中火灾报警控制器(至少一台)、消防联动控制设备(至少一台)、火灾警报装置、消防电话、火灾应急广播、火灾应急照明及电源组成。

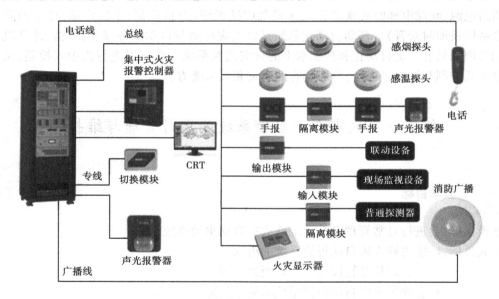

图 4-1　火灾自动报警系统组成

二、火灾自动报警系统运行维护

火灾自动报警系统的使用单位应加强对已验收投入运行的系统的管理,配备有一定专业知识的工程技术人员负责系统的维护和检修。日常操作和值班人员应具有较强的工作责任心,经专门培训,持"证"上岗。健全值班人员职责、系统操作处理程序。

要建立火灾自动报警系统工程的档案。档案的内容应包括系统竣工图、调试验收情况、各类探测器与房间的对照表、设备的操作使用说明书、接线图等,还有各种检查、运行记录和检验报告及维修情况。

维保周期及工作内容如下：

（1）日检

①对火灾自动报警系统进行巡检，检查控制器的复位、自检、消音、时钟、打印、备电的功能，作好日检记录。对系统当日的火警、故障、误报、漏报等情况作日运行记录，并建立日检和日运行的交接班制度。

②对探测器的损坏、脱落、遮挡情况进行检查，并对系统的控制器进行除尘等方面的维护工作，发现问题应查明原因并及时修复和排除。

（2）季度检查

①采用专有仪器分期分批试验火灾探测器的动作及确认灯显示。

②试验火灾警报装置的声光显示。

③试验水流指示器、压力开关等报警功能、信号显示。

④对备用电源进行 1~2 次充放电试验，1~3 次主电源和备用电源自动切换试验。

⑤用自动或手动检查下例设备的控制显示功能：

a. 防排烟设备（可半年一次）、电动防火阀、电动防火门、防火卷帘等。

b. 室内消火栓、自动喷水灭火系统控制设备。

c. FM200，CO2，IG541，泡沫，干粉等固定灭火系统的控制设备。

d. 火灾应急广播、火灾应急照和疏散指示标志。

⑥强制消防电梯停于首层试验。

⑦消防通信设备进行对讲通话试验。

⑧检查所有转换开关。

⑨强制切断非消防电源功能试验。

（3）年检

每年应对火灾自动报警系统的功能作下列检查和试验，并填写年登记表。

①每年用专用检测仪器对所安装的探测器试验一次，包括手动报警按钮，以检查探测器的灵敏度和系统的整体运行情况，每年对系统的运行情况和各种外控制输出功能进行一次全面检测，并对检查情况作详细的检查记录。

②用自动或手动检查下列消防控制设备的控制显示功能：

a. 防排烟设备（可半年检查一次）、电动防火阀、电动防火门、防火卷帘门等控制设备。

b. 室内消火栓、自动喷水灭火系统的控制设备。

c. 卤代烷、二氧化碳、泡沫、干粉等固定灭火系统的控制设备。

d. 火灾事故广播、火灾事故照明灯及疏通指示标志灯。

e. 强制消防电梯停于首层试验。

f. 消防电话应在消防控制室进行对讲通话试验。

（4）探测器清洗

《火灾自动报警系统施工及验收规范》（GB 50166—2013）中规定，点型感烟火灾探测器投入运行两年后，应每隔 3 年至少全部清洗一遍；通过采样管采样的吸气式感烟火灾探测器根据使用环境的不同，需要对采样管道进行定期吹洗，最长的时间间隔不应超过 1 年；探测器的清洗应由有相关资质的机构根据产品生产企业的要求进行。探测器清洗后应做响应阈值及其他必要的功能试验，合格者方可继续使用。不合格探测器严禁重新安装使用，并应将该不合格品返回产品生产企业集中处理,严禁将离子感烟火灾探测器随意丢弃。可燃气体探测器的气敏元件超过生产企业规定的寿命年限后应及时更换,气敏元件的更换应由有相关资质的机构根据产品生产企业的要求进行。

具体维保操作方法如下:

①了解控制器所接外部设备,包括回路数、报警点类型以及联动控制点等信息,了解各联动控制点的功能及操作后可能带来的后果。

②定期检查主、备电源的切换功能,控制器能否报相应的主、备电源故障,检查充电电压是否正常。检测主电源及备电源的工作电压,消防电源最好使用稳压器,要求主电工作电压最高不能高于240 V,最低不能低于187 V,备电电池电压应保证不低于22 V。

③检查控制器所接外部设备数量,确认各回路探测器及联动设备数量是否与实际安装数量相同,火灾显示盘数量是否与实际安装数量相同。如果系统存在CRT,应测试CRT与控制器之间通信是否正常。

④控制器是否显示隔离、火警、动作以及故障等信息,如果存在故障,应查明原因并尽快恢复,保证控制器上没有异常信息,使控制器液晶屏处于保护状态。对于隔离的故障点,在隔离期间应加强对相关场所的巡视。

⑤控制器正常监控状态下应将自动允许和手动允许关闭,在火灾发生时再根据实际情况开启手动允许或自动允许功能,防止误操作。

⑥检查控制器"启动控制"功能是否正常,主机键盘的"启动"及"停动"的功能是否正常,定期检查手动盘启动功能是否正常。

⑦了解本系统的自动联动功能,定期抽测几个点的自动联动看是否正常。

⑧检查控制器与外部设备的接线,保证没有短路或断路的情况,保证控制器线路没有搭地或线与地之间阻值过低现象(控制器应有可靠的接地,线路对地的绝缘电阻满足规范要求在20 MΩ以上)。

⑨保证探测器的使用环境无灰尘、不潮湿,安装的位置合理。

⑩对于出现误报现象的探测器,可以先复位看是否还出现误报。然后到现场查明原因,造成误报的原因可能有灰尘大、潮湿、探测器进水等原因,应作好记录。对于使用时间过长或环境条件不好造成探测器内灰尘积累过多而导致的误报现象,可以取下探测器作除尘处理。取下时应注意不要更换探测器位置及编码。

⑪如果有报故障的报警点,先根据竣工图确定故障点的确切位置,然后检查线路有没有断路的情况,检查故障点的编码是否正确。另外,探测器进水或穿线管路进水也可能造成报警点故障现象。发现探测器或线路进水,必须断开进水部分与控制器的连接,等故障消除后才能重新接入控制器。

⑫如果报警系统出现故障,应在允许的范围内进行检修并作好记录,对于无法解决的问题,应记清楚故障现象,用电话或其他方式通知厂家或安装公司。注意:不能擅自拆装控制器的主要部件,不能擅自拆装控制器的外围线路,不能擅自改变系统的连接方式。

⑬系统中所有设备都应当作好日常维护保养工作,注意防潮、防尘、防电磁干扰、防冲击、防碰撞等各项安全防护工作,保持设备经常处于完好状态。

光电感烟探测器迷宫清除灰尘操作规程:

光电感烟探测器迷宫受到污染时,将报出故障或误报火警。迷宫基本受两种污染,一种是

灰尘,另一种是纤维状物质。清除方法如下:

打开探测器上盖,将迷宫上盖和迷宫体分开,目测迷宫体底部,红外管座光路边缘有灰尘或纤维状物体,则是迷宫污染。

方法一:将迷宫上盖、迷宫体从迷宫红外管座拆下,用湿布轻擦迷宫上盖里面的底部和侧面,重点为底部。底部应完全露出黑色;用湿布轻擦或吹掉红外管座光路边缘灰尘和纤维。

方法二:将迷宫上盖、迷宫体从迷宫红外管座拆下,用自来水冲洗迷宫上盖里面的底部和侧面,冲洗干净后用电吹风吹干。

注意事项:清除灰尘的湿布应有一定的吸水性,不易掉纤维。清除后的迷宫不能存水或遗留纤维。探测器指示灯应露出上盖,防虫网应牢固。

三、火灾自动报警系统常见故障分析

火灾自动报警系统在连续使用中,一定会出现一些故障或其他因素造成的损坏。若使用单位不能自行排除故障,应及时和生产厂家联系,使厂家能及时派员来现场帮助解决。生产厂家也应提高服务质量和档次,建立必要的用户工程档案,协助用户对值班人员进行上岗操作、设备性能、运行操作、故障处理等方面知识的培训。

故障一般可分为两类:一类为主控系统故障,如主备电故障、总线故障等;另一类是现场设备故障,如探测器故障、模块故障等。故障发生时,可按"消音"键中止故障警报声。

若主电掉电,采用备电供电,应注意供电时间不应超过 8 h,若超过 8 h 应切断控制器的电源开关(包括备电开关),以防蓄电池损坏。若系统发生故障,应及时检修,若需关机应作好详细记录。

若为现场设备故障,应及时维修,若因特殊原因不能及时排除的故障,应利用系统提供的设备隔离功能将设备暂时从系统中隔离,待故障排除后再利用释放功能将设备恢复。常见故障现象及处理措施见表4-1。

表4-1　火灾自动报警系统常见故障及处理措施

故障现象	可能原因	处理措施
控制器报 主电故障	无交流电 220 V	恢复交流供电
	交流电开关未开	打开交流电开关
	交流保险断	更换同规格保险
	连接线未接好	测量 AC-DC 电源输出排线的 ACF 端(主电检测)到 DC-DC 电源之间的连线是否正常
	控制器 AC-DC 电源损坏	测量 AC-DC 电源输出排线的 ACF 端(主电检测)与 G 端电压,正常为 5 V,切断主电后电压为 0;如果不正常,可以与厂家联系更换 AC-DC 电源
	控制器主板	测量 AC-DC 电源输出排线的 ACF 端(主电检测)与 G 端电压,如果电压不正常,可以与厂家联系更换控制器主板

续表

故障现象	可能原因	处理措施
控制器报备电故障	备电开关未开	打开备电开关
	备电连线未正确连接	正确连接
	备电保险断	更换同规格保险
	备电电压过低或损坏	测量备电电压是否低于22 V,低于22 V需要更换蓄电池
	AC-DC电源或主板损坏	与厂家技术服务部门联系
按手动盘键无反应	控制器处于"手动不允许"状态	利用"启动方式设置"操作重新设置
	该键值对应的设备报故障	先进行维修
	该键值对应的设备被隔离	先进行"取消隔离(释放)"操作
	手动消防启动盘未注册	利用"设备检查"操作,查看手动盘注册是否正确,若有误,重新开机后检查是否可以恢复,否则,与厂家技术服务部联系维修
	手动消防启动盘电缆连接不良	检查与回路板连接的电缆,重新插接牢固
	手动盘驱动板损坏	请及时与厂家技术服务部联系更换
控制器打印机不打印	设置为不打印的方式	参照控制器操作中,利用"打印方式设置"操作,重新设置
	打印机电缆连接不良	检查并连接好
	打印机被关闭	按下打印机的"SEL"键,将打印机打开
	打印纸用完	参照打印纸更换步骤更换新的打印纸
	打印机损坏	与厂家技术服务部联系更换
控制器报上位机故障(系统有CRT图形显示)	CRT系统关机	CRT系统开机
	未进入CRT监控状态	进入监控状态
	CRT电缆连接不良	检查并连接好
控制器开机后无显示或显示不正常	电源不正常	检查AC-DC电源24 V输出是否正常,输出不正常为AC-DC电源坏;检查DC-DC电源的5 V输出是否正常,不正常为DC-DC电源坏,与厂家技术服务部联系更换
	开关板坏	请与厂家技术服务部联系更换
	液晶屏或背光管坏	请与厂家技术服务部联系更换

续表

故障现象	可能原因	处理措施
控制器键盘操作没反应	连接排线接触不好	重新插紧键盘与开关板之间排线
	开关板坏	请与厂家技术服务部联系更换
	面膜坏	请与厂家技术服务部联系更换
控制器报总线故障或绝缘故障	总线短路或线间电阻过低（低于10 kΩ）	请施工单位或维护人员排除线路故障
	总线对地绝缘不良（对地电阻低于20 MΩ）	请施工单位或维护人员排除线路故障
	个别设备或线路进水	查找可能进水的设备,请施工单位或维护人员排除线路故障
个别现场设备报故障	设备丢失	恢复安装
	设备连接线（联动 4 总线,报警 2 总线）断	拆下现场设备,用数字万用表测量现场设备信号总线间（Z1,Z2）电压正常在 20 V 左右,电源总线间（D1,D2）电压正常在 24 V 左右,如线间电压不正常,先排除线路原因
	设备接触不良	重新安装
	设备损坏	请更换设备
	更换设备时未进行设备编码	修改设备编码,与原设备编码相同
相邻多个设备报故障	因线路短路或对地绝缘不良,导致隔离器动作	排除线路故障后重新安装隔离器
	因单只隔离器所带设备过多,导致其偶尔动作	隔离器动作电流有 170 MA,270 MA 之分（详见实物背面的接线说明）,若接线正确且重新安装后仍动作,请与原施工单位联系
	局部线路断路	排除线路故障
某一回路所有设备故障	总线断路	排除线路故障
	探测器或模块进水	排除故障原因
	整个回路安装了 1 只隔离器,因总线短路或单只隔离器所带设备过多等因素导致隔离器动作	取消隔离器,直接连接总线
	控制器回路板坏	如果重新开机后测量总线间没有电压,尽快联系厂家更换回路板

续表

故障现象	可能原因	处理措施
所有联动设备故障	为联动设备供电的 24 V 电源线断路	联系施工单位或维保公司排除线路故障
	为联动设备供电的 24 V 电源盘没有输出	检查 24 V 电源线路是否短路,线路短路联系施工单位检修;检查并更换电源盘输出保险;联系厂家技术服务部更换电源盘
所有火灾显示盘故障	给火灾显示盘供电的 24 V 电源故障	参照"联动设备供电的 24 V 电源盘没有输出"处理
	通信总线(A,B)线路故障	排除线路故障后清除
	控制器上火灾显示盘通信板坏	如果测量控制器上火灾显示盘通信输出 A,B 端没有电压,请与厂家技术服务部联系更换通信板
测试感烟探测器不报警	测试方法不对	应采用试验烟枪使烟雾直接进入探测器进烟孔,试验地点不能有较强的空气流动
	该探测器未注册上	利用"设备检查"操作,查看该探测器是否注册上,若未注册,请及时与原施工单位联系
	该探测器被隔离	利用"取消隔离"操作先将其释放后试验
	该探测器损坏	更换探测器
个别感烟探测器误报火警	安装在空调口、窗户附近等不当位置	更改探测器的安装位置
	环境恶劣或使用场所不当(如灰尘大或湿度大的地下车库或开水间等)	改善环境或更换为其他探测器
	光电感烟探测器污染	参照探测器清洗规程清洗光电感烟探测器
	探测器损坏	更换探测器
个别感温探测器误报火警	现场温度过高,如厨房等	适当调低探测器的灵敏度或更改探测器的安装位置
	现场环境温度变化大	适当调低探测器的灵敏度
	探测器坏	更换新的探测器
多个探测器误报火警	探测器或线路进水导致控制器无法正常工作	查找进水的位置并修复
	总线绝缘性能不好	联系施工单位查线或更换线路
	线路干扰严重	查找干扰源或将信号总线更换为屏蔽线
	控制器回路板坏	联系厂家技术服务部更换

故障现象	可能原因	处理措施
联动设备 无法启动	需要供电的联动设备没有上电	上电后重新试验
	联动设备自身故障	联系相关设备厂家或维保公司修复
	控制模块坏	如果启动后模块上启动指示灯不亮,请联系厂家技术服务部维修

有时会出现较为重大故障,需要加以预防。如下两个重大故障,会对整个火灾自动报警系统产生严重危害,维修人员要严加重视。

1.强电串入火灾自动报警及联动控制系统

(1)产生原因

①主要是弱电控制模块与被控设备的启动控制柜的接口处,如卷帘、水泵、防排烟风机、防火阀等处很容易发生强电的串入。

②强电控制设备技术含量低,总体质量比较差。

③设备安装处灰尘比较多、通风效果差,空气潮湿。

④设备长时间不试运行。

(2)解决办法

①在控制模块中应将与主机通信及信息处理部分与执行部分通过隔离措施完全隔离开,模块的通信及信息处理可通过两总线供电,模块内继电器直接与受控设备连接,应由消控中心直接供电。

②购买质量过硬的控制设备。

③保持设备安装处通风效果好,不潮湿,无灰尘或长期清扫。

④按产品说明书要求和消防设施维护保养技术要求定期进行试运行。

2.短路或接地故障而引起系统主机损坏

(1)产生原因

①把二总线负极与大地相连,结果是轻者收不到探测器的报警信号,重者烧毁主机接口。

②火灾报警与联动控制系统的主机、远程显示板火灾探测器、模块等靠近水管、空调管。

(2)解决办法

按要求作好线路连接,使设备尽量与水管、空调管隔开。

任务实施

一、任务提出

到学校物业服务中心实习,负责校园火灾自动报警系统的维护管理。

二、任务目标

1.能独立进行校园火灾自动报警系统的管理维护。

2.能处理简单的火灾自动报警系统故障。

三、实施步骤

1. 教师进行分组教学,3~5 人一组。

2. 分批跟随校园物业负责火灾自动报警系统管理维护的技术人员进行实习,边做边学。

3. 填写火灾自动报警系统维护作业记录表,见表4-2。

4. 处理 1~2 个简单火灾自动报警系统故障,记录到表4-3 中。

四、任务总结

1. 任务实施过程中,要时刻遵守各项安全制度。教学采用分组形式,实施前要进行实训安全教育。

2. 利用 2 课时,进行实习总结。每一组都要做实习分享。

3. 任务结束后,学生要完成相应的实训报告书。

 思考与练习

1. 简述火灾自动报警系统的组成。

2. 校园自动报警系统产生了误报警,简述故障原因及处理办法。

3. 上网进行资料检索,简述火灾探测器的布局要求。

4. 感烟探测器表面灰尘太多,如何进行清洗?

5. 校园自动报警系统报警主机无法进行日志打印,简述故障原因及处理办法。

6. 教学楼火灾显示盘不显示信息,简述故障原因及处理办法。

表 4-2 火灾报警系统维护保养记录表

	检查项目	检查要求	检查结果	备注
火灾探测器	1. 外观质量	无腐蚀及明显机械损伤;标志明显、清晰		
	2. 距端墙距离	≥探测器间距的一半		
	3. 安装倾斜角	偏差≥30°		
	4. 确定灯的安装位置	面向便于观察主入口方向		
	5. 确定灯的功能	报警,灯启动;巡检,灯闪动		
	6. 报警功能	火情,火警信号输出;短路或脱座,故障信号输出		
报警按钮	1. 外观质量	组件完整,标志明显		
	2. 牢固程度	牢固;不松、不斜		
	3. 确认按钮功能	启动按钮,按钮处有发光指示		
	4. 距防火分区最远距离	≥30 m		
	5. 报警功能	启动按钮,火警信号输出		

续表

	检查项目	检查要求	检查结果	备注
火灾报警控制器	1. 控制器外观质量	铭牌及标志明显、清晰		
	2. 控制器接地	有工作接地线;RE 线接地保护		
	3. 控制器接地标志	明显;持久		
	4. 控制器电源	消防专用电源,专用蓄电池供电;直连消防电源,严禁插头		
	5. 报警音响	额定电压下,距器件中心 1 m 处,声压级应在 85～115 db		
	6. 控制器基本功能			
	①报警功能	接到火灾信号,发出声光报警		
	②二次报警	手动复位后,接信号再报警		
	③故障报警	100 s 内发出声、光报警信号		
	④自检功能	可自检		
	⑤火灾优先功能	多种故障一起报警时,火灾优先		
	⑥记忆功能	显示或打印火警时间		
	⑦消音、复位功能	火警状态时可手动消除信号并复位		
	⑧电源转换功能	主电源断电,备用电源自动投入运行		
	⑨电源指示功能	主、备电源切换,指示灯正常		
	7. 备用电源自动充电功能	主电源恢复,备电源自动切除,浮充,等待备用		

维护人: 审核人:

表 4-3 火灾报警系统故障维修记录表

使用单位	
维修单位	
故障表现	

续表

项目内容	处理内容	工作时间
故障原因		
故障处理方法		
需要更换的设备或构配件报价		
使用单位签字（盖章）		年　　月　　日
维修单位签字（盖章）		年　　月　　日

任务二　消防灭火系统的运行管理与维护

教学目标

终极目标:会进行日常管理及维护维修消防灭火系统。

促成目标:1. 能讲解消防灭火系统的组成。

　　　　　2. 会进行日常管理消防灭火系统。

　　　　　3. 会处理消防灭火系统的简单故障。

工作任务

1. 维护消防灭火系统(以校园消防灭火系统为对象)。

2. 进行简单故障的处理。

相关知识

一、消防灭火系统组成

《自动喷水灭火系统设计规范》(GB 50084—2005)指出消防灭火系统根据灭火方式可分为:①消火栓灭火系统;②自动喷水灭火系统;③其他使用非水灭火剂的固定灭火系统,如CO_2灭火系统、干粉灭火系统、卤代烷替代物灭火系统。

1.消火栓灭火系统

消火栓灭火系统可分为室外消火栓和室内消火栓系统,如图4-2、图4-3、图4-4所示。室外消火栓由闸阀和栓体组成,有地上式和地下式两种,公称压力为1.0 MPa,1.6 MPa两种;进水口口径有DN100,DN150;出水口口径有DN65,DN100两种。室内消火栓系统由内消火栓箱内设置水枪、水龙带、消火栓、消防软管卷盘、消防水泵按钮等设备组成。

图4-2　室外消火栓　　　　　　　图4-3　室内消火栓

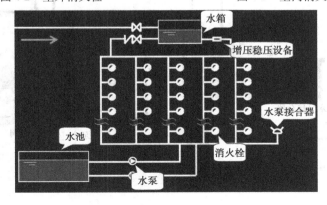

图4-4　消火栓灭火系统的组成

2.自动喷水灭火系统

自动喷水灭火系统是一种在发生火灾时,能自动打开喷头喷水灭火并同时发出火警信号

177

的消防灭火设施。自动喷水灭火系统通过加压设备将水送入管网至带有热敏元件的喷头处，喷头在火灾的热环境中自动开启洒水灭火。通常喷头下方的覆盖面积大约为 12 m²。自动喷水灭火系统扑灭初期火灾的效率在 97% 以上。

自动喷水灭火系统分为闭式自动喷水灭火系统和开式自动喷水灭火系统两种。闭式自动喷水灭火系统采用闭式洒水喷头，又可分为湿式自动喷水灭火系统、干式自动喷水灭火系统、预作用自动喷水灭火系统等。开式自动喷水灭火系统采用开式洒水喷头，又可分为雨淋灭火系统、水幕灭火系统、水雾灭火系统等。

湿式自动喷水灭火系统是利用感温喷头探测环境温度变化，如图 4-5 所示。当环境温度达到或超过设定温度时，感温喷头玻璃球膨胀破裂，喷头支撑密封垫脱开，喷出压力水；此时，消防水管网压力随之降低，当管网水压力降低到某一设定值时，湿式报警阀上的压力开关动作，水压信号转换成电信号启动喷淋水泵运行；在喷淋灭火的同时，水流通过装在主管道分支处的水流指示器输出电信号至消防控制中心报警。

干式自动喷水系统是由湿式系统发展而来的，平时管网内充满压缩空气或氮气，当建筑物发生火灾火点温度达到开启闭式喷头时，喷头开启排气、充水灭火。适用于环境温度低于 4 ℃ 或高于 70 ℃ 的场所，动作要比湿式系统慢约 50%。

预作用自动喷水灭火系统采用火灾探测器作信号源。火灾发生时，安装在被监控场所的探测器首先动作输出报警信号。火灾消防报警中心收到报警信号后，在报警的同时立即通过外触点打开排气阀，迅速排出管网内的低压空气，使消防水进入管网，这种方式称为预作用。当火灾使环境温度升至闭式喷头动作温度时，喷头打开，系统喷水灭火，水流指示器输出信号。

雨淋灭火系统灭火时所有喷头一起喷水，形似下雨降水。一般用在高、大空间建筑，不适合湿式自动灭火系统的场合防火。

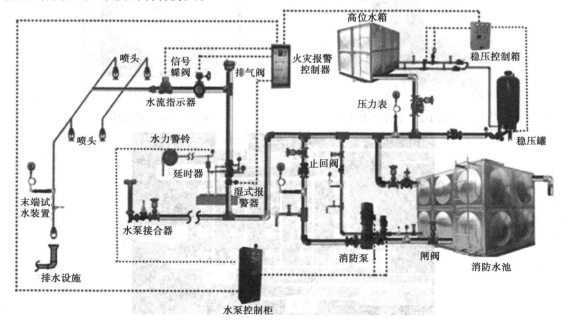

图 4-5　自动喷水灭火系统组成（湿式）

水幕灭火系统不直接用来扑灭火灾,而是用作防火隔断或进行防火分区及局部降温保护,一般情况下,多与防火幕或防火卷帘配合使用。

使用水雾喷头取代雨淋喷水灭火系统中的开式洒水喷头,即形成水喷雾灭火系统。水雾灭火系统是使水在喷头内直接经历冲撞、回转和搅拌后再喷射出来成为微细的水滴,如图4-6所示。在灭火时它不像柱状喷水那样有巨大的冲击力而具有破坏性,而是具有较好的冷却、窒息与电绝缘效果。

图4-6 水雾灭火系统效果

二、消防灭火系统运行维护

为保障消防灭火系统正常工作,需要对消防供水系统进行日常维护保养,确保消防水池、灭火栓、自动灭火系统中消防水的正常供应。

1. 消防供水系统的运行管理

①消防供水系统应保持连续正常运行,不得随意中断。

②正常工作状态下,消防供水系统应设置在自动控制状态。泵房无积水(有积水说明排水设施工作不正常);泵房无其他杂物。如果因检修等原因将消防供水系统设置在停止或手动状态,应向本单位消防负责人报告,并作好应急预案,应有火灾时能迅速将手动、停止状态转换为自动状态的可靠措施。

③消防水泵房值班人员使用消防水泵应按规定要求及时通知运行消防中心值班人员。

④消防水箱水位正常,消防用水有不被他用的措施,补水设施正常;消防出水管上的止回阀、检修阀启闭功能正常;检修阀门常开,启闭标志牌应正确并良好,防冻措施完好。

⑤稳压泵、增压泵及气压水罐进出口阀门常开;运行正常;启泵与停泵功能正常;压力表显示正常。

⑥消防泵注明系统名称和编号的标志牌良好;外观良好,无锈蚀、无泄漏,相关紧固件,牢固无松动,阀门位置正确,启闭功能正常,启闭标志牌应正确并良好;压力表、试水阀及防超压装置等均应正常;启动运行功能正常,向消防控制设备反馈水泵状态正常。

⑦水泵控制柜注明所属系统及编号的标志良好;按钮、指示灯及仪表功能正常,指示数值正常,现场按钮启停每台水泵功能正常;主泵不能正常投入运行时,自动切换启动备用泵功能正常。

⑧管网及支吊架与阀门应外观良好,无损坏,无锈蚀,无泄漏。阀门启闭状态处于工作

状态。

⑨水泵接合器注明所属系统和区域的标志牌良好;控制阀应常开,启闭功能正常;单向阀安装方向正确,止回阀启闭功能正常;防冻措施完好。

⑩消防控制室应能显示系统的手动、自动工作状态及故障状态。应能显示系统的消防泵的启、停状态和故障状态,消防水箱,水池液位,管网压力报警等信息。消防控制室应能自动和手动控制消防泵的启、停,并能接收和显示消防水泵的反馈信号。

⑪系统操作:

a.消防水泵房的消防水泵分为自动启动和手动停止的运行方式。

b.消防泵房的消防水泵的自动(压力开关控制)启动过程:在消防泵房的配电消防水泵控制柜,把电源开关操作手柄打在"ON"的位置;当消防水管网的压力低于设定的启动压力时,消防泵房的消防泵会自动启动供水;当消防水管网的压力高于设定的停止压力时,消防泵房的消防泵会停止供水。

c.消防水泵消防控制室远程手动控制操作步骤:首先将消防泵控制柜设置于自动位置,在消防中心的消防主控盘的"自动/手动"选择开关上选择"手动","允许/禁止"选择开关上选择"允许",在消防中心的消防主控盘按下消防电动消防泵"启动"按钮,启动消防泵房的消防水泵;在消防中心的消防主控盘按下消防水泵"停止"按钮,停止消防泵房的消防水泵。

d.消防泵房的消防水泵控制箱就地操作步骤:首先将消防泵控制柜设置于手动位置,在消防泵房的消防水泵控制箱上按下"启动"按钮,启动消防泵房的消防水泵;在消防泵房的消防水泵控制箱上按下"停止"按钮,停止消防泵。

2.消防供水系统设备检查

①消防供水设施:检查消防水池、消防水箱外观,如图4-7所示。消防泵及控制柜外观及工作状态,稳压泵、增压泵和气压水罐工作状态,水泵接合器外观、标志,管网控制阀门启闭状态,泵房工作环境;查看消防水池水位及消防用水不被他用的设施;查看补水设施;查看防冻设施。查看消防水箱水位及消防用水不被他用的设施;查看防冻设施。查看消防泵、增压泵、稳压泵及气压水罐进出口阀门开启状态;查看系统压力,查看运行情况。

图4-7　消防水箱检查

②消防泵及水泵控制柜:查看仪表、指示灯、控制按钮和标志;查看水泵和阀门外观及标志,相关紧固件紧固情况;转动阀门手轮,检查阀门状态;在泵房控制柜处启动水泵,查看运行情况;在消防控制室启动水泵,查看运行及反馈信号。模拟主泵故障,查看自动切换启动备用泵情况,同时查看仪表及指示灯显示。

③管网与阀门,查看外观,查看阀门启闭功能、信号阀及其反馈信号。

3.消防供水系统功能测试

1)手动操作

(1)消防泵和喷淋泵

通过消防泵控制柜上的启动按钮分别启动和停止消防泵、喷淋泵。用同样的方法,对备用泵进行测试。

消防水泵房现场启动喷淋泵试验。操作步骤、方法:一是查看消防水泵房是否设置通信、火灾应急照明设备,喷淋泵控制开关是否设置在自动状态;二是在消防泵房水泵控制柜上手动操作喷淋泵启、停按钮,观察喷淋泵动作情况和控制室消防控制设备信号显示情况,用秒表测试喷淋泵启动运行时间。检查标准要求:一是消防水泵房应设置火灾应急照明设备,设置与消防控制室直接联络的通信设备,喷淋水泵控制柜的转换开关应设置在自动状态;二是喷淋泵启、停功能正常,应在 60 s 内投入正常运行,并向控制室消防控制设备反馈其动作信号。

消防水泵房现场启动消防泵检查试验。操作步骤、方法:一是查看消防水泵房是否设置通信、火灾应急照明设备,消防泵控制开关是否设置在自动状态;二是在消防泵房水泵控制柜上手动操作消防泵启、停按钮,观察消防泵动作情况和控制室消防控制设备信号显示情况,用秒表测试消防泵启动运行时间。检查标准要求:一是消防水泵房应设置火灾应急照明设备,设置与消防控制室直接联络的通信设备,消火栓控制柜的转换开关应设置在自动状态;二是消防泵启、停功能正常,应在 60 s 内投入正常运行,并向控制室消防控制设备反馈其动作信号。

(2)稳压泵

测试方法与消防泵和喷淋泵相同。

手动测试完成之后,应当及时将系统放置到自动位置。

2)自动操作

①将消防控制柜设置为自动状态。

②用消防电话通知火灾报警控制中心的值班人员,在控制中心分别远程启动与停止消防泵和喷淋泵。

控制室远程启动喷淋泵试验操作步骤、方法:在控制室消防控制设备和手动直接控制装置上分别手动操作喷淋启、停按钮,观察喷淋泵动作情况及消防控制设备启动的信号显示情况,用秒表测试喷淋泵启动运行时间。检查标准要求:喷淋泵启、停功能正常,应在 60 s 内投入正常运行,消防控制设备应能接收并显示水泵的动作信号。

控制室远程启动消防泵检查试验。操作步骤、方法:在控制室消防控制设备和手动直接控制装置上分别手动操作消防泵启、停按钮,观察消防泵动作情况及消防控制设备启动的信号显示情况,用秒表测试消防泵启动运行时间。消防控制设备应能接收并显示水泵的动作信号。

③对报警阀进行放水试验,喷淋泵应能启动,水力警铃应报警,压力开关应报警,压力开关、喷淋泵的信号在控制中心应有反馈。

④在现场启动消火栓按钮,消防泵应能启动,消火栓按钮、消防泵的信号在控制中心应有反馈。

⑤稳压系统功能试验。操作步骤、方法:模拟稳压泵设计启动的上限压力和下限压力,观察电接点压力表到下限压力值时,稳压泵能否立即启动;到上限压力值时,稳压泵能否停止运行。测试标准:当系统低于设计最低压力时,稳压泵应立即启动,当达到系统设计最高压力时,

稳压泵应自动停止运行。

4.消防供水系统维护保养

①消防给水系统发生故障时,需在停水进行修理前向主管值班人员报告,取得维护负责人的同意,并临场监督,加强防范措施后方能动工。

②寒冷季节,消防设备的任何部位均不得结冰。应检查设置设备的房间,保持室温不低于50 ℃。

③对消防泵、水箱、水池、阀门、管路等进行检查,清洗、除锈,刷漆,对松动的紧固件进行紧固,更换损坏的部件。

④对消防水泵的维护保养:

a.轴承润滑油是否加足,有无严重脏污、变质现象。转动转轴,检查旋转是否正常。

b.消防泵是否变形、损伤、锈蚀,机械性能是否良好,启动后,水压是否正常,升温是否正常,应无异常振动及杂音。

c.水泵轴与电动机的连接部位是否松动、变形、损伤和严重锈蚀。

d.填料及密封件是否损坏,是否有明显漏水,螺栓螺母是否松动。

e.如存在问题,进行修复。

⑤电控柜的维护保养:

a.控制柜外观有无变形、损伤、腐蚀。

b.线路图及操作说明是否齐全。

c.电压、电流表的指针是否在规定的范围内。

d.开关是否有变形、损伤、标志脱落、处于正常状态。

e.器件是否脱落、松动,接点是否烧损,转换开关应处于自动状态。

f.控制盘的指示灯是否正常。

g.各导线连接处是否松脱,包皮是否损伤。

h.如存在问题,进行修复。

⑥管路及支吊架与阀门的维护保养:

a.外观检查:检查有无损伤、油漆脱落、锈蚀、泄漏等,固定是否牢固,发现问题应及时处理。

b.清除堵塞:清除系统管道中,可能因施工疏忽残留的砂、石、木屑或水源带来的垃圾、铁锈等。

⑦气压水罐的维护保养:

a.打开排气阀,检查是否能够自动加压。

b.打开试验排水阀,检查减水时能否自动供水,加压装置及供水装置压力表是否显示正常。

c.打开排气阀或试验排水阀时,为防止气压水罐内的压力较高造成危险,应慢慢将阀门打开。

⑧消防水泵接合器的接口及附件检查,应保证接口完好、无渗漏、闷盖齐全、接口与盖板连接牢固。

⑨对消防水池、水箱、气压给水装置进行检查,水位是否正常,气压是否正常,阀门是否处于正常状态;有无受冻的可能。如存在问题,进行修复。

⑩钢板消防水箱和消防气压给水设备的玻璃水位计,两端的角阀在不进行水位观察时应关闭。

⑪系统上所有的控制阀门当采用铅封或锁链固定在开启或固定的状态。对铅封、锁链进行检查,当有破坏或损坏时应及时修理更换。

5.室内消火栓系统日常维护

室内消火栓系统包含部件较多,经常被破坏或挪作他用,要对其进行日常维护保养作业。

(1)室内消火栓系统设备配置要求

①室内消火栓箱应有明显标志,外观良好,无损坏,无锈蚀,无泄漏。消火栓箱组件应齐全,箱门应开关灵活,开度应符合要求;消火栓的阀门应启闭灵活,栓口位置应便于连接水带。

②消火栓启泵按钮外观完好,有透明罩保护,并配有击碎工具;被触发时,应直接启动消防泵,同时确认灯显示;按钮手动复位,确认灯随之复位。

③消防炮外观良好,无损坏,无锈蚀,无泄漏。控制阀应启闭灵活;回转与仰俯操作应灵活,操作角度应符合设定值,定位机构应可靠。

④管网及支吊架与阀门应外观良好,无损坏,无锈蚀,无泄漏。阀门启闭状态处于工作状态。

(2)室内消火栓系统检查

①查看室内消火栓标志、箱体、组件及箱门外观,启闭栓头。

②查看消火栓启泵按钮外观和配件;触发按钮后,查看消防泵启动情况、按钮确认灯和反馈信号显示情况。

③查看消防炮外观,转动手轮,查看入口控制阀;人为操作消防炮,查看回转与仰俯角度及定位机构。

(3)室内消火栓系统功能测试

①消火栓栓口静水压力检查试验。检查方法:将带有压力表的测试装置连接在消火栓出口上,开启消火栓阀门,观察压力表上的压力值。标准要求:消火栓栓口压力应符合设计要求,且不应大于 1.00 MPa。高层建筑,建筑高度不超过 100 m 时,最不利点消火栓静水压力不应低于 0.07 MPa,建筑高度超过 100 m 时,最不利点消火栓静水压力不应低于 0.15 MPa。

②消火栓栓口出水压力检查试验。检查方法:将带有压力表的测试装置及消防水带、消防水枪连接在消火栓出口上,开启消火栓阀门放水,观察压力表上的压力值。标准要求:消火栓栓口出水压力应符合设计要求,且不应大于 0.5 MPa,如大于时,消火栓处应设减压装置。充实水柱,一般建筑消防水枪充实水柱长度不应小于 7 m;建筑高度不超过 100 m 和甲、乙类厂房,超过 6 层的民用建筑,超过 4 层的厂房、库房等,消防水枪充实水柱不应小于 10 m;建筑高度超过 100 m 的高层建筑,消防水枪充实水柱不应小于 13 m。

③消火栓按钮启泵功能检查试验。检查方法:启动一只消火栓按钮,观察消防水泵是否动作,控制室消防控制设备是否发出声、光报警信号并显示其部位。标准要求:消火栓按钮启动后,其指示灯应显亮,灯光为红色,在室内光线条件下,距 3 m 远处应清晰可见。

(4)室内消火栓系统维护保养

①对消火栓检查,外观良好,无损坏,无锈蚀,无泄漏,消火栓是否被埋压圈占,清点消火栓内器材是否配备齐全,如有损坏进行更换。检查消火栓手轮开关是否缺油,消火栓接口是否完好,如图 4-8 所示。

图 4-8　室内消火栓检查

②管路及支吊架与阀门的维护保养:

a.外观检查:检查有无损伤、油漆脱落、锈蚀、泄漏等,固定是否牢固,发现问题应及时处理。

b.清除堵塞:清除系统管道中,可能因施工疏忽残留的砂、石、木屑或水源带来的垃圾、铁锈等。

c.对消火栓按钮进行检查,外观,启泵功能是否正常,如不正常进行维修及更换。

6.自动喷水灭火系统维护保养

自动喷水灭火系统是灭火的第一道防线,要制订相应的维护保养规则,确保系统能够正常运行。

(1)自动喷水灭火设备配置要求

①报警阀组注明系统名称和保护区域的标志牌良好,压力表显示正常;控制阀门,阀门位置正确,启闭功能正常,启闭标志牌应正确并良好,采用锁具固定手轮,锁具良好;采用信号阀时,反馈信号正确;报警阀组组件灵敏可靠,报警阀组功能正常;压力开关反馈信号正常,水力警铃鸣响正常。

②水流指示器应有明显标志;信号阀启闭功能正常,状态全开,反馈启闭信号正常;水流指示器的启动与复位应灵敏可靠,反馈信号正常。

③喷头设置应符合设计选型;外观良好,无损伤,无变形和附着物、悬挂物,装饰盘无脱落。传动管喷头应符合设计选型;无损伤,无变形和附着物、悬挂物,传动管封闭良好。

④末端试水装置应按孔口出流的方式要求设置,阀门、试验孔口、压力表和排水漏斗、排水管应正常。外观良好,无损坏,无锈蚀,无泄漏,安装牢固,试验放水阀启闭正常,压力表指示压力正常。

⑤管网及支吊架与阀门应外观良好,无损坏,无锈蚀,无泄漏。阀门启闭状态处于工作状态。

⑥消防控制室应能显示系统的手动、自动工作状态及故障状态。应能显示喷淋泵电源的工作状态;应能显示系统的喷淋泵的启、停状态和故障状态,显示水流指示器、信号阀、报警阀、压力开关等设备的正常工作状态,动作状态,消防水箱、水池液位,管网压力报警等信息。消防

控制室应能自动和手动控制喷淋泵的启、停,并能接收和显示消防水泵的反馈信号。

(2)自动喷水灭火系统检查

①对喷头进行外观检查。

②报警阀组:查看外观、标志牌、压力表;查看锁具或信号阀及其反馈信号;查看通往水力警铃的阀门是否开启;打开试验阀,查看压力开关、水力警铃动作情况及反馈信号;恢复正常状态。检查机械应急操作装置,应外观良好,防护罩、铅封良好。

③查看水流指示器,外观、功能应良好。

④查看末端试水装置,外观、功能应良好。启闭试验放水阀。

⑤管网与阀门,查看外观,查看阀门启闭功能、信号阀及其反馈信号。

(3)自动喷水灭火系统功能测试

①报警阀功能试验。操作步骤、方法:一是查看报警阀阀前、阀后压力表显示压力是否一致,通向水力警铃的阀门是否常开,试水阀处有无排水设施;二是开启报警阀试水阀门,查看延时器是否排水,观察水力警铃、压力开关是否及时动作,喷淋泵能否及时启动,控制室消防控制设备是否发出声、光报警信号,并显示各部位动作状态。测试各部位动作时间。用秒表测试水力警铃、压力开关报警时间。测试标准要求:一是报警阀阀前、阀后压力表显示压力应一致且能满足系统最不利点处工作压力要求,通向水力警铃的阀门应处于常开状态,试水阀处应有良好的排水设施;二是开启报警阀试水阀门,延时器应自动排水,在系统排水 90 s 内水力警铃应发出连续报警信号,压力开关应接通电路报警,并连锁启动喷淋泵。控制室消防控制设备应发出声、光报警信号并有各部位动作信号显示。

②末端试水装置设置检查。操作步骤、方法:检查末端试水装置和试水阀设置是否符合标准要求。检查标准要求:每个报警阀组控制的最不利点喷头处,应设末端试水装置,其他防火分区、楼层均应设 25 mm 的试水阀;试水装置应有试水阀、压力表以及试水接头,末端试水装置和试水阀应便于操作,且应有足够排水能力的排水设施,其出水应采取孔口出流的方式排入排水管道。

③末端试水联动功能试验。操作步骤、方法:在系统最末端试水装置处打开试验阀,自水流出 90 s 内,观察水力警铃是否报警,水流指示器、压力开关是否动作,喷淋泵是否启动,控制室消防控制设备是否发出声、光报警信号并有各部位动作信号显示。用秒表测试各部位动作时间。测试标准要求:在末端试水装置处放水,自水流出 90 s 内,水流指示器、报警阀、压力开关、水力警铃、喷淋泵应及时动作并发出相应的信号,控制室消防控制设备应接收发出的声、光报警信号并有各部位动作信号显示。

(4)自动喷水灭火系统维护

①对报警阀、水流指示器、末端试水装置以及阀门、管路等进行检查,清洗,除锈,刷漆,对松动的紧固件进行紧固,更换损坏的部件。

②报警阀的维护保养:对报警阀应进行开阀试验,观察阀门开启性能和密封性能,以及报警阀各部件的工作状态是否正常;应对报警阀旁的放水试验阀进行一次放水试验,验证系统的供水能力,压力开关的报警功能是否正常。对安装的压力表要定期检查。检查报警前、后压力表指示是否正常。

③管路及支吊架与阀门的维护保养:

a.外观检查:检查有无损伤、油漆脱落、锈蚀、泄漏等,固定是否牢固,发现问题应及时处理。

b. 清除堵塞:清除系统管道中可能因施工疏忽残留的砂、石、木屑或水源带来的垃圾、铁锈等。

④对损坏、锈蚀的喷头进行更换,清除附着物。

⑤对于损坏的末端试水装置组件进行更换。

⑥各种不同规格的喷头均应有一定数量的备用品,其数量不应小于安装总数的1%,且每种备用喷头不应少于10只。

⑦自动喷水灭火系统发生故障,停水进行修理前,应向主管值班人员报告,取得维护负责人的同意,并临场监督,加强防范措施后方能动工。

三、消防灭火系统常见故障分析

如果维护保养不到位,消防灭火系统容易出现较多故障,导致整个系统无法正常运行。消防灭火系统常见的故障及处理方法如下:

(1)管网不能保压

管网不能保压一般是由于末端放水阀未关紧或各相关止回阀止不住水,还有湿式报警阀阀芯关不紧以及室外预埋主管由于长时间受到腐蚀使管道锈穿,处理以上故障可先将放水阀拧紧,然后放水泄压后启主泵加压,有的时候可能阀芯有杂物堵住阀芯,启泵冲一下就会恢复,室外预埋管网可进行分段排查。

(2)稳压泵启动频繁

主要为湿式装置前端有泄漏,可能是水暖件连接处泄漏、闭式喷头泄漏、末端泄放装置没有关好,导致管网不能正常保压,当管网压力小于稳压泵设定启动压力时水泵就会启动,管网压力高于稳压泵停泵压力时就停泵,稳压泵的启停一般不经消防报警主机控制,直接由接在管网上面的可调压力开关控制。检查各水暖件、喷头和末端泄放装置,找出泄漏点进行处理。

(3)水泵启动后管网加不上压

一般除水泵本身故障外最常见有二种:第一种是管网内空气太多,对管网进行先排气再启泵加压;第二种是水泵在地面,水池在地下,水泵与水池相连的管网下面有个吸水底阀,由于吸水底阀止不住水,管网内都是空气,启泵后不能打开吸水底阀,吸不上水,水泵为空转,因此加不上压,对吸水底阀进行检修,如图4-9所示。

(4)消防中心远程不能启停水泵

一般常见的有以下4种故障:①线路开路或断路,对线路进行检查维修,看原来放线时有无备用线路;②非标联动柜接钮开关接触不良或多线控制盘线路松动和多线控制盘坏,对设备进行检查维修;③现场或联动柜上面的24 V继电器接触不良和烧坏,以及与多线控制盘配套用的切换模块线路松动和模块损坏,对线路进行检查,对设备进行更换;④多线控制盘、联动柜未打在手动或水泵控制箱未打在自动状态(或万能开关接触不良)。

(5)现场控制柜不能启停水泵

一般常见的有以下5种故障:①保险管烧坏;②热继电器动作后没有自动复位;③启动接钮或万能转换开关接触不良;④中间继电器或接触器损坏;⑤线路接触不良。

(6)水泵打在自动状态时就会启动水泵

一般常见的有以下两种故障:①消防中心联动柜或多线控制盘手动启动后未停止(或不小心撞到后未发现);②压力开关动作联动水泵启动(不经过报警主机可直接联动水泵)。

图 4-9　消防泵维修

（7）水流指示器在水流动作后不报信号

除电气线路及端子压线问题外，主要是水流指示器本身问题，包括浆片不动、浆片损坏、微动开关损坏、干簧管触点烧毁或永久性磁铁不起作用。处理办法：检查浆片是否损坏或塞死不动，检查永久性磁铁、干簧管等器件。

（8）喷头动作后或末端泄放装置打开，联动泵后管道前端无水

主要为湿式报警装置的蝶阀不动作，湿式报警装置不能将水送到前端管道。处理办法：检查湿式报警装置，主要是蝶阀，直到灵活翻转，再检查湿式装置的其他部件。

（9）联动信号发出，喷淋泵不动作

可能为控制装置及消防泵启动柜连线松动或器件失灵，也可能是喷淋泵本身机械故障。处理办法：检查各连线及水泵本身。

（10）湿式报警阀误报警

阀内补气孔有杂物堵塞，平衡补差功能失效，或者喷淋管道中有大量空气。处理办法：检查阀内阀瓣，排除空气。

（11）湿式报警阀长报警（报警后不能复位）

水中有杂物使阀瓣关闭不严；末端试水阀门未关闭或关闭不严；胶垫脱落或阀瓣损坏不能关闭。处理办法：放水冲洗或拆卸清洗；检查末端试水阀门；检查胶垫和阀瓣。

（12）警铃不报警

末端放水流量小，阀瓣锈蚀严重，启闭不灵活；淤泥杂物堵塞至警铃，压力开关的管道；警铃叶轮卡堵；警铃坏或打钟脱落；微动开关坏；线路及电气故障。处理办法：检查末端或阀瓣；检查管道；检查叶轮；检查警铃；检查微动开关；检查线路。

（13）喷头爆裂时的处理方法

喷头爆裂后，重新修复的步骤如下：①关闭本层信号阀、打开本层末端放水阀；②关闭水泵、稳压泵主电源或将水泵打在手动状态；③用消防水带将水接到室外或洗手间；④做好防水措施，以免水流入电梯井或其他地方损坏物品，并将电梯开到上层暂时停用；⑤待水放完后更换喷头，并打开信号阀，启动水泵进行加压；⑥末端放水阀先进行排气，完后关闭阀门对管网加压；⑦管网压力正常后，停泵并对管网进行检查有无漏水处；⑧恢复电梯运行，清理现场。

任务实施

一、任务提出

到学校物业服务中心实习,负责校园消防灭火系统的维护管理。

二、任务目标

1.能独立进行校园消防灭火系统的管理维护。

2.能处理简单的消防灭火系统故障。

三、实施步骤

1.教师进行分组教学,3~5人一组。

2.分批跟随校园物业负责消防灭火系统管理维护的技术人员进行实习,边做边学。

3.填写消防灭火系统维护作业记录表,见表4-4。

4.处理1~2个简单消防灭火系统故障,记录到表4-5中。

四、任务总结

1.任务实施过程中,要时刻遵守各项安全制度。教学采用分组形式,实施前要进行实训安全教育。

2.利用2课时,进行实习总结。每一组都要做实习分享。

3.任务结束后,学生要完成相应的实训报告书。

 思考与练习

1.简述消防灭火系统的组成及分类。

2.教学楼室内消火栓漏水,简述故障原因及处理方法。

3.简述湿式喷水灭火系统和干式喷水灭火系统两者的区别。

4.教学楼自动灭火系统维修完毕,如何进行功能测试?

5.教室内某个自动喷头出现爆裂现象,如何进行维修?

6.校园消防控制柜不能远程控制消防泵,简述故障原因及处理方法。

表4-4 消防灭火系统维护保养记录表

检查项目		检查要求	检查结果	备注
消防水池、水箱检查	消防水池外观	表面洁净,无污垢		
	消防水箱外观	表面洁净,无污垢		
	罐体、供气设备	罐体及附件完好、供气设备工作正常		
	水泵接合器外观、标志	试验管道阀门启闭功能		
	液位	采用水池液位控制消防用水量时,应能自动控制水泵的启停并能发出缺水报警信号		
	温度	寒冷季节,消防储水设备的任何部位均不得结冰,应保持室温不低于5℃		

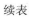

续表

	检查项目	检查要求	检查结果	备注
消防水泵、稳压泵、罐检查	是否漏水	用肥皂水检查有无气泡产生		
	管道压力	低于 0.6 MPa 时稳压泵开始工作,达到 0.8 MPa 时稳压泵停止工作		
	外观	设备完整,无损坏和修饰		
	主备泵切换	备用电源切换时,消防水泵应在 1.5 min 内投入正常使用		
	运转信号、反馈信号	信号反馈及时准确		
	进口、出口压力表及供水压力	压力开关等均动作,可启动消防水泵级联动的相关设备		
	高区消防泵	设备完好,工作正常,压力≥0.5 MPa		
变频控制柜检查	外观	表面洁净,无污垢		
	功能	接到紧急启停命令后能立即启动或停止;远方、就地切换功能正常		
	控制柜标志	标牌齐全,可正常反馈其联动设备的信号		
	电气设备、绝缘测试、接地保护测试	采用专用接地装置时,接地电阻值不应大于 4 Ω,采用公用接地装置时,接地电阻值不应大于 1 Ω		
管网检查	管网外观	表面涂层完好无脱落、无锈蚀,清洁干净		
	管道是否有松动现象	管道固定牢固		
	水泵及阀门标志是否完好	设备标牌齐全		
	最不利点消火栓及压力	最不利点处水枪充实水柱不小于 13 m,压力≥0.2 MPa		
	阀门手轮是否锈蚀	阀门手轮转动灵活		

续表

检查项目		检查要求	检查结果	备注
消火栓	室内消火栓外观	消火栓箱、水枪、水带、消防卷盘完好,无生锈、漏水,接口垫圈无缺。确保阀塞启闭杆处无杂物,焖盖内橡胶圈及表面涂层完好		
	室外消火栓外观			
	消防炮外观			
	启泵按钮外观			
	压力	最不利点处水枪充实水柱不小于 10 m		
自动喷水灭火系统	雨淋阀组外观	雨淋阀、电磁阀、压力开关、水力警铃、压力表等外表清洁干净、完好无损坏		
	雨淋阀是否处于复位状态	打开各信号蝶阀后阀组无漏水		
	报警阀	阀瓣处无渗漏		
	水力警铃	带延迟器的水力警铃,在试水装置处放水后的 5～90 s 内发出报警铃声,不带延迟器的应在 15 s 内发出报警铃声		
	排气阀	应确保无渗漏		
	阀组前后压力表	前后压力表读数一致		
	阀瓣放水	末端放水阀应有水流		
	各信号蝶阀及闸阀是否处于开启状态	各信号蝶阀及闸阀都应处于开启状态		
	雨淋阀及过滤器是否有杂质	检查末端放水阀放水畅通		
	预作用阀组附件	齐全、外观清洁		
	预作用供气设备	工作正常		
	干式喷头外观	喷头上面无异物,数量齐全、无堵塞		
	湿式喷头外观	喷头上面无异物,玻璃泡完好、数量齐全		
	控制盘	标牌齐全,可正常反馈其联动设备的信号		

维护人:　　　　　　　　　　　　　　　　　　　　　　　审核人:

表4-5 消防灭火系统故障维修记录表

使用单位		
维修单位		
故障表现		
故障原因		
故障处理方法		
需要更换的设备或构配件报价		
使用单位签字（盖章）		年 月 日
维修单位签字（盖章）		年 月 日

任务三 消防联动系统的运行管理与维护

教学目标

终极目标：会进行日常管理及维护维修消防联动系统。

促成目标：1. 能讲解消防联动系统的组成。

2. 会进行日常管理消防联动系统。

3. 会处理消防联动系统的简单故障。

工作任务

1. 维护消防联动系统(以校园为对象)。
2. 进行简单故障的处理。

相关知识

一、消防联动系统组成

消防系统一般由两部分组成:一部分是报警系统(也就是探测火灾,传递信号的系统);另一部分就是联动系统(也就是接收到火灾报警信号后,启动消防附属设备的系统)。《火灾自动报警系统设计规范》(GB 50116—2013)对消防联动控制的内容、功能和方式有明确的规定。消防联动系统是火灾自动报警系统中的一个重要组成部分,是由火灾报警主机对外部设备的一种控制,通常包括消防联动控制器、消防控制室显示装置、传输设备、消防电气控制装置、消防设备应急电源、消防电动装置、消防联动模块、消防栓按钮、消防应急广播设备、消防电话等设备和组件,如图4-10所示。

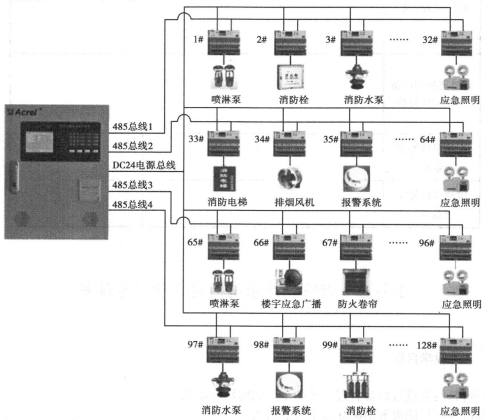

图 4-10　消防联动系统的组成

当发生火灾后,报警设备(烟感、温感等)首先探知火灾信号,然后传递给主机,主机接到信号,按照设定的程序,启动警铃、消防广播、排烟风机等设备,并切断非消防电源。所有这些动作,是在报警主机接收到信号后,才开始的,因此,这些动作被称为消防联动。

消防联动系统的工作原理是:①当外部监测设备(如烟感、温感、手报等设备)动作后给火灾自动报警主机传送报警信号源;②火灾报警系统收到信号后,自动联动外部设备启动(自动联动是根据火灾报警系统内的联动公式进行联动设备的)。一般情况下消防联动系统可联动的部位有:a.消防警铃;b.消防广播;c.应急电源及指示灯转换启动;d.消防电梯迫降等外部设备启动;e.联动防火卷帘门迫降;f.联动消防排烟风机及防火阀启动;g.联动消防预作用阀动作,喷淋系统启动扑灭火源。

具体联动步骤演示:①火灾时感烟探测器探测到烟雾。②探测器的探测信号传输到消防控制室的火灾报警控制器上。③火灾控制器接到报警信号后发出指令给火灾区域(或火灾层及火灾上下层)的声光报警器或警铃,使其发出火灾报警声。④广播切换至火灾状态下并发出应急疏散录音。⑤火灾控制器接到信息后同时发出指令使电梯迫降到一层。⑥同时发出指令使防火卷帘门、排烟风机、正压送风机运转及排烟口(执行机构)、风口(合用前室送风口的执行机构)同步打开。⑦自动切换电源,即切断非消防电源,应急照明和应急指示灯亮。⑧当火源的燃烧温度达到68℃时,消防喷淋水银柱炸裂,喷淋头排气、洒水。⑨洒水后,控制器监视水流指示器、压力开关动作后,消防预作用阀(干湿/湿式)动作,并发出指令控制喷淋泵启动,持续向喷淋管道供水扑灭火源。⑩火情扑灭后,手动复位,使预作用阀及消防泵停止动作。具体流程如图4-11所示。

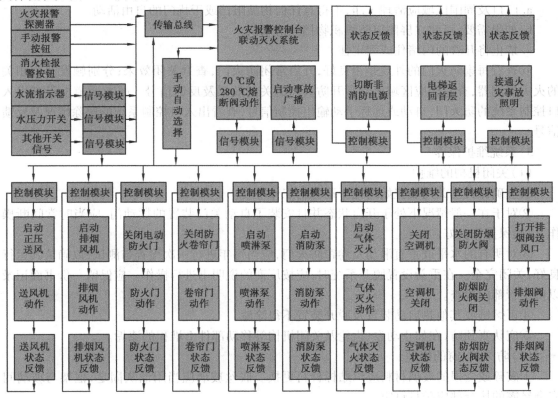

图4-11　消防联动系统控制流程

二、消防联动系统运行维护

1.防火门、防火窗运行管理维护

1）系统设备运行管理

①撤窗。当一个门口或窗口停止使用时,可以用墙的同类建筑材料把它填住。

②可操作性门、百叶窗或窗应始终可操作。应当将其关闭并上锁,或设为自动关闭。

③更换。当需要更换防火门、防火百叶窗、防火窗或它们的框架、五金及关闭系统时,应该按照防火标准进行更换,并按照本标准对新的相关设备进行安装。

④修理。及时进行修理,对可能影响到运行的故障要立即进行修正。

2）系统设备检查

①五金应经常检测,发现失灵的部件应当立即更换。

②定期检查镀锡及外包金属防火门,以防干腐。

③应经常检查用于悬浮门的铁链及缆绳,以防磨损及拉损。

④润滑及调节:

a.导引杆及轴承应润滑良好以便操作。

b.用于双扇对开均衡门上的铁链或缆绳应经常检查并加以调节,以确保上锁无误,门、口位置相合。

⑤预防堵门:

a.门口及周围区域应清理干净,不得有任何物品阻挡或干扰门的自由活动。

b.如果需要,可建立屏障以防堆积物挡住滑动门。

c.禁止将开着的门堵住或固定住。

⑥查看每扇防火门的外观是否良好,开启常闭防火门,查看关闭效果;分别触发两个相关的火灾探测器,查看相应区域电动常开防火门的关闭效果及反馈信号。疏散通道上设有出入口控制系统的防火门,自动或远程手动输出控制信号,查看出入口控制系统的解除情况及反馈信号。

3）系统维护保养

（1）关闭机构的维护

①应确保自动关门装置始终处于适当的工作环境。

②对于在一般情况下处于开启状态并且安装了自动关门装置的摆动门,应当时常间断操作,以确保操作良好。

③对所有的水平或垂直滑动及卷帘防火门,应当每年进行一次检查与测试,以确认其运行良好,关闭完全。在重新设置脱开系统时,应按厂商的说明书进行操作。应保留一份书面记录以供主管部门检查。

④可熔链或其他热启动装置及脱开装置不得涂漆。

⑤应认真预防,在如止动卷、齿轮及关闭机构等移动部件上堆积的漆垢。

（2）防火门、窗的修理

①破碎或受损的玻璃材料应以贴标材料更换。嵌丝玻璃应当用油灰固定,框架与玻璃间完全暴露的接合部应敲打钉牢。

②对所有的水平或垂直滑动防火门,应当每年进行一次检查与测试,以确认其运行良好,

关闭完全。在重新设置脱开系统时,应按厂商的说明书进行操作,如图4-12所示。应保留一份书面记录以供主管部门检查。

③可熔链或其他热启动装置及脱开装置不得涂漆。

④应认真预防,在如止动卷、齿轮及关闭机构等移动部件上堆积的漆垢。

⑤门、窗面上的任何裂痕都应当立即修理。

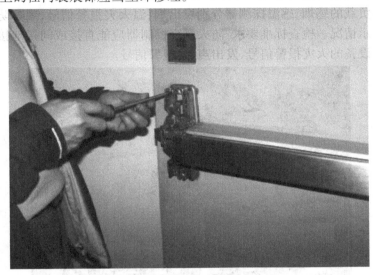

图4-12 防火门维修

2. 防火卷帘门系统运行管理维护

1)系统设备运行管理

①防火卷帘外观标志:防火卷帘其型号规格应符合设计要求;卷帘外观良好无缺陷、损坏,在卷帘的明显部位应设有耐久性铭牌标志。

②帘板、导轨、座板:帘板、座板、导轨的材料厚度应符合技术标准要求;帘板嵌入导轨的深度,导轨的平行度、垂直度应符合要求;导轨与墙面间不得留有缝隙。

③箱体:防火卷帘的箱体应采用钢板制作,箱体应具有良好的隔热保护性能,箱体上部应能有效地阻止烟气、火焰蔓延,箱体下部或侧面应留有可开启的检修口。

④运行平稳性能:防火卷帘的帘面在导轨内运行应平稳,不允许有脱轨和明显倾斜现象;双帘面卷帘的两个帘面应同时升降,两个帘面之间的高度差不应大于50 mm。与地面接触时,座板与地面应平行,接触应均匀,不得倾斜。

⑤启、闭运行速度及运行噪音:垂直卷卷帘的电动运行速度应为2~7.5 m/min,其自重下降速度不应大于9.5 m/min。侧向卷卷帘的电动启闭的运行速度不应小于7.5 m/min,水平卷卷帘的电动启闭运行速度应为2~7.5 m/min;卷帘启、闭运行的平均噪声应不大于75 dB。

⑥手动速放装置。防火卷帘卷门机应具有依靠防火卷帘自重恒速下降功能,其不需要太大的操作臂力(其臂力规定不得大于70 N)。

⑦防火卷帘控制器及其按钮等:其型号规格应符合设计要求;外观良好,无损坏,防火卷帘控制器和手动铵钮控制上升、下降、停止卷帘门功能正常,控制室远程下降功能正常,报警联动功能正常,反馈正常。

2）系统设备检查

①检查看防火卷帘及其组件的外观是否良好,有无损坏,警示区域内是否存放杂物;手动启动防火卷帘,观察防火卷帘运行平稳性能,启、闭运行速度,噪声以及与地面接触情况等,如图4-13所示。

②防火卷帘控制器的报警功能。操作步骤、方法:用测试工具或采用加烟、加温的方法使防火卷帘控制器负载的感烟、感温探测器分别发出烟、温火灾报警信号,观察防火卷帘控制器的动作及信号显示情况。检查标准要求:防火卷帘控制器应能直接或间接地接收来自火灾探测器或消防控制设备的火灾报警信号,发出声、光报警信号。

图4-13　防火卷帘门维修

③防火卷帘控制器的手动控制功能。操作步骤、方法:操作防火卷帘控制器的手动控制按钮,观察防火卷帘的下降、停止、上升等动作情况。检查标准要求:防火卷帘控制器手动操作卷帘下降、停止、上升等功能应正常,消防控制设备上防火卷帘信号显示应正常。

④现场启动。操作步骤、方法:随机在现场手动按下2樘防火卷帘内、外侧手动控制按钮,观察防火卷帘动作情况及消防控制设备信号显示情况。检查标准要求:现场手动按下内、外侧手动控制按钮,防火卷帘上升、停止、下降等动作正常,并向控制室消防控制设备反馈其动作信号。

⑤远程启动。操作步骤、方法:在控制室手动启动消防控制设备上的防火卷帘控制装置,观察防火卷帘动作情况及消防控制设备信号显示情况。检查标准要求:在控制室消防控制设备上手动启动防火卷帘控制装置,防火卷帘停止、下降等动作正常,并向控制室消防控制设备反馈其动作信号。

⑥自动启动。操作步骤、方法:用专用测试工具或采用加烟、加温的方法使火灾探测器组的感烟、感温探测器分别发出烟、温模拟火灾信号,观察防火卷帘动作情况及消防控制设备信号显示情况。检查标准要求:用于分隔防火分区的防火卷帘,当其火灾探测器组的感烟、感温探测器分别发出火灾报警信号后,防火卷帘由上限位一次降至下限位全闭,并向控制室消防控制设备反馈其动作信号。用于疏散通道、出口处的防火卷帘,当感烟探测器发出火灾报警信号后,防火卷帘由上限位降至1.8 m处定位,并向控制室消防控制设备反馈中位信号,当感温探测器发出报警信号后,防火卷帘由中位降至下限位全闭,并向消防控制设备反馈全闭信号;或

196

防火卷帘控制器接到火灾报警信号后,控制防火卷帘自动下降至距地面 1.8 m 处停止,延时 5 ~ 300 s 后,继续下降至全闭,并向消防控制设备反馈各部位动作信号。

⑦水幕保护设置。操作步骤、方法:目测水幕系统或闭式喷水系统管道、报警阀、喷头等组件设置情况。检查标准要求:水幕系统或闭式喷水系统的管道、报警阀、喷头等组件安装应符合设计要求;闭式喷头之间的距离应为 2.0 ~ 2.5 m,喷头距卷帘距离宜为 0.5 m。

⑧手动速放装置。操作步骤、方法:拉动手动速放装置,观察防火卷帘是否具有自重恒速下降功能。检查标准要求:防火卷帘卷门机应具有依靠防火卷帘自重恒速下降功能,其不需要太大的操作臂力(其臂力规定不得大于 70 N)。

3)系统维护保养

①外观检查门轨、门扇有无变形、卡阻现象,对局部变形及油漆脱落现象进行修复。紧固各部分螺钉及联轴;操作按钮箱上锁是否良好。

②检查防火卷帘门电控箱指示灯是否正常,检查控制箱内各按钮及元件是否正常。箱体有否受损。

③开启按钮,按下上(或下)按钮,卷帘门应上升(或下降)。如果卷帘门升降与按钮操作上下不一样,必须立即停车,修复后方可重新操作。

④在按钮操作上升(或下降)过程中,操作人员严禁离开现场,操作的同时,要密切注意帘门上升(或下降)到一定位置之后是否能自动停车。如果帘门上升到位后(或下降已到地面)仍不停,必须待限位装置修复(或调整)正常后方可重新操作。

⑤二次下滑关闭后,待探测器信号消除后方可重新开启帘门。

⑥检查调整电机传动带的松紧度。向转动部位填加润滑油,以保证联轴器及轴承的灵活性及稳定性。

⑦在以上保养中出现异常问题时,应在当天予以纠正,保证系统正常。

3.防排烟、机械加压送风系统维护保养

1)系统设备运行管理

①机械防烟、排烟、通风空调系统所采用的机械加压送风机、送风口(阀)、防火阀、挡烟垂壁、机械排烟风机、排烟口(阀)、排烟防火阀、电动排烟窗、电动防火阀、风机控制柜等设备,其型号规格应符合设计要求;在设备的明显部位应设有耐久性铭牌标志,其内容清晰,设置牢固。

②机械加压送风系统、机械排烟系统的控制柜注明系统名称和编号的标志良好;外观良好,无损坏,无锈蚀;柜内器件无损坏与丢失;仪表、指示灯显示正常,开关及控制按钮灵活可靠;有手动、自动切换装置。

③机械加压送风系统、机械排烟系统的风机注明系统名称和编号的标志良好;外观良好,无损坏,无锈蚀;传动皮带的防护罩、新风入口的防护网完好,皮带松紧度正常,无缺失;启动运转平稳,叶轮旋转方向正确,无异常振动与声响,风机转向正确。

④送风阀、排烟阀、排烟防火阀、电动排烟窗应外观良好,组件无损坏与缺失,安装牢固;开启与复位操作应灵活可靠,关闭时应严密,反馈信号应正确。排烟阀能启动对应区域的排烟风机。

⑤机械加压送风系统应能自动和手动启动相应区域的送风阀、送风机,并向火灾报警控制器反馈信号;送风口的风速不宜大于 7 m/s;防烟楼梯间的余压值应为 40 ~ 50 Pa,前室、合用前室的余压值应为 25 ~ 30 Pa。

⑥机械排烟系统应能自动和手动启动相应区域排烟阀、排烟风机,并向火灾报警控制器反馈信号。设有补风的系统,应在启动排烟风机的同时启动送风机;排烟口的风速不宜大于10 m/s,排烟量应符合设计要求;当通风与排烟合用风机时,应能自动切换到高速运行状态。

⑦电动排烟窗系统应具有直接启动或联动控制开启功能。

⑧电动防火阀应外观良好,组件无损坏与缺失,开启与复位应灵活可靠,关闭时应严密;应在相关火灾探测器动作后自动关闭并反馈信号。

2)系统设备检查

①查看机械加压送风系统、机械排烟系统控制柜的标志、仪表、指示灯、开关和控制按钮;用按钮启、停每台风机,查看仪表及指示灯显示情况。

②查看机械加压送风系统、机械排烟系统风机的外观和标志牌;在控制室远程手动启、停风机,查看运行及信号反馈情况。

③查看送风阀、排烟阀、排烟防火阀、电动排烟窗的外观;手动、电动开启,手动复位,查看动作信号反馈情况。

④现场启动送风机组。操作步骤、方法:手动操作送风机组控制柜的启、停按钮,观察送风机组动作情况及控制室消防控制设备信号显示情况。检查标准要求:在送风机组现场控制柜上手动操作送风机组的启、停按钮,送风机组启、停功能正常,并向控制室消防控制设备反馈其动作信号。

⑤远程启动送风机。操作步骤、方法:在控制室消防控制设备上和手动直接控制装置上分别手动启动任一个防烟分区的送风机组,观察送风机组动作情况及消防控制设备启动的信号显示情况。检查标准要求:在消防控制室手动启动一个防烟分区的送风机组,送风机组启、停功能正常,并向消防控制设备反馈其动作信号。

⑥自动启动送风机。操作步骤、方法:自动控制方式下,分别触发防烟分区内的两个相关的火灾探测器,查看相应送风阀、送风机的动作及消防控制设备信号反馈情况;采用微压计,在保护区域的顶层、中间层及最下层,测量防烟楼梯间、前室、合用前室的余压;全部复位,恢复到正常警戒状态。检查标准要求:当防烟分区的火灾探测器发出火灾报警信号后,该防烟分区的前室本层及上下相邻层送风口(阀)应能自动开启(常开风口、阀除外),同时启动与其联动的送风机,并向消防控制设备反馈其动作信号;所测试的余压值应符合要求。

⑦手动复位送风口(阀)。操作步骤、方法:手动试验,观察送风口(阀)复位动作情况及消防控制设备信号显示情况。检查标准要求:现场手动操作常闭式送风口(阀)的手动复位装置,送风口(阀)应复位,并向消防控制设备反馈其动作信号。

⑧现场启动排烟风机。操作步骤、方法:手动操作排烟风机控制柜上的启、停按钮,观察排烟风机动作情况及控制室消防控制设备信号显示情况。检查标准要求:在排烟风机现场控制柜上手动操作排烟风机的启、停按钮,排烟风机启、停功能正常,并向控制室消防控制设备反馈其动作信号。

⑨远程启动排烟风机。操作步骤、方法:在控制室消防控制设备上和手动直接控制装置上分别手动启动防烟分区的排烟风机,观察排烟风机动作情况及消防控制设备启动的信号显示情况。检查标准要求:在消防控制室手动启动防烟分区的排烟风机,排烟风机启、停功能正常,并向消防控制设备反馈其动作信号。

⑩自动启动排烟风机。操作步骤、方法:由被试防烟分区的火灾探测器发出火灾报警信号

（给探测器加烟），观察排烟风机动作情况及消防控制设备信号显示情况；开启被试防烟分区的任一排烟口或排烟阀，观察与其联动的排烟风机动作情况和消防控制设备信号显示情况。可用报纸或纸张测试排烟机启动时，排烟口或排烟阀是否将其纸张吸附。检查标准要求：当防烟分区的火灾探测器发出火灾报警信号后，该防烟分区的排烟口（阀）应能自动开启，且启动与其联动的排烟风机，并向消防控制设备反馈其动作信号。当排烟口（阀）无自动开启功能时，排烟风机接到消防控制设备的联动指令后，应直接自动启动，并向消防控制设备反馈信号。防烟分区任一排烟口（阀）开启时，与其联动的排烟风机均能自动启动，并向消防控制设备反馈其动作信号。

⑪手动复位排烟口（阀）。操作步骤、方法：手动试验，观察排烟口（阀）复位动作情况及消防控制设备信号显示情况。检查标准要求：现场手动操作排烟口（阀）的手动复位装置，排烟口（阀）应复位，并向消防控制设备反馈其动作信号。

⑫活动式挡烟垂壁。操作步骤、方法：由被试防烟分区的火灾探测器发出火灾报警信号（给探测器加烟），观察该防烟分区的活动式挡烟垂壁动作情况及消防控制设备信号反馈情况。检查标准要求：当一个防烟分区发生火灾时，该防烟分区的挡烟垂壁接到消防控制设备的联动指令后，应能自动降落，并向消防控制室的消防控制设备反馈其动作信号。

⑬系统联动控制功能。操作步骤、方法：自动控制方式下，分别触发两个相关的火灾探测器，查看相应排烟阀、排烟风机、送风机的动作和信号反馈情况。通风与排烟合用系统，同时查看风机运行状态的转换情况；全部复位，恢复到正常警戒状态。检查标准要求：当消防控制设备接到防烟分区发出的火灾（烟或温）报警信号后，立即向该防烟分区的防烟、排烟系统发出指令，并接收其动作反馈信号；停止空调机组运行；开启送风口（阀）；启动送风机组；开启排烟口（阀）；启动排烟风机。

3）系统设备维护保养

（1）对排烟阀、排烟防火阀、送风阀的维护保养

①排烟口、送风口有无变形、损伤，周围有无影响使用的障碍物。

②风管与排烟口连接部位的法兰有无损伤，螺栓是否松动。

③阀件是否完整，易熔片是否脱落，动作是否正常。

④旋转机构是否灵活，每年对机械传送机构加适量润滑剂。

⑤制动机构、限位器是否符合要求。

⑥进行手动、远程启闭操作，检查是否可完全打开。

（2）对送风、排烟风机的维护保养

①风机房周围有无可燃物；安装螺栓是否松动、损伤。

②传动机构是否变形、损伤；叶轮是否与外壳接触。

③电动机的接线是否松动；电动机的外壳有无腐蚀现象。

④电源供电是否正常（检查电压表或电源指示灯）。

⑤检查轴承部分润滑油状态是否异常（脏污，混入泥沙、有灰尘等）。

⑥检查电动机的轴承部位润滑油液位是否正常。

⑦检查传动皮带是否松动，联轴器是否牢固。

⑧启动电动机，旋转时有无异常振动、杂音。

⑨操作手动或自动启动装置，进行每个防烟分区（或正压送风）的动作试验，检查下列

事项：

　　a. 手动或自动能否正常启动。

　　b. 运转电流是否正常。

　　c. 运转中是否有不规则杂音及异常振动。

　　d. 动作设备的区域是否与原设计对应。

　　（3）对风机电柜的维护保养

　　①控制柜是否设置在易于操作、检查、维修的位置。

　　②控制柜有无变形、损伤、腐蚀。

　　③线路图及操作说明是否齐全。

　　④电压、电流表的指针是否在规定的范围内。

　　⑤开关是否有变形、损伤、标志脱落、处于正常状态。

　　⑥操作开关,检查开关性能,检查指示灯显示状态是否正常。

　　⑦继电器是否脱落、松动,接点是否烧损,转换开关能否正常切换。

　　（4）风量测定

　　每年应对防排烟风机的风量进行测定。

　　（5）正压送风阀

　　检查其送风阀是否完好,能否完成送风功能。

三、消防联动系统常见故障分析

　　消防联动系统设备较多,联动控制线路复杂。设备工作环境较为恶劣,如果维护不及时,整个系统就会经常性地出现故障。

　　1. 防火门常见故障

　　①防火门无法自动关闭。原因:少装或未安装闭门器,如无闭门器就达不到常闭的要求。处理办法:设在通道和楼梯口的防火门均需安装闭门器。

　　②防火门噪音大或关闭慢。原因:少安装五金配件。处理办法:根据防火门的大小,较大的防火门有一扇是应安装 3 只铰链的,有的只装两只,有的只装 1 只铰链,单页有 4 只螺丝孔的只安装两只螺丝,降低了固定强度。

　　③防火门不能防烟。原因:中缝大,两侧相通,分隔不严,离地面距离过大。处理办法:门缝规定为 1.5 ~ 2.5 mm。规定内门离地距离应控制在 6 ~ 8 mm 范围内。需重新调节,或在门下用水泥抬高地面。

　　2. 防火卷帘门常见故障

　　①防火卷帘门不能上升下降。原因:可能为电源故障、电机故障或门本身卡住。处理办法:检查主电、控制电源及电机,检查门本身。

　　②防火卷帘门有上升无下降或有下降无上升。原因:下降或上升按钮问题,接触器触头及线圈问题,限位开关问题,接触器联锁常闭触点问题。处理办法:检查下降或上升按钮,下降或上升接触器触头开关及线圈,检查限位开关,检查下降或上升接触器联锁常闭接点。

　　③在控制中心无法联动防火卷帘门。原因:控制中心控制装置本身故障,控制模块故障,联动传输线路故障。处理办法:检查控制中心控制装置本身,检查控制模块,检查传输线路。

　　3. 防排烟设备常见故障

　　①排烟阀打不开。原因:排烟阀控制机械失灵,电磁铁不动作或机械锈蚀引起排烟阀打不

开。处理办法:经常检查操作机构是否锈蚀,是否有卡住的现象,检查电磁铁是否工作正常。

②排烟阀手动打不开。原因:手动控制装置卡死或拉筋线松动。处理办法:检查手动操作机构。

③排烟机不启动。原因:排烟机控制系统器件失灵或连线松动、机械故障。处理办法:检查机械系统及控制部分各器件系统连线等。

 任务实施

一、任务提出

到学校物业服务中心实习,负责校园消防联动系统的维护管理。

二、任务目标

1.能独立进行校园消防联动系统的管理维护。

2.能处理简单的消防联动系统故障。

三、实施步骤

1.教师进行分组教学,3~5人一组。

2.分批跟随校园物业负责消防联动系统管理维护的技术人员进行实习,边做边学。

3.填写消防联动系统维护作业记录表,见表4-6。

4.处理1~2个简单消防联动系统故障,记录到表4-7中。

四、任务总结

1.任务实施过程中,要时刻遵守各项安全制度。教学采用分组形式,实施前要进行实训安全教育。

2.利用2课时,进行实习总结。每一组都要做实习分享。

3.任务结束后,学生要完成相应的实训报告书。

 思考与练习

1.简述消防联动系统的组成。

2.简述防火门的类别及作用。

3.当发生火灾时,消防联动系统是如何按顺序启动的?

4.当发生火灾时,防火卷帘门是如何动作的?

5.系统调试时,发现排烟风机无法启动,简述故障原因及处理方法。

表4-6　消防联动系统维护保养记录表

	检查项目	检查要求	检查结果	备注
排烟机组	外观清洁	系统名称和编号检查、外观擦洗、清污		
	传动机构、叶轮	检查、测试、润滑		
	排烟机轴承	检查、加润滑油		
	传动皮带、联轴	检查,定期盘动		
	排烟量	系统名称和编号检查、外观擦洗、清污		

续表

检查项目		检查要求	检查结果	备注
电动机	检查、启动	检查、测试、启动		
排烟口	检查、紧固	外观检查、手动复位、紧固		
排烟阀	擦洗、紧固	擦洗、紧固、复位		
排烟机控制柜	测试、检查	手动、自动启动检查,反馈信号测试,远程直启检查,控制柜开关,指示灯更换		
卷帘门	外观检查、柔韧度试验	外观无损伤、自由下拉上卷		
	手动收放试验	收放自如		
烟、温感	外观检查、工作温度	外观无损伤、工作温度符合要求		
	清洁情况、自检稳定性	清洁无污、运行稳定		
控制器	外观检查、按钮测试	外观无损伤、按钮灵活		
	线路检查、稳定性	线路工程正常、系统稳定		
	按钮功能试验、联动试验	功能准确实现、联动可行		
驱动主机	外观、温度、机油检查	外观无损伤、机油颜色符合标准		
	电路安全性、接地性能	电气可靠接地		
	自停位置试验(三位)			
警联动试验	警铃反应	反应灵敏		
	自报警、自控	功能实现		

维护人: 审核人:

表 4-7   消防联动系统故障维修记录表

使用单位	
维修单位	
故障表现	

续表

故障原因			
故障处理方法			
需要更换的设备或构配件报价			
使用单位签字（盖章）		年　　月　　日	
维修单位签字（盖章）		年　　月　　日	

任务四　应急疏散系统的运行管理与维护

教学目标

终极目标：会进行日常管理及维护维修应急疏散系统。

促成目标：1.能讲解应急疏散系统的组成。

2.会进行日常管理应急疏散系统。

3.会处理应急疏散系统的简单故障。

工作任务

1. 维护应急疏散系统(以校园为对象)。
2. 进行简单故障的处理。

相关知识

一、应急疏散系统组成

《消防应急照明和疏散指示系统》(GB 17945—2010)指出应急疏散系统为人员疏散和发生火灾时仍需正常工作的场所提供照明和疏散指示的系统,由各类消防应急灯具、疏散指示标志及相关装置组成,有时也把应急广播系统纳入应急疏散系统范围内,如图 4-14 所示。消防应急疏散是一项受到各国重视、有多年发展历史和涉及建筑火灾时保证人员生命安全的重要救生疏散技术。

发生火情时,系统能根据着火点位置,引导群众向远离着火点的方向撤离。当着火点靠智能疏散系统近楼道出口位置时,该出口以上楼层疏散口,必须显示关闭状态,以便群众避开危险朝向着火楼层临近着火点的出口疏散。着火点以下楼层群众可向任意出口疏散,以达到尽快撤离的目的。

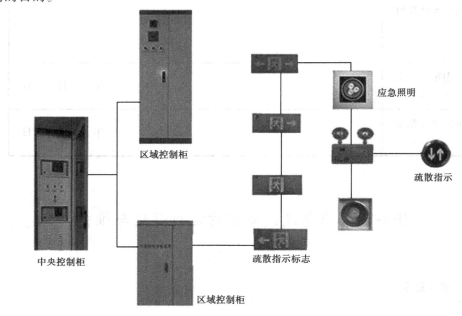

图 4-14　应急疏散系统的组成

二、应急疏散系统运行维护

1. 系统设备运行管理

①火灾应急照明灯、疏散指示标志其型号规格应符合设计要求;火灾应急照明灯、疏散指

示标志外观应无缺陷,在其明显部位应设有耐久性铭牌标志,内容清晰,设置位置符合设计要求,安装牢固。

②火灾应急照明灯应牢固、无遮挡,状态指示灯正常;切断正常供电电源后,应急工作时间不应小于 20 min;高度超过 100 m 的高层建筑其应急工作时间不应小于 30 min;应急照明工作状态的持续时间不应小于 90 min,且不小于灯具本身的标称的应急工作时间。

③疏散指示标志应牢固、无遮挡,疏散方向的指示应正确清晰;自发光疏散指示标志,当正常光源变暗后,应自发光,其亮度应符合消防技术标准的要求,持续时间不应低于 20 min;灯光疏散指示标志,状态指示灯应正常。切断正常供电电源后,应急工作状态的持续时间不应小于 20 min;高度超过 100 m 的高层建筑其应急工作时间不应小于 30 min。

④火灾应急广播系统的扩音机仪表、指示灯显示正常,开关和控制按钮动作灵活;监听功能正常;扬声器外观完好,音质清晰;话筒播音功能正常;在火灾报警后,按设定的控制程序自动启动火灾应急广播;播音区域应正确、音质应清晰。

⑤消防控制室应能控制和显示消防应急照明与疏散指示标志系统的主电工作状态和应急工作状态;应能分别通过手动和自动控制集中电源型消防应急照明与疏散指示标志系统和集中控制消防应急照明系统从主电工作状态切换到应急工作状态。

2. 系统设备检查

①查看火灾应急照明灯的外观、安装牢固程度、应急灯工作状态。

②查看疏散指示标志的外观和位置,核对指示方向、疏散指示标志工作状态,如图 4-15 所示。

图 4-15　疏散指示系统维护

③查看防火门、防火卷帘处的警示线内是否存放物品或被遮挡。

④火灾应急照明及疏散指示标志灯的转换时间。试验方法:模拟交流电源故障,观察其是否顺利转入应急状态,用秒表测试转换时间。标准要求:正常交流电源供电切断后,火灾应急照明灯及疏散指示标志灯应顺利转入应急工作状态;自带电源型的火灾应急照明灯,其应急转换时间不应大于 5 s。

⑤应急电源故障报警功能。试验方法:使应急电源输出主线路与任一支路连接线断路或短路,观察应急电源声、光报警情况和其他支路火灾应急灯具工作状态;手动消除故障信号,再

使应急电源与另一支路连接线断路或短路,观察应急电源声、光报警情况和其他支路火灾应急灯具工作状态。标准要求:当应急电源的充电器与电池之间的连接线断路或短路,应急输出主线路与支路连接线断路或短路,应急控制回路断路或短路时,应急电源发出声、光故障信号,并指示故障类型。声故障信号手动消除,当有新的故障信号时,声故障信号应再启动。光故障信号在故障排除前应保持;其任一支路故障不应影响其他支路的正常工作。

⑥火灾应急照明自动启动功能。试验方法:使一集中控制型火灾应急灯具防火分区的火灾探测器发出报警信号,观察该防火分区内火灾应急照明灯具动作情况及消防控制设备信号显示情况。标准要求:控制室消防控制设备接到火灾报警信号后,应输出使受其控制的火灾应急灯具投入工作的信号,火灾应急灯具应及时启动,并向消防控制设备反馈其动作信号。当集中电源型火灾应急灯具的主电源断电后,应急电源应立即投入工作,火灾应急灯具应及时启动。

⑦火灾应急照明现场启动功能。试验方法:操作集中电源型火灾应急灯具上的试验按钮,切断主电源,同时手动启动应急电源上的强制启动按钮,观察火灾应急照明灯具动作情况。标准要求:集中电源型火灾应急灯具的主电源断电后,现场手动启动应急电源上的强制启动按钮,火灾应急灯具应及时投入工作。

⑧火灾应急照明远程启动功能。试验方法:在消防控制设备上手动启动一防火分区火灾应急灯具,观察受其控制的火灾应急照明灯具动作情况及消防控制设备信号显示情况。手动启动强制按钮,观察受其控制的所有火灾应急照明灯具是否转入应急状态。标准要求:在控制室消防控制设备上手动启动某一防火分区火灾应急灯具控制装置,受其控制的火灾应急灯具应转入应急工作状态,消防控制设备应有该防火分区火灾应急灯具动作的反馈信号显示。在消防控制设备上手动启动强制按钮,所有火灾应急灯具均应转入应急状态。

⑨火灾应急广播系统功能。在消防控制室用话筒对所选区域播音,检查音响效果;在自动控制方式下,分别触发两个相关的火灾探测器或触发手动报警按钮后,核对启动火灾应急广播的区域,检查音响效果;公共广播扩音机处于关闭和播放状态下,自动和手动强制切换火灾应急广播。

3.系统设备维护保养

①火灾应急照明和疏散指示系统应保持连续正常运行,不得随意中断。

②检查应急照明集中电源和应急照明控制的功能,并认真填写检查记录。

③检查和试验消防应急照明与疏散指示系统的下列功能:

a.检查消防应急灯具,应急照明集中电源和应急照明控制的指示状态。

b.检查应急工作时间。

c.检查转入应急工作状态的控制功能。

④火灾应急照明和疏散指示系统应定期进行自放电,更换应急放电时间小于30 min的产品或更换其电池。

⑤应定期检查消防应急指示灯的表面亮度,更换表面亮度小于15 cd/㎡的产品。

三、应急疏散系统常见故障分析

消防应急灯及疏散标志结构较为简单,价格相对便宜。出现故障时,基本是更换新的设备,基本不以维修为主。

1.消防应急灯常见的简单故障

①黄色故障指示灯以3 Hz的频率闪烁,并且发送报警声音,以每分钟响一次,每次报警持续时间2~3 s。原因:电池未装好(电池的连接线接触不良),电池短路或电池失效。处理办

法:断开市电,检查电池,排除故障后可以切断报警的声音。

②消防应急灯面板的故障指示灯以 1 Hz 的频率闪烁。原因:直流保险管开路。处理办法:检查保险管。

③故障指示灯以 1 Hz 的频率闪烁,报警声音同时发生。原因:应急灯具的光源短路或光源开路。处理办法:检查应急灯光电源接通情况。

④报警响起,故障指示灯常亮。原因:当应急灯具的年自检应急时间小于 30 min 时,产生此故障。处理办法:检查调整自检应急时间。

2.消防广播常见的简单故障

①广播无声。原因:一般为扩音机无输出。处理办法:检查扩音机本身。

②个别部位广播无声。原因:扬声器有损坏或连线有松动。处理办法:检查扬声器及接线。

③不能强制切换到事故广播。原因:一般为切换模块的继电器不动作引起。处理办法:检查继电器线圈及触点。

④无法实现分层广播。原因:分层广播切换装置故障。处理办法:检查切换装置及接线。

⑤对讲电话不能正常通话。原因:对讲电话本身故障,对讲电话插孔接线松动或线路损坏。处理办法:检查对讲电话及插孔本身,检查线路。

 任务实施

一、任务提出
到学校物业服务中心实习,负责校园消防应急疏散系统的维护管理。

二、任务目标
1.能独立进行校园消防应急疏散系统的管理维护。
2.能处理简单的消防应急疏散系统故障。

三、实施步骤
1.教师进行分组教学,3~5 人一组。
2.分批跟随校园物业负责消防应急疏散系统管理维护的技术人员进行实习,边做边学。
3.填写消防应急疏散系统维护作业记录表,见表4-8。
4.处理 1~2 个简单消防应急疏散系统故障,记录到表4-9 中。

四、任务总结
1.任务实施过程中,要时刻遵守各项安全制度。教学采用分组形式,实施前要进行实训安全教育。
2.利用 2 课时,进行实习总结。每一组都要做实习分享。
3.任务结束后,学生要完成相应的实训报告书。

 思考与练习

1.简述消防应急疏散系统的组成。
2.上网进行资料检索,简述消防应急疏散系统安装标准。
3.系统测试时,教学楼应急照明灯不亮,简述故障原因及处理方法。
4.校园内的应急广播与校园广播系统是否为一套系统?如果发生火灾时,如何自动通知学生进行疏散?

表 4-8　消防应急疏散系统维护保养记录表

检查项目		检查要求	检查结果	备注
火灾应急照明系统	1. 火灾应急照明			
	①外观质量	外表完整无损		
	②短路保护及实验无锁按钮	具备但不应设其他开关		
	③应急转换功能	正常电源切电,应急转换时间≥5 s		
	④设置状态指示灯	应设等待(红)充电(绿)故障(黄)		
	⑤应急工作状态及充放电功能	≥30 min;放电终止电压≤额定电压85%,并有防过、充电保护		
	⑥应急照明照度	≥5 Lx 火灾时继续工作的房间提供正常照明		
	2. 安全疏散指示灯			
	①外观质量	外表完整无损		
	②疏散指示方向和图形	指向准确;图、文、尺寸规范		
	③应急转换功能	应急转换时间≥5 s,可连续转换 10 次		
	④疏散指示照度	≥1.0 Lx		
火灾应急广播系统	1. 火灾事故广播			
	①扬声器的设置	距本楼层内任意处≥25 m,确定功率≥3 W		
	②音响实验	播放范围内最远点声压级＞背景噪声15 dB		
	③强行切换功能	合用系统可在消控室将进行中的一般广播强行切换为火灾广播		
	④选层广播功能	消控室可选定楼层(区域)广播		
	2. 消防通信			
	①控制室与设备件的通话	功能正常,语音清楚		
	②电话插孔通信实验	手动报警按钮处插孔通话;功能正常,语音清楚		
	③与"119"台通话	消防控制室应设置向当地消防部门直接报警的外线电话		
	3. 讯响器			
	①牢固程度	牢固;平衡、不斜、不松动		
	②音响	＞背景噪声 15 dB		
	③报警功能	及时报警		

维护人：　　　　　　　　　　　　　　　　　　　　　　　　审核人：

表 4-9　消防应急疏散系统故障维修记录表

使用单位			
维修单位			
故障表现			
故障原因			
故障处理方法			
需要更换的设备或构配件报价			
使用单位签字（盖章）		年　　月　　日	
维修单位签字（盖章）		年　　月　　日	

项目五
供配电与照明系统的运行管理与维护

　　传统上将电力系统划分为发电、输电和配电三大系统。发电系统发出的电能经由输电系统的输送,最后由配电系统分配给各个用户。《供配电系统设计规范》(GB 50052—2009)将电力系统中从降压配电变电站(高压配电变电站)出口到用户端的这一段系统称为配电系统。配电系统是由多种配电设备(或元件)和配电设施所组成的变换电压和直接向终端用户分配电能的一个电力网络系统。

　　我国配电系统的电压等级,根据《城市电网规划设计导则》的规定,220 kV 及其以上电压为输电系统,35 kV,63 kV,110 kV 为高压配电系统,10 kV,6 kV 为中压配电系统,380 V,220 V为低压配电系统。由于配电系统作为电力系统的最后一个环节直接面向终端用户,它的完善与否直接关系着广大用户的用电可靠性和用电质量,因而在电力系统中具有重要的地位。

　　电气照明技术是一门综合性技术,它以光学、电学、建筑学等多方面的知识作为基础。电气照明设施主要包括照明电光源(例如灯泡、灯管)、照明灯具和照明线路 3 部分。《建筑电气照明设计标准》(GB 50034—2004)指出电气照明系统可按照明方式分为 3 种:一般照明、局部照明和混合照明。按其使用目的可分为 6 种:①正常照明。正常情况下的室内外照明,对电源控制无特殊要求。②事故照明。当正常照明因故障而中断时,能继续提供合适照度的照明。一般设置在容易发生事故的场所和主要通道的出入口。③值班照明。供正常工作时间以外的、值班人员使用的照明。④警卫照明。用于警卫地区和周界附近的照明,通常要求较高的照度和较远的照明距离。⑤障碍照明。装设在建筑物、构筑物上以及正在修筑和翻修和道路上,作为障碍标志的照明。⑥装饰照明。用于美化环境或增添某种气氛的照明,如节日的彩灯、舞厅的多色灯光等。

任务一　供配电系统的运行管理与维护

教学目标

　　终极目标:会进行日常管理及维护维修供配电系统。

210

促成目标:1.能讲解供配电系统的组成。

2.会进行日常管理供配电系统。

3.会处理供配电系统的简单故障。

 工作任务

1.维护供配电系统(以校园为对象)。

2.进行简单故障的处理。

 相关知识

一、供配电系统组成

建筑供配电系统就是解决建筑物所需电能的供应和分配的系统,是电力系统的组成部分。随着现代化建筑的出现,建筑的供电不再是一台变压器供几幢建筑物,而是一幢建筑物往往用一台乃至十几台变压器供电。供电变压器容量也增加了。另外,在同一幢建筑物中常有一、二、三级负荷同时存在,这就增加了供电系统的复杂性。

《供配电系统设计规范》(GB 50052—2009)中指出供配电系统一般由电力变压器、配电装置、保护装置、操作机构、自动装置、测量仪表及附属设备构成。

小型民用建筑设施的供电:一般只需要设立一个简单的降压变电所,把电源进线 10 kV 经过降压变压器变为 380/220 V 低压,如图 5-1 所示。

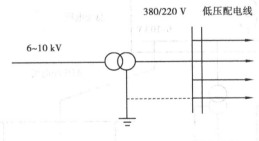

图 5-1　小型民用建筑的供配电系统

中型民用建筑设施的供电:一般电源进线为 10 kV,经高压配电所,再用几路高压配电线,将电能分别送到建筑物变电所,降为 380/220 V 低压,供给用电设备,如图 5-2 所示。

大型民用建筑设施的供电:电源进线一般为 110 kV 或 35 kV,需经过两次降压。首先将电压降为 10 kV,然后用高压配电线送到各建筑物变电所,再降为 380/220 V 电压,如图 5-3 所示。

二、供配电系统运行维护

1.供配电系统的设备巡检

(1)设备巡检频次

供配电的巡检频率由设备在供配电系统中的重要程度和运行情况(高峰期、低峰期)来划分,南方地区通常在每年的4—10月,北方地区通常在每年的6—8月、11月—次年3月,各类用电设施增多,为用电高峰期,巡检频率为1次/天。相应的每年的11月—次年3月和4—5月、9—10月、次年3月分别为南北方低峰期,巡检频率可以相对减少,每周覆盖一次即可。

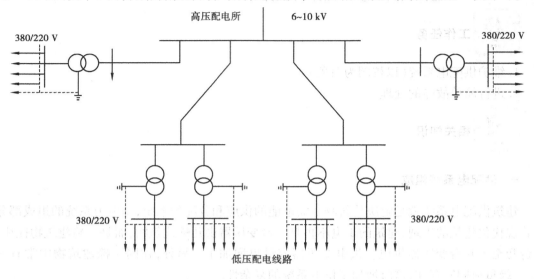

图5-2 中型民用建筑的供配电系统

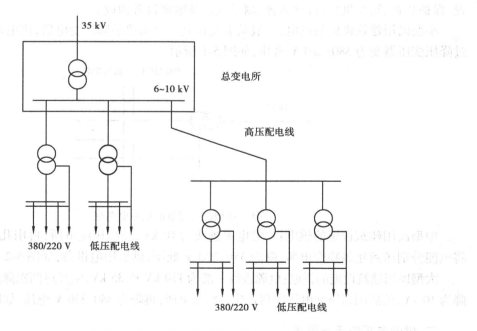

图5-3 大型民用建筑的供配电系统

(2)设备巡检工具及物品配备

工具包1个、电笔、裁纸刀1把、老虎钳1把、尖嘴钳1把、扳手1把、5 m卷尺1把、一字与十字螺丝刀各1把、万用表1台、红外温度测试仪、手电筒、鞋套、各类维护保养记录表等。

（3）设备维护巡检标准及方法。

巡检是指根据要求用检测仪表或人的感觉器官（看、听、嗅、摸）对设备的某些关键部位进行的有无异状的检查，如图5-4所示。

（4）供配电系统巡检内容。

①记录变压器的三相电流回路电流（额定范围内且三相不平衡电流不超过25%）、三相电压、三相温度读数，检查变压器母排颜色有无发热、发红、发糊现象，接线端子有无松动，同时听变压器声音是否正常，应发出持续均匀的"嗡嗡"声，没有机械振动声和放电声等异常声音，变压器的外壳接地是否良好（柜内的可不用检查此项，在半年度维护时检查），所有变压器外壳、垫片、瓷套、接头有无破损、变色和异味，电缆沟内有无积水、杂物；油浸式变压器要观察油是否呈亮黄色（老式），油位刻度，有无漏油和渗油现象，变压器室应无杂物、无积水，防小动物设施应完好无损。

②检查开关柜空气开关运行是否正常，指示灯是否正常，交流接触器等是否正常运行。

③检查电容柜自动投入电容是否正常，电容有无鼓包和漏液现象。

④检查接线排、电缆、接线端子接头有无松脱及烧坏情况。

⑤检查设备房电缆沟有无积水。

⑥操作直流柜、应急直流电源柜，应按设备使用说明书要求做好蓄电池的充放电维护工作，平时浮充电压一般为直流：23.5~25.5 V。

图5-4　供配电设备巡检

（5）备用发电机巡检内容。

①检查每条皮带的松紧度是否合适，如有损坏，需及时更换。

②检查散热器、软喉及连接器有无损坏，并进行清洁。检查散热器是否漏水，如果漏水则申请修补；如果不漏水则重新装回，散热器装回后要重新灌满清水并加入防锈剂。

③检查机油油质情况，如果机油混浊发黑，黏滑度不能满足要求则需更换机油。

④检查发电机控制屏，清除里面的灰尘，拧紧各接线头，对生锈或过热的接线头需进行处理并拧紧。

⑤检查发电机蓄电池接线柱有无锈蚀；测试蓄电池电压、容量。

⑥将发电机组互投柜调至"试验"位置，进行试运行。

⑦检查室内进风情况（有进风机的应能自启动，自然进风的应进风顺畅）。

⑧检查燃油液位及燃油输送泵、燃油泄漏情况。

⑨检查发电机电压、频率、转速、水温、油压、烟色。

注：发电机巡检时必须将启动按钮转换至停止或手动位置并断开隔离开关。

2. 供配电系统的维护保养

（1）供配电系统定期维护工作流程

①首先编制设备维护计划。②向物业管理部门发送设备维护函。如果不需要停电，确认物业部门收到函件后，直接进行供配电设备维护保养；如果需要停电作业，待物业部门发出停电通知（包括停电时间、完成时间、停电原因等）后，再进行设备维护保养工作。③设备维护保养工作完成后，要及时回复物业管理部门，告知其维护结果。④做好维护记录，并存档。

（2）供配电系统维护保养操作流程

①发送设备维护函件至物业管理处；由管理处发停电设备维护通知（写字楼设备维护一般放在周休日，纯住宅项目、商业混合型项目一般放在晚上 0:00 之后）。

②停电、验电、放电、装设接地线，悬挂标示牌，装设围栏等有关技术措施。

③执行维修保养内容。

④检查、检测、清理现场，勿遗留杂物、工具。

⑤拆除接地线，送电，观察运行 24 h。

⑥安全措施：停电、验电、装设接地线、悬挂标示牌，装设围栏。

（3）供配电系统设备维护周期

①月度维护：发电机组、设备控制柜箱。

②季度维护设备：设备控制柜箱。

③半年度维护设备：高压柜、电力变压器（干式、油浸式）、低压进线柜、馈线柜、电容器柜（补偿柜）、出线柜、发电机组。

④年度维护设备：设备控制柜箱、电缆桥架线、电力变压器、高压柜、强电井。

⑤变压器每 3 年作一次预防性试验，达到预防事故之目的。包括线圈的绝缘电阻试验工频交流耐压试验、线圈直流电阻测试、变压器油性试验（油浸式变压器）。

（4）高压环网柜维护

①检查高压柜接地是否牢靠。

②检查仪表、信号、指示灯等能否正常工作。

③检查各瓷瓶、套管是否清洁；有无破损及放电痕迹。

④检查电柜外观，应当完好、洁净整齐、编号清晰，如图 5-5 所示。

（5）电力变压器维护

①进入设备维护现场范围前必须有安全员对照工具清单清点专业维护工具。

②由持电工上岗证的操作技术人员按照作业指导书上的操作流程完成每步操作指令，没取得电工上岗证的人员一律不准进入现场。

③在实际操作前为了安全起见要先对维护的整个过程进行预演确保没有遗漏细节后再进行实际操作。

图 5-5　供配电设备维护

④先断开低压侧负荷并将变压器低压侧进线柜开关摇出至试验位后,断开高压侧断路器,合上接地开关,对变压器高压侧充分放电,然后锁住高压柜,同时在变压器的低压侧接上接地棒,并悬挂"有人工作,禁止合闸"标牌。

⑤检查外壳、垫片、瓷套有无破损、放电痕迹,电缆及母线有无变形现象,有破损的应进行更换。

⑥重新紧固引线端子、销子、接地的螺栓、进出母线螺栓。如有变形的螺栓应换新并紧固。

⑦用压缩空气(小于 0.2 MPa)吹去变压器筒壁及周围的灰尘,压缩空气应无水分,可先吹一张白纸验证后使用,然后用干净的干布擦去灰尘,检查通风系统是否良好。

⑧绝缘电阻的测量:断开所有的接地开关和变压器低压侧总电开关,并锁好高压开关柜,用 2 500 V 摇表测量变压器的绝缘电阻,即高压对低压、高压对低压和地、低压对高压和地,绝缘电阻值 $R \geq 200$ MΩ(30 ℃时)。

⑨变压器长期不用或使用时三相温度有差异(三相平衡情况下)和换接分接头后,都应使用电桥测高低压侧三相绕组直流电阻,其差值应在允许范围内(160 kVA 以上的变压器,相间电阻差别一般不大于三相平均值的 2%,线间电阻差别一般不大于三相平均值的 1%)。

⑩再次合上高压侧的接地开关,让变压器进行放电。

⑪断开所有接地开关,再次检查变压器现场低压侧的控制线,无误后,取下"有人工作,禁止合闸"标牌,合上高压断路器,让变压器先处于空载运行。

⑫合上变压器低压侧进线柜开关,整个配电系统投入运行。

⑬油浸式变压器定期维护步骤与干式变压器大致相同,不同处在于油浸式变压器要观察有无漏油和渗油现象,如有要及时采取措施。应根据实际情况确认,同时还应检查无载调压开关位置调定是否正确,高低压熔断器位置安装是否正确,熔丝是否符合规格。

(6)低压配电柜维护

①摇出抽屉式万能限流断路器,用吹风机对断路器进行清扫工作;用 500 V 绝缘摇表检查断路器的绝缘电阻,$R \geq 10$ MΩ。断路器检查完毕后,手动断、合闸应灵活可靠,当手动按"断开"按钮时能立即动作。

②取出各个抽屉柜,检查抽屉柜中的自动空气开关、接触器,紧固所有接线端子和弹簧垫片,检查主回路的铜鼻子是否接触牢固,清理灰尘部分。

③检修电容柜时,应先断开电容柜总开关,用 25 mm² 以上导线逐个把电容器进行对地放电后检查与紧固接触器、电抗器、电容器的接线螺丝,接地装置是否良好,同时检查电容器是否膨胀变形和变色,对电容柜进行除尘清洁,然后合闸进行调试。

④检修母线时,首先确认检修的母段无电源并检查无误后,断开市电与发电机互投柜中的切换总开关,然后对检修的母排用 25 mm² 以上导线短接并挂接地线,紧固母排螺栓,有松动的母排应拆下螺栓。

⑤检查母排间的绝缘子、间距、连接处有无异象,检查电流、电压、互感器的二次绕组的可靠性;拆除与母排连接的二次回路短接线和接地线,用 500 V 绝缘摇表测量相间、相对地的绝缘电阻($R \geqslant 10$ MΩ)。

(7)变压器、馈线柜保养注意事项

①拆除临时检修接地保护线,操作人员检查各自使用的工具是否全部带出变压器现场,接着由安全员负责第二次确认工具是否全部带出。如有遗失工具(物品)必须第三次检查变压器现场直至找到清单上全部物品,在物品未找到前禁止其他操作,确定无误后送电。

②维护时用接地电阻测试仪测试高压室、配电室、变压器接地网、电缆沟接地支架、低压配电柜(箱)的接地电阻 $R \leqslant 4Ω$。

③电流互感器在工作中二次侧不准开路;电压互感器在工作中二次侧不准短路。

(8)控制柜箱维护

①关掉控制柜电源,检查柜内的各类开关、接触器有无损坏。

②紧固所有接线端子。

③检查电压表、电流表、指示灯等工作是否正常,指示值是否在断电后的适宜位置。

④对有(即电子元件)控制板的,先对人体自身静电进行放电后,再对电路组件进行检查和清洁,检查元件有无损坏。

⑤检查柜内所有的电容器,有无鼓胀或流液现象,如有要及时更换。

⑥检查所有指示标志及线头标志是否清洁,柜表面油漆有无脱落,有问题要及时修补。

⑦对柜内外进行一次全面清洁检查,不准有遗留物。

⑧接通控制电源,注意有无异常响声及异味,检查各指示部件的工作状态应正常,对有弱电控制板的要用万用表检查板上输入电压是否正常。

⑨控制柜内应备有控制原理图、接线图。

⑩每年必须用 500 V 绝缘摇表测试线路的绝缘电阻($R \geqslant 10$ MΩ)。

(9)补偿柜维护

①功率因数控制器功能完好。补偿接触器、放电电阻、熔断器动作灵敏可靠无损坏。

②补偿控制手动、自动切换有效。

③补偿电容壳体无膨胀,相间绝缘电阻大于 0.5 MΩ。

④功率因数大于 0.9。

（10）电缆桥架线、强电井

①检查电缆电线的走线,是否固定牢固,有无老化变形、变色现象。

②检查电缆电线的规格、去向标志是否清晰。

③用测温仪测量电缆温度及周围温度,确定电缆有无过热现象(电缆温度应不超过70 ℃)。

④检查终端头的绝缘套管有无破损及放电现象。

⑤引线与接线端子的接触是否良好,有无发热现象,铜、铝接头有无腐蚀现象。

⑥接地线是否良好,有无松动、断股现象;电缆中间接头有无变形,温度是否正常。

⑦清扫终端头及瓷套管,检查盒体及瓷套管有无裂纹,瓷套管表面有无放电痕迹。

⑧检查电井门锁是否完好,小动物防护措施是否完善,电缆过墙处是否封堵(挡鼠板高度一般为 400 mm 左右)。

三、供配电系统常见故障分析

①一路停电后切换失败或发电失败。故障原因及处理办法:系统无双回路,或双回路设计不合理;双回路或自发电切换操作失误;发电机损坏。重新设计、维修双回路,维修备用发电机。

②三相电供电时缺相。故障原因及处理办法:单根电线断线未落地;熔丝一相烧断;跳线一相接头不良或烧断。重新接电线,或更换保险丝。

③电缆线路击穿。故障原因及处理办法:电压过高;超负荷运行;电缆头漏油;外力损伤;事故(如接地或短路)伤害;保护层失效;电缆头制作质量问题。需更换电缆线。

④运行过程中突然跳闸。故障原因及处理办法:线路过负荷,过流继电器动作;母线短路造成速断保护跳闸;变压器内部短路造成速断保护跳闸;线路短路造成速断保护跳闸;瓦斯保护动作跳闸;温度保护动作跳闸。

⑤断路器不能合闸。故障原因:保护继电器动作;限位开关位置不正确;辅助开关位置不正确;合闸控制回路开关损坏;合闸控制回路断线;合闸线圈烧毁;传动机构连杆变形;传动机构紧固件松动;限位点偏移。如图 5-6 所示为维修现场。

⑥电力变压器声音异常。故障原因及处理办法:过负荷时,发出均匀但比平时大的嗡嗡声;负荷变化大时发出哇哇的声音;电网单相接地或产生谐振过电压时声音也会增大;内部夹件或压紧铁芯螺丝松动时,产生杂音,但电流表指示无异常;内部放点或外部放点,变压器响声中夹有噼啪的放电声。如果是外部放电,夜间或阴雨天可看到变压器套管附近蓝色的电晕或火花,说明瓷件有严重污秽或设备线夹接触不良;如果内部局部绝缘击穿,或分接开关接触不良引起大火,如图 5-7 所示,会发出很大且不均匀的响声,夹有爆裂声和咕噜声;某些零件松动,内部会发出不规则的异常叮当声;轻负荷和空负荷时,使某些离开叠层的硅钢片端部发生振荡,内部会发出一阵阵吟吟声;铁芯的穿心螺丝夹得不紧,铁芯松动会发出强烈而不均匀的噪声。

图 5-6　供配电设备故障维修

图 5-7　变压器故障

⑦电力变压器温度异常。故障原因:电源电压过高;过负荷;变压器内部故障(内部各接头接触不紧密;线圈匝间短路;铁芯短路或涡流不正常);冷却装置故障;温度指示装置误指示。

⑧电力变压器外表颜色、气味异常。故障原因:防爆管防爆膜破裂,引起水和潮气进入变压器内,导致绝缘油乳化;呼吸器硅胶变色,可能是吸潮过度,垫圈损坏,进入油室的水分太多等原因引起;瓷套管接线紧固部分松动,表面过热氧化,颜色变暗、失去光泽、镀层破坏;瓷套管污损产生电晕、闪络,会发出奇臭味;冷却风扇、油泵烧毁会发生烧焦气味;变压器漏磁的断磁能力不好及磁场分布不均,引起涡流,油箱局部过热,油漆变化或掉漆。

⑨电力变压器瓦斯保护动作。故障原因:因滤油、加油,冷却系统不严密致使空气进入变压器;温度下降和漏油致使油位缓慢降低;变压器内部故障,产生少量气体;变压器内部故障短路;保护装置二次回路故障;变压器内部匝间故障;二次回路问题引起误动作;变压器油面下降太快;外部发生穿越性故障。

⑩低压配电柜断路。故障原因:导体严重氧化、锈蚀断路;接头松动;触点压力不够。

⑪低压配电柜接触器异响。故障原因:接触器受潮,铁芯表面锈蚀或产生污垢;有杂物掉进接触器,阻碍机构正常动作;操作电源电压不正常。

⑫低压配电柜断路器不能合闸。故障原因:控制回路故障;储能机构未储能或储能电路出现故障;电气连锁故障;合闸线圈坏。

⑬发电机不能启动。故障原因及处理办法:蓄电池故障,检查充电器、蓄电池及连接线路;机房温度过低,关闭通风口;燃油管道阀门未打开或有空气,检查燃油管道;启动程序不当,按指示程序启动;风冷水箱冷却水不够,加水到适当位置;停车紧急开关未复位,复位停车紧急开关;启动电动机的电极电缆线接线不牢,紧固接线。

 任务实施

一、任务提出
到学校物业服务中心实习,负责校园供配电系统的维护管理。

二、任务目标
1. 能独立进行校园供配电系统的管理维护。
2. 能处理简单的供配电系统故障。

三、实施步骤
1. 教师进行分组教学,3~5人一组。
2. 分批跟随校园物业负责供配电系统管理维护的技术人员进行实习,边做边学。
3. 填写供配电系统维护作业记录表,见表5-1。
4. 处理1~2个简单供配电系统故障,记录到表5-2中。

四、任务总结
1. 任务实施过程中,要时刻遵守各项安全制度。教学采用分组形式,实施前要进行实训安全教育。
2. 利用2课时,进行实习总结。每一组都要做实习分享。
3. 任务结束后,学生要完成相应的实训报告书。

 思考与练习

1. 简述供配电系统的组成。
2. 学校教学楼突然停电,你觉得可能造成停电的原因有哪些?
3. 什么是电工上岗证? 为什么要持证上岗。
4. 学校配电房安装有备用发电机,备用发电机是否需要维护? 如何维护?
5. 街道上一台电力变压器突然起火,简述引起此故障的可能原因。

表 5-1 供配电系统维护保养记录表

低压配电柜检测保养表

序号	检查保养项目	保养内容	保养周期	保养日期	保养人
1	配电屏	清洁	月		
2	电器仪表	外表清洁、显示正常、固定可靠	月		
3	继电器、交流接触器、短路器	外表清洁、触点完好、无过热现象、无噪声	月		
4	控制回路	压接良好、标号清晰、绝缘无变色老化	月		
5	指示灯、按钮转换开关	外表清洁、标志清晰、牢固可靠、转动灵活	月		
6	补偿电容	电容接触器良好、电容补偿三相平衡、电容器无发热膨胀、接头不发热变色	月		
7	母线排	压接良好、标号清晰、绝缘良好	月		
8	配电屏对地测试	接地良好	月		

高压配电柜检测保养表

序号	检查保养项目	保养内容	保养周期	保养日期	保养人
1	操作机构	灵活	半年		
2	隔离开关	触头正常、开合正常	半年		
3	母线排	压接良好,色标清晰,绝缘良好	半年		
4	配电屏对地测试	接地良好	半年		

变压器的检查保养表

序号	检查保养项目	保养内容	保养周期	保养日期	保养人
1	外观	扫尘、色标清晰,整体完好无损	年		
2	绝缘电阻值	高压侧对低压侧,高压侧对地,低压侧对地,绝缘良好	年		
3	零地接线端子	压接良好,牢固可靠	年		
4	母线排	压接良好,牢固可靠	年		
5	绝缘子	抹尘,整体完好无损	年		

电房附属设施的检查保养表

序号	检查保养项目	保养内容	保养周期	保养日期	保养人
1	门窗及防小动物设施	门窗开启灵活,无 > 10 mm 缝隙,通风网无 > 10 mm 小孔、无严重锈蚀	月		
2	通风照明设施	无故障、保证通风照明	月		
3	绝缘工具	正常有效	月		
4	灭火器	正常有效	月		

维护人:　　　　　　　　　　　　　　　　　　审核人:

表 5-2　供配电系统故障维修记录表

使用单位	
维修单位	
故障表现	
故障原因	
故障处理方法	
需要更换的设备或构配件报价	
使用单位签字（盖章）	年　　月　　日
维修单位签字（盖章）	年　　月　　日

任务二　照明系统的运行管理与维护

教学目标

终极目标：会进行日常管理及维护维修照明系统。

促成目标：1. 能讲解照明系统的组成。

2. 会进行日常管理照明系统。

3. 会维修照明系统的简单故障。

工作任务

1. 维护照明系统（以校园教学楼为对象）。

2. 进行简单故障的维修。

相关知识

一、照明系统组成

照明线路一般由馈电线、总照明配电箱、干线、照明分配电箱、支线和用电设备（灯具、插座）组成。照明系统一般采用交流 220 V，对于一些特殊场所，应根据情况选用适当的供电电压：①地沟、隧道或安装高度低于地面 2.4 m 且有触电危险的房间，采用 36 V 或 12 V。②检修照明也采用 36 V 或 12 V。③由蓄电池供电时，可根据不同情况分别选用 220 V，36 V，24 V 或 12 V。④由仪用电压互感器供电时，可采用 100 V。

《建筑电气照明设计标准》（GB 50034—2004）中按照照明方式分，可分为一般照明、局部照明、混合照明 3 种：①一般照明是在整个场所或场所的某部分照度基本上均匀的照明。对于工作位置密集而对光照方向又无特殊要求，或工艺上不适宜装设局部照明装置的场所，宜使用一般照明。②局部照明是局限于工作部位的固定的或移动的照明。对于局部地点需要高照度并对照射方向有要求时，宜采用局部照明。③混合照明是一般照明与局部照明共同组成的照明。对于工作位置需要较高照度并对照射方向有特殊要求的场所，宜采用混合照明。

按照照明用途分，可分为工作照明和事故照明：①工作照明是指用来保证在照明场所正常工作时所需的照度适合视力条件的照明，如房间照明灯。②事故照明是指当工作照明由于电气事故而熄灭后，为了继续工作或从房间内疏散人员而设置的照明，如消防应急灯。

照明常用灯泡包含：①白炽灯泡：由灯、灯丝和玻璃壳等组成，6～36 V 的安全照明灯泡，作局部照明用，220～330 V 的普通白炽灯泡，作一般照明用。②荧光灯（日光灯）：由灯管、镇流器、启辉器等组成，发光效率较高，约为白炽灯的 4 倍，具有光色好、寿命长、发光柔和等优点。③高压汞灯：使用寿命是白炽灯的 2.5～5 倍，发光效率是白炽灯的 3 倍，耐震、耐热性能好，线路简单，安装方便；缺点是造价高，启辉时间长，对电压波动适应能力差。④高压钠灯：是利用高压钠蒸气放电,其辐射光的波长集中在人眼感受较灵敏的范围内,紫外线辐射少,光效高,寿命长,透雾性好,必须配用镇流器,否则会使灯泡立即损坏。⑤碘钨灯:构造简单,使用可靠,光色好,体积小,发光效率比白炽灯高 30% 左右,功率大,安装维修方便,灯管温度高达 500~700 ℃,安装必须水平,倾角不得大于 4°,造价较高。

随着科技的发展,越来越多的智能化产品进入到人们的生活,智能家居正逐渐取代传统家居,成为一种行业发展潮流。智能照明系统作为智能家居系统的一个重要子系统,具有高效节能、管理简单、控制多样、成本较低和容易进入市场的优势。

智能照明系统能控制不同生活区域不同场合的各种照明效果,轻松解决家居节能问题,提高生活品质,如图 5-8 所示。生活中常常遇到这样的问题,在客厅中看电视或读书时,并不需要太强烈的照明光线,此时不得不关掉客厅大灯,开启光线相对较暗用于满足看电视或读书需要的其他灯具。为了满足不同场合的照明要求,需要安装多种灯具,这给灯具控制带来极大的不方便,智能照明系统能轻松解决这个问题。只要按下手中的遥控器就能换转场景灯光照明。

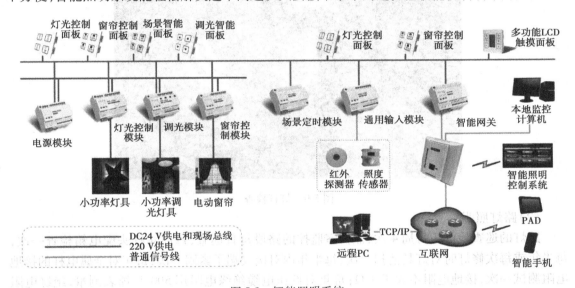

图 5-8　智能照明系统

二、照明系统运行维护

照明系统维护对象主要包括高杆灯照明、路灯照明、室内照明等。维护保养前,技术人员要整理和保管维护所需的图纸、设备说明书等基础资料,建立健全电气设备档案及台账登记卡,对照明电气部分进行日常巡检、定期维护和试验、有效处理各类故障,降低系统运行的总成本,保证设备的稳定和安全运行。以下为某物业公司工程部维护保养作业指导书。

1. 日常维护

①每日进行 1 次巡检,记录设备完好情况及运行状态,如实填写设备巡查记录表,注意运行状态的变化,对于新发现的情况及时更新。

②建立工作日志制度,与设备相关的维护工作在日志中详细记录维护情况。

③建立交接班制度并严格执行。

2. 定期维护和试验

（1）高杆灯照明

高杆灯的巡查检修为每周 4 次，监控室监控的路段每日巡查，每周对杆头配电箱检查一次，检查箱体、箱门有无受损，检查箱内各开关接头及电器是否良好，各电缆连接是否良好。对每座有 40% 不亮的灯泡要进行更换处理，每 6 个月检查内部减速机构、电缆、插头、钢丝绳等设备是否良好，消除杂物，对升降机构进行升降操作和保养，清洁机构积污，加润滑油，保持加速机构和传动机构灵活及牵引钢丝绳在良好状态。更换不亮灯泡，清扫灯罩；每年对灯杆和地脚螺丝的金属防腐蚀情况作二次评估，对有锈蚀的地方，根据锈蚀情况，进行有效的防锈处理，对接地电阻进行一次测试，接地电阻应不大于 4 Ω，确保高杆灯的可靠强度和安全进行，如图 5-9 所示。

图 5-9　灯杆检查

（2）路灯照明

路灯的巡查检修为每周 4 次，监控室监控的路段每日巡查，每周对杆头配电箱检查一次，每半年或每次修灯时对灯具清扫一次，每半年内对接线端子紧固一次；每年对金属电杆的接地电阻测试一次，接地电阻不大于 4 Ω；每年对低压电缆绝缘电阻用 500 V 摇表测量，绝缘电阻值必须在 0.5 MΩ 以上。每年对时间控制器、光控制器进行校验一次。路灯维修如图 5-10 所示。

图 5-10　路灯检查

（3）室内照明

每周进行一次照明配电箱的清洁工作,每年对低压电缆绝缘电阻用500 V摇表测量,绝缘电阻值必须在0.5 MΩ以上,漏电开关每月一次检查试验,每半年进行一次双回路自控电源控制回路动作可靠切换检查,每月进行一次熔断器检查,要求接触可靠,每年进行一次照明控制器检修,如图5-11所示。每月进行一次接线螺丝的检查,保证接线螺丝固定可靠、无松动和锈蚀现象。生产装置区域照明装置每周检查一次,应急照明自带电池的每月检查操作一次,每年试运行两次,每次1 h,蓄电池每年彻底放电一次。

图5-11 室内照明检查

3. 不定期维护

①只要出现照明灯具不亮,不管发生在什么时间,及时处理并组织抢修,尽快恢复正常。

②固定或重大节日、遇有异常自然条件(洪涝、台风、暴雨和强烈地震等)、人为破坏进行特殊巡查检修。

③高杆灯或路灯灯杆如有外漆脱落或生锈,视情况看需要更换灯杆或重新刷漆。

④每年雷雨季节前对防汛设施进行一次全面检查。内容包括排水是否畅通,防汛设施是否齐全、地基有无下陷、房屋有无渗水、屋顶及地面排水孔是否通畅,发现问题及时处理。

⑤成立24 h应急小组,设备发生故障时,急修服务于30 min内赶到现场,对于故障设备,在恢复设备运行之前,应急小组人员未经允许不得擅自离场,确保所维护设备的安全、平稳、长期运行。

三、照明系统常见故障分析

1. 照明线路常见故障

（1）断路

相线、零线均可能出现断路。断路故障发生后,负载将不能正常工作。三相四线制供电线路负载不平衡时,如零线断线会造成三相电压不平衡,负载大的一相相电压低,负载小的一相相电压增高,如果负载是白炽灯,则会出现一相灯光暗淡,而接在另一相上的灯又变得很亮,同时零线断路负载侧将出现对地电压。

产生断路的原因:主要是熔丝熔断、线头松脱、断线、开关没有接通、铝线接头腐蚀等。

断路故障的检查:如果一个灯泡不亮而其他灯泡都亮,应首先检查是否灯丝烧断;若灯丝未断,则应检查开关和灯头是否接触不良、有无断线等。为了尽快查出故障点,可用验电器测灯座(灯头)的两极是否有电,若两极都不亮说明相线断路;若两极都亮(带灯泡测试),说明中性线(零线)断路;若一极亮一极不亮,说明灯丝未接通。对于日光灯来说,应对启辉器进行检查。如果几盏电灯都不亮,应首先检查总保险是否熔断或总闸是否接通,也可按上述方法及验电器判断故障。

(2)短路

短路故障表现为熔断器熔丝爆断;短路点处有明显烧痕、绝缘碳化,严重的会使导线绝缘层烧焦甚至引起火灾。

造成短路的原因:①用电器具接线不好,以致接头碰在一起。②灯座或开关进水,螺口灯头内部松动或灯座顶芯歪斜碰及螺口,造成内部短路。③导线绝缘层损坏或老化,并在零线和相线的绝缘处碰线。

当发现短路打火或熔丝熔断时应先查出发生短路的原因,找出短路故障点,处理后更换保险丝,恢复送电。

(3)漏电

漏电不但造成电力浪费,还可能造成人员触电伤亡。

产生漏电的原因:主要有相线绝缘损坏而接地、用电设备内部绝缘损坏使外壳带电等。

漏电故障的检查:漏电保护装置一般采用漏电保护器。当漏电电流超过整定电流值时,漏电保护器动作切断电路。若发现漏电保护器动作,则应查出漏电接地点并进行绝缘处理后再通电。照明线路的接地点多发生在穿墙部位和靠近墙壁或天花板等部位。查找接地点时,应注意查找这些部位。

①判断是否漏电:在被检查建筑物的总开关上接一只电流表,接通全部电灯开关,取下所有灯泡,进行仔细观察。若电流表指针摇动,则说明漏电。指针偏转的多少,取决于电流表的灵敏度和漏电电流的大小。若偏转多则说明漏电大,确定漏电后可按下一步继续进行检查。

②判断漏电类型:是火线与零线间的漏电,还是相线与大地间的漏电,或者是两者兼而有之。以接入电流表检查为例,切断零线,观察电流的变化:电流表指示不变,是相线与大地之间漏电;电流表指示为零,是相线与零线之间的漏电;电流表指示变小但不为零,则表明相线与零线、相线与大地之间均有漏电。

③确定漏电范围:取下分路熔断器或拉下开关刀闸,电流表若不变化,则表明是总线漏电;电流表指示为零,则表明是分路漏电;电流表指示变小但不为零,则表明总线与分路均有漏电。

④找出漏电点:按前面介绍的方法确定漏电的分路或线段后,依次拉断该线路灯具的开关,当拉断某一开关时,电流表指针回零或变小,若回零则是这一分支线漏电,若变小则除该分支漏电外还有其他漏电处;若所有灯具开关都拉断后,电流表指针仍不变,则说明是该段干线漏电。

2.照明设备常见故障

①开关常见故障及排除方法见表5-3。

表 5-3   开关常见故障及排除方法

故障现象	产生原因	排除方法
开关操作后电路不通	接线螺丝松脱,导线与开关导体不能接触	打开开关,紧固接线螺丝
	内部有杂物,使开关触片不能接触	打开开关,清除杂物
	机械卡死,拨不动	给机械部位加润滑油,机械部分损坏严重时,应更换开关
接触不良	压线螺丝松脱	打开开关盖,压紧界限螺丝
	开关触头上有污物	断电后,清除污物
	拉线开关触头磨损、打滑或烧毛	断电后修理或更换开关
开关烧坏	负载短路	处理短路点,恢复供电
	长期过载	减轻负载或更换容量大一级的开关
漏电	开关防护盖损坏或开关内部接线头外露	重新配全开关盖,并接好开关的电源连接线
	受潮或受雨淋	断电后进行烘干处理,并加装防雨措施

②插座常见故障及排除方法见表 5-4。

表 5-4   插座常见故障及排除方法

故障现象	产生原因	排除方法
插头插上后不通电或接触不良	插头压线螺丝松动,连接导线与插头片接触不良	打开插头,重新压接导线与插头的连接螺丝
	插头根部电源线在绝缘皮内部折断,造成时通时断	剪断插头端部一段导线,重新连接
	插座口过松或插座触片位置偏移,使插头接触不良	断电后,将插座触片收拢一些,使其与插头接触良好
	插座引线与插座压线导线螺丝松开,引起接触不良	重新连接插座电源线,并旋紧螺丝
插座烧坏	插座长期过载	减轻负载或更换容量大的插座
	插座连接线处接触不良	紧固螺丝,使导线与触片连接好并清除生锈物

续表

故障现象	产生原因	排除方法
插座短路	插座局部漏电引起短路	更换插座
	导线接头有毛刺,在插座内松脱引起短路	重新连接导线与插座,在接线时要注意将接线毛刺清除
	插座的两插口相距过近,插头插入后碰连引起短路	断电后,打开插座修理
	插头内部接线螺丝脱落引起短路	重新把紧固螺丝旋进螺母位置,固定紧
	插头负载端短路,插头插入后引起弧光短路	消除负载短路故障后,断电更换同型号的插座

③日光灯的常见故障及排除方法见表5-5。

表5-5 日光灯常见故障及排除方法

故障现象	产生原因	排除方法
日光灯不能发光	停电或保险丝烧断导致无电源	找出断电原因,检修好故障后恢复送电
	灯管漏气或灯丝断	用万用表检查或观察荧光粉是否变色,如确认灯管坏,可换新灯管
	电源电压过低	不必修理
	新装日光灯接线错误	检查线路,重新接线
	电子镇流器整流桥开路	更换整流桥
日光灯灯光抖动或两端发红	接线错误或灯座灯脚松动	检查线路或修理灯座
	电子镇流器谐振电容器容量不足或开路	更换谐振电容器
	灯管老化,灯丝上的电子发射将尽,放电作用降低	更换灯管
	电源电压过低或线路电压降过大	升高电压或加粗导线
	气温过低	用热毛巾对灯管加热
灯光闪烁或管内有螺旋滚动光带	电子镇流器的大功率晶体管开焊接触不良或整流桥接触不良	重新焊接
	新灯管暂时现象	使用一段时间,会自行消失
	灯管质量差	更换灯管

续表

故障现象	产生原因	排除方法
灯管两端发黑	灯管老化	更换灯管
	电源电压过高	调整电源电压至额定电压
	灯管内水银凝结	灯管工作后即能蒸发或将灯管旋转180°
灯管光度降低或色彩转差	灯管老化	更换灯管
	灯管上积垢太多	清除灯管积垢
	气温过低或灯管处于冷风直吹位置	采取遮风措施
	电源电压过低或线路电压降得太大	调整电压或加粗导线
灯管寿命短或发光后立即熄灭	开关次数过多	减少不必要的开关次数
	新装灯管接线错误将灯管烧坏	检修线路,改正接线
	电源电压过高	调整电源电压
	受剧烈震动,使灯丝震断	调整安装位置或更换灯管
断电后灯管仍发微光	荧光粉余辉特性	过一会儿将自行消失
	开关接到了零线上	将开关改接到相线上
灯管不亮,灯丝发红	高频振荡电路不正常	检查高频振荡电路,重点检查谐振电容器

④白炽灯常见故障及排除方法见表5-6。

表5-6 白炽灯常见故障及排除方法

故障现象	产生原因	排除方法
灯泡不亮	灯泡钨丝烧断	更换灯泡
	灯座或开关触点接触不良	把接触不良的触点修复,无法修复时,应更换完好的触点
	停电或电路开路	修复线路
	电源熔断器熔丝烧断	检查熔丝烧断的原因并更换新熔丝
灯泡强烈发光后瞬时烧毁	灯丝局部短路(俗称搭丝)	更换灯泡
	灯泡额定电压低于电源电压	换用额定电压与电源电压一致的灯泡

续表

故障现象	产生原因	排除方法
灯光忽亮忽暗，或忽亮忽熄	灯座或开关触点（或接线）松动，或因表面存在氧化层（铝质导线、触点易出现）	修复松动的触头或接线，去除氧化层后重新接线，或去除触点的氧化层
	电源电压波动（通常附近有大容量负载经常启动引起）	更换配电所变压器，增加容量
	熔断器熔丝接头接触不良	重新安装，或加固压紧螺钉
	导线连接处松散	重新连接导线
开关合上后熔断器熔丝烧断	灯座或挂线盒连接处两线头短路	重新接线头
	螺口灯座内中心铜片与螺旋铜圈相碰、短路	检查灯座并扳准中心铜片
	熔丝太细	正确选配熔丝规格
	线路短路	修复线路
	用电器发生短路	检查用电器并修复
灯光暗淡	灯泡内钨丝挥发后积聚在玻璃壳内表面，透光度降低，同时由于钨丝挥发后变细，电阻增大，电流减小，光通量减小	正常现象
	灯座、开关或导线对地严重漏电	更换完好的灯座、开关或导线
	灯座、开关接触不良，或导线连接处接触电阻增加	修复接触不良的触点，重新连接接头
	线路导线太长太细，线路压降太大	缩短线路长度，或更换较大截面的导线
	电源电压过低	调整电源电压

⑤漏电断路器的常见故障分析及产生原因见表5-7。漏电保护器的常见故障有拒动作和误动作。拒动作是指线路或设备已发生预期的触电或漏电时漏电保护装置拒绝动作；误动作是指线路或设备未发生触电或漏电时漏电保护装置的动作。

表 5-7　漏电保护器常见故障及产生原因

故障现象	产生原因
拒动作	漏电动作电流选择不当。选用的保护器动作电流过大或整定值过大,而实际产生的漏电值没有达到规定值,使保护器拒动作
	接线错误。在漏电保护器后,如果把保护线(即 PE 线)与中性线(N 线)接在一起,发生漏电时,漏电保护器将拒动作
	产品质量低劣,零序电流互感器二次电路断路、脱扣元件故障
	线路绝缘阻抗降低,线路由于部分电击电流不沿配电网工作接地,或不沿漏电保护器前方的绝缘阻抗而沿漏电保护器后方的绝缘阻抗流经保护器返回电源
误动作	接线错误,误把保护线(PE 线)与中性线(N 线)接反
	在照明和动力合用的三相四线制电路中,错误地选用三极漏电保护器,负载的中性线直接接在漏电保护器的电源侧
	漏电保护器后方有中性线与其他回路的中性线连接或接地,或后方有相线与其他回路的同相相线连接,接通负载时会造成漏电保护器误动作
	漏电保护器附近有大功率电器,当其开合时产生电磁干扰,或附近装有磁性元件或较大的导磁体,在互感器铁芯中产生附加磁通量而导致误动作
	当同一回路的各相不同步合闸时,先合闸的一相可能产生足够大的泄漏电流
	漏电保护器质量低劣,元件质量不高或装配质量不好,降低了漏电保护器的可靠性和稳定性,导致误动作
	环境温度、相对湿度、机械振动等超过漏电保护器设计条件

⑥熔断器的常见故障及排除方法见表 5-8。

表 5-8　熔断器常见故障及排除方法

故障现象	产生原因	排除方法
通电瞬间熔体熔断	熔体安装时受机械损伤严重	更换熔丝
	负载侧短路或接地	排除负载故障
	熔丝电流等级选择太小	更换熔丝
熔丝未断但电路不通	熔丝两端或两端导线接触不良	重新连接
	熔断器的端帽未拧紧	拧紧端帽

⑦单相电能表的常见故障及排除方法见表 5-9。

表 5-9 单相电能表常见故障及排除方法

故障现象	产生原因	排除方法
电能表不转或反转	电能表的电压线圈端子的小连接片未接通电源	打开电能表接线盒,查看电压线圈的小钩子是否与进线火线连接,未连接时要重新接好
	电能表安装倾斜	重新校正电能表的安装位置
	电能表的进出线相互接错引起倒转	电能表应按接线盒背面的线路图正确接线

任务实施

一、任务提出

到学校物业服务中心实习,负责校园照明系统的维护管理。

二、任务目标

1. 能独立进行校园照明系统的管理维护。

2. 能维修简单的照明系统故障。

三、实施步骤

1. 教师进行分组教学,3~5 人一组。

2. 分批跟随校园物业负责照明系统管理维护的技术人员进行实习,边做边学。

3. 填写照明系统维护作业记录表,见表 5-10。

4. 维修 1~2 个简单照明系统故障,记录到表 5-11 中。

四、任务总结

1. 任务实施过程中,要时刻遵守各项安全制度。教学采用分组形式,实施前要进行实训安全教育。

2. 利用 2 课时,进行实习总结。每一组都要做实习分享。

3. 任务结束后,学生要完成相应的实训报告书。

思考与练习

1. 简述家庭室内照明系统的组成。

2. 上网进行资料检索,简述不同工作场合室内照明的照度要求。

3. 校园内,一盏路灯忽明忽暗,简述引起故障的原因及处理办法。

4. 家中漏电开关总是跳闸,简述引起故障的原因及处理办法。

5. 家中采用白炽灯照明,但是灯泡总是断丝烧掉,简述引起故障的原因及处理办法。

6. 根据照明系统维护保养方法,设计完成校园照明系统维护保养记录表(表 5-10)。

表 5-10　照明系统维护保养记录表

序号	检查保养项目	保养内容	保养周期	保养日期	保养人
1			周		
2			周		
3			周		
4			周		
5			周		
6			周		
7			周		
8			周		
9			月		
10			月		
11			月		
12			月		
13			月		
14			月		
15			月		
16			月		
17			年		
18			年		
19			年		
20			年		
21			年		
22			年		
23			年		
24			年		
25			年		

维护人：　　　　　　　　　　　　　　　　　　　　　　　　审核人：

表 5-11　照明系统故障维修记录表

使用单位		
维修单位		
故障表现		
故障原因		
故障处理方法		
需要更换的设备或构配件报价		
使用单位签字（盖章）		年　　月　　日
维修单位签字（盖章）		年　　月　　日

任务三　防雷接地系统的运行管理与维护

教学目标

终极目标:会进行日常管理及维护维修防雷接地系统。
促成目标:1.能讲解防雷接地系统的组成。
　　　　　2.会进行日常管理防雷接地系统。
　　　　　3.会维修防雷接地系统的简单故障。

工作任务

1.维护防雷接地系统(以校园为对象)。
2.进行简单故障的维修。

相关知识

一、防雷接地系统组成

雷电具有极大的破坏性,其电压可达数百万至数千万伏特,电流可达几十万安培。雷击会炸毁建筑物或引起火灾,造成人畜伤亡,也会造成电力系统停电等事故。因此,易受雷击的建筑物必须备有防雷装置。

《建筑物防雷设计规范》(GB 50057—2010)中指出建筑物的防雷装置包括接闪装置、引下线和接地装置3个部分。其防雷的原理是通过金属制成的接闪装置将雷电吸引到自身,并安全导入大地,从而使附近的建筑物免受雷击。防雷装置的3个部分要连接可靠,如图5-12所示。

接闪装置装在建筑物的最高处,必须露在建筑物外面,可以是避雷针、避雷线、避雷带或避雷网,也有将几种形式结合起来使用的。引下线一般采用镀锌钢绞线,将接闪装置和接地装置连接成一体,要注意其截面大小,连接可靠并以最短途径接地。引下线分布要合理对称,不应紧靠门、窗。钢筋混凝土建筑物的钢筋和钢柱等也可当作引下线使用。接地装置是使电流通过接地电极向大地泄放,一般采用镀锌的圆钢、角钢、扁钢等连接成水平接地环、接地带或垂直接地体,埋于一定深度的湿土中。现代建筑物的钢筋混凝土基础也可以作为接地装置。

一级防雷建筑物的保护措施:

①防直击雷的接闪器应采用在屋角、屋脊、女儿墙或屋檐上装设避雷带,并在屋面上装设不大于 10 m × 10 m 的网格。

②为了防止雷电波的侵入,进入建筑物的各种线路及金属管道宜采用全线埋地引入,并在入户端将电缆的金属外皮、钢管及金属管道与接地装置连接。

③对于高层建筑,应采取防侧击雷和等电位措施。

二级防雷建筑物的保护措施:

①防直击雷宜采用在屋角、屋脊、女儿墙或屋脊上装设环状避雷带,并在屋面上装设不大于 15 m × 15 m 的网格。

②为了防止雷电波的侵入,对全长低压线路采用埋地电缆或在架空金属线槽内的电缆引入,在入户端将电缆金属外皮、金属线槽接地,并与防雷接地装置相连。

③其他防雷措施与一级防雷措施相同。

三级防雷建筑物的保护措施:

①防直击雷宜在建筑物屋角、屋檐、女儿墙或屋脊上装设避雷带或避雷针,当采用避雷带保护时,应在屋面上装设不大于 20 m × 20 m 的网格。对防直击雷装置引下线的要求,与一级防雷建筑物的保护措施对防直击雷装置引下线的要求相同。

②为了防止雷电波的侵入,应在进线端将电缆的金属外皮、钢管等与电气设备接地相连。若电缆转换为架空线,应在转换处装设避雷器。

图 5-12　建筑防雷系统组成

二、防雷接地系统运行维护

1. 运行维护

①防雷、接地装置各组成部分的零部件齐全完整,其质量符合电力装置设计规范及国家或部颁技术标准。零部件的安装和基础施工牢固可靠,接地(零)线涂色、标志清楚明显,符合电气装置安装规范。金属件防腐应符合本规程及国家或部颁有关防腐技术规范的规定。

②独立避雷针的保护范围应符合设计规定。避雷器、保护间隙和避雷器动作记录器等,在雷击过电压作用下动作灵敏可靠,通流容量、断流能力、灭弧电压、冲击电流、残压等性能符合要求,如图 5-13 所示。接地装置的接地电阻值符合要求,防雷装置的接地电阻值在雷季土壤干燥状况下应符合要求。工作正常,无设备、火灾、爆炸等隐患,对人身安全无威胁。独立避雷针及其引下线与其他金属物体的最小距离及独立避雷针接地装置与其他地下金属物体之间的最小距离,均符合电力装置设计规范。

③设计、安装、施工图纸和资料齐全准确。有安装、施工与验收记录和历次维护检修与改造更新的记录。有防雷、接地装置台账。

④防雷、接地装置及周围环境整齐、清洁。防雷、接地装置周围无腐蚀性物质及跑、冒、滴、漏现象。

⑤一般来说,每当雷雨后进行一次防雷装置检查,每季度进行一次接地装置检查。

图 5-13　防雷接地系统检查维护

2.巡回检查内容

(1)防雷装置检查

①检查避雷针(带、网)、保护间隙、避雷器安装是否牢固,有无严重变形、倾倒、断裂等现象。独立避雷针及其引下线与其他金属物体在空气中的最小距离是否符合规定(一般 5 m 以上)。

②检查连接线、引出线、断接卡等导电体的电气连接是否松脱、断线,是否有烧痕或熔断现象。

③检查腐蚀情况是否严重,凡截面面积因锈蚀而减少30%以上者应予更换。

④检查保护间隙是否烧坏,是否被异物短路。

⑤检查避雷器瓷套是否有破裂、严重积灰、放电和密封损坏现象。

(2)接地装置检查

①检查接地体、接地(零)线周围环境腐蚀是否严重,基建施工中是否损伤接地(零)线。

②检查自然接地体、人工接地体、自然接地线、人工接地线相互间的连接点,连接是否有严重锈蚀、松脱、断线等现象。

③检查独立避雷针接地装置与其他地下金属物体之间的最小距离是否符合设计规范（一般 3 m 以上）。

④检查临时接地线装置是否符合要求。

3. 定期检查

①防雷接地装置每年雷季前进行一次全面检查。

②避雷器、保护间隙每年雷季前进行一次安装检查。雷季后安排一次拆除检查。

③接地装置视接地电阻变化情况，对地下部分进行开挖检查。

④采用登杆检查、现场查看、望远镜观察、挖土查看、小锤敲击、测量、电气试验等方法进行定期检查。

⑤检查基础是否牢固，安装、敷设、支撑、固定是否可靠并符合电气安装规范。

⑥检查避雷器动作记录器是否动作，密封性是否完好。

⑦检查避雷器瓷套与铁法兰之间结合是否良好，密封橡胶是否老化，扇形铁片是否塞紧，排气小孔密封是否完好，密封用螺帽是否旋紧，金属件腐蚀情况。

⑧检查接地（零）线的导电截面积是否符合设计规范，短路故障时导电的连续性和热稳定性是否符合要求。

⑨检查接地（零）线的涂色和标志是否符合规定。

⑩检查测量接地装置的接地电阻是否符合要求，如图 5-14 所示。

图 5-14　接地电阻的测试

三、防雷接地系统常见故障分析

1. 防雷接地系统常见故障

防雷接地系统常见故障见表 5-12。

表 5-12　防雷接地系统故障现象及处理办法

故障类型	现象	处理办法
防雷装置一般故障	安装松弛,结构变形	紧固或更换
	连接线、引下线、接地(零)线截面积小	按设计要求更换
	连接线、引下线、接地(零)线的连接点、连接头松脱	按要求重焊接或机械连接,锈蚀截面达30%以上应更换或进行防腐处理
	连接线、引下线、接地(零)线损伤、碰断	重新进行焊接或机械连接或更换
	连接线、引下线、接地(零)线及各连接点、连接头有烧痕或熔断现象	查明原因,按要求进行焊接或机械连接或更换
保护间隙故障	间隙及绝缘被烧坏	更换
	间隙距离改变	按规范调整
	间隙被异物短路	清查异物
接地装置故障	接地电阻不合格	采用降阻剂,加补充接地装置

2. 检修内容

（1）小修

①紧固防雷、接地装置各组成部分。

②检查或局部更换连接线、引下线、断接卡、接地（零）线、连接点、连接头、分接头等零部件。

③测量接地电阻,开挖检查接地体的连接情况,采用降阻剂进行处理。

④金属零部件防腐处理,接地、接零涂色和标志。

⑤安装或拆除避雷器、保护间隙、避雷器及放电记录器。

⑥避雷器非解体清理、检查、试验,保护间隙调整。

⑦消除巡回检查和定期检查中发现的缺陷。

（2）大修

①更换避雷针（带、网）、引下线、断接卡。

②更换避雷器、保护间隙、放电记录器及其连接线、引下线、支撑,进行防腐处理。

③开挖检查接地装置,埋设补充接地装置。

③氧化锌避雷器试验不合格时应更换。

（3）验收前的准备工作

①大修竣工后,应进行全面检查、测量和试验。

②检修单位负责提出验收申请,整理好检修记录、试验记录和竣工图等技术资料。

③复查修理项目和质量是否符合本规程要求,检验检修中所发现的缺陷是否已消除。

④验收人员由主管部门、使用单位、检修单位人员共同组成。

（4）验收

①严格检查各种记录,对避雷针高度、避雷器的特性、接地装置及接地电阻等应重点检查。

②经检查一切正常,并经检修单位和使用单位在工程验收书上签字后,验收结束。

 任务实施

一、任务提出

到学校物业服务中心实习,负责校园防雷接地系统的维护管理。

二、任务目标

1.能独立进行校园防雷接地系统的管理维护。

2.能维修简单的防雷接地系统故障。

三、实施步骤

1.教师进行分组教学,3~5 人一组。

2.分批跟随校园物业负责防雷接地系统管理维护的技术人员进行实习,边做边学。

3.填写防雷接地系统维护作业记录表,见表5-13。

4.维修 1~2 个简单防雷接地系统故障,记录到表5-14 中。

四、任务总结

1.任务实施过程中,要时刻遵守各项安全制度。教学采用分组形式,实施前要进行实训安全教育。

2.利用 2 课时,进行实习总结。每一组都要做实习分享。

3.任务结束后,学生要完成相应的实训报告书。

 思考与练习

1.简述防雷接地系统的组成。

2.查看家中的家用电器插头,列举哪些家用电器是采用三扁插,为什么采用三扁插?

3.如何对教学楼避雷系统进行大修。

表 5-13　防雷接地系统维护保养记录表

序号	保养项目及内容	保养周期	保养情况及处理	保养情况检查
1	防雷接地线有无明显的脱漆、脱焊现象,对于锈蚀程度严重,截面锈蚀达 30% 以上的必须更换	月		
2	检查避雷针、避雷线、避雷带及引下线是否锈蚀,及时除锈并刷银粉漆	季		
3	用小锤轻敲引下线的导电接触部件,检查接触是否良好,焊点连接有无脱焊	季		

续表

序号	保养项目及内容	保养周期	保养情况及处理	保养情况检查
4	检查接地引线和接地装置是否正常,接地螺母是否牢固可靠	季		
5	用绝缘接地电阻摇表测试避雷系统的接地电阻。防雷接地电阻一般为 $R \leqslant 10\ \Omega$;防雷与保护接地合一时接地电阻 $R \leqslant 4\ \Omega$;采用联合接地体时接地电阻 $R \leqslant 1\ \Omega$	年		

绝缘接地电阻测试记录

序号	接地电阻测试位置	第一次	第二次	第三次	平均值

维护人:　　　　　　　　　　　　　　　　　　　　　审核人:

表 5-14　防雷接地系统故障维修记录表

使用单位	
维修单位	
故障表现	

续表

故障原因	
故障处理方法	
需要更换的设备 或构配件报价	
使用单位签字 （盖章）	年　　月　　日
维修单位签字 （盖章）	年　　月　　日

项目六
中央空调系统的运行管理与维护

中央空调系统由冷热源系统和空气调节系统组成。采用液体汽化制冷的原理为空气调节系统提供所需冷量,用以抵消室内环境的热负荷;制热系统为空气调节系统提供所需热量,用以抵消室内环境冷负荷。制冷系统是中央空调系统至关重要的部分,其采用种类、运行方式、结构形式等直接影响了中央空调系统在运行中的经济性、高效性、合理性。

《民用建筑供暖通风与空气调节设计规范》(GB 50736—2012)中指出中央空调一般由水系统、风系统,以及控制系统组成。

水系统:水冷式中央空调包含压缩机、冷凝器、节流装置、蒸发器4大部件,制冷剂依次在上述4大部件循环,压缩机出来的冷媒(制冷剂)为高温高压的气体,流经冷凝器,降温降压,冷凝器通过冷却水系统将热量带到冷却塔排出,冷媒继续流动经过节流装置,成低温低压液体,流经蒸发器,吸热,再经压缩。在蒸发器的两端接有冷冻水循环系统,制冷剂在此处吸收热量将冷冻水温度降低,使低温的水流到用户端,再经过风机盘管进行热交换,将冷风吹出。

风系统:新风的传输方式采用置换式,而非空调气体的内循环原理和新旧气体混合的不健康做法,户外的新鲜空气经过负压方式会自动吸入室内,经过安装在卧室、室厅或起居室窗户上的新风口进入室内时,会自动除尘和过滤。同时,再由对应的室内管路与数个功用房间内的排风口相连构成的循环系统将带走室内废气,集中在排风口"呼出",而排出的废气不再作循环运用,新旧风形成良好的循环。

控制系统:中央空调系统能稳定、安全运行,除各个设备的电动机需有各自的控制电路外,还需正确安排各设备的开、停机顺序,并且对它们实现联锁安全保护。中央机房设总控制室和控制台,采用 DDC 控制器,以便对整个制冷系统进行检测、手动控制和自动控制。

任务一 水系统的运行管理与维护

教学目标

终极目标:会进行日常管理及维护维修中央空调水系统。

促成目标:1. 能讲解中央空调水系统的组成。

243

2. 会进行日常管理中央空调水系统。

3. 会维修中央空调水系统的简单故障。

 工作任务

1. 维护中央空调水系统(以校园为对象)。

2. 进行简单故障的维修。

 相关知识

一、中央空调水系统系统组成

水冷式中央空调系统的水系统包括冷却水系统和冷冻水/热水系统(一般采用单管制,夏天循环冻水,冬天循环热水)。空冷式或空冷热泵式只包括冷冻/热水系统。循环水系统是中央空调系统中重要的一部分,如图6-1所示。

冷冻水循环系统由冷冻泵、室内风机及冷冻水管道等组成。从主机蒸发器流出的低温冷冻水由冷冻泵加压送入冷冻水管道(出水),进入室内进行热交换,带走房间内的热量,最后回到主机蒸发器(回水)。室内风机用于将空气吹过冷冻水管道,降低空气温度,加速室内热交换。一般冷冻水回水温度为12 ℃,供水温度为7 ℃,温差为5 ℃。

冷却水循环部分由冷却泵、冷却水管道、冷却水塔及冷凝器等组成。冷冻水循环系统进行室内热交换的同时,必将带走室内大量的热能。该热能通过主机内的冷媒传递给冷却水,使冷却水温度升高。冷却泵将升温后的冷却水压入冷却水塔(出水),使之与大气进行热交换,降低温度后再送回主机冷凝器(回水)。一般冷却水进水温度为32 ℃,出水温度为37 ℃,温差5 ℃。

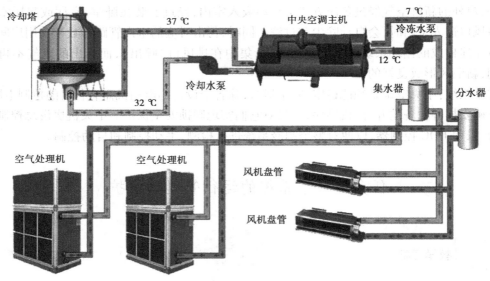

图6-1 中央空调水系统组成

二、中央空调水系统运行维护

水系统的运行管理主要是做好各种水管、阀门、水过滤器、膨胀水箱以及支承构件的巡检与维护保养工作。

1. 维护保养的主要部件

（1）水管

空调水管按其用途不同可分为冷冻水管、热水管、冷却水管、凝结水管 4 类,由于各自的用途和工作条件不一样,维护保养的内容和侧重点也有所不同。但对管道支吊架和管卡的防锈要求是相同的,要根据情况除锈刷漆。

①冻水管和热水管。当空调水系统为四管制时,冷冻水管和热水管分别为单独的管道;当空调水系统为两管制时,冷冻水管则与热水管同为一根管道。但不论空调水系统为几管制,冷冻水管和热水管均为有压管道,而且全部要用保温层(准确称呼应为绝热层)包裹起来。日常维护保养的主要任务:一是保证保温层和表面防潮层不能有破损或脱落,防止发生管道方面的冷热损失和结露滴水现象;二是保证管道内没有空气,水能正常输送到各个换热盘管,防止有的盘管无水或气加水通过而影响处理空气的质量。为此要注意检查管道系统中的自动排气阀是否动作正常,如动作不灵要及时处理。

②冷却水管。冷却水管是裸管,也是有压管道,与冷却塔相连接的供回水管有一部分暴露在室外。由于目前都是使用镀锌钢管,各方面性能都比较好,管外表一般也不用刷防锈漆,因此日常不需要额外的维护保养。冷却水一般都要使用化学药剂进行水处理,使用时间长了,难免伤及管壁,要注意监控管道的腐蚀问题。在冬季有可能结冰的地区,室外管道部分要采取防冻措施。

③凝结水管。凝结水管是风机盘管系统特有的无压自流排放不用回水的水管。由于凝结水的温度一般较低,为防止管壁结露到处滴水,通常也要作保温处理。对凝结水管的日常维护保养主要是两个方面的任务:一是要保证水流畅。由于是无压自流式,其流速往往容易受管道坡度、阻力、管径、水的浑浊度等影响,当有成块、成团的污物时流动更困难,容易堵塞管道。二是要保证保温层和表面防潮层无破损或脱落。

（2）阀门

在空调水系统中,阀门被广泛地用来控制水的压力、流量、流向及排放空气。常用的阀门按阀的结构形式和功能可分为闸阀、蝶阀、截止阀、止回阀(逆止阀)、平衡阀、电磁阀、电动调节阀、排气阀等。为了保证阀门启闭可靠、调节省力、不漏水、不滴水、不锈蚀,日常维护保养就要做好以下几项工作:

①保持阀门的清洁和油漆的完好状态。

②阀杆螺纹部分要涂抹黄油或二硫化钼,室内 6 个月一次,室外 3 个月一次,以增加螺杆与螺母摩擦时的润滑作用,减少磨损。

③不经常调节或启闭的阀门必须定期转动手轮或手柄,以防生锈咬死。

④对机械传动的阀门要视缺油情况向变速箱内及时添加润滑油;在经常使用的情况下,一年全部更换一次润滑油。

⑤在冷冻水管路和热水管路上使用的阀门,要保证其保温层的完好,防止发生冷热损失和出现结露滴水现象。

⑥对自动动作阀门,如止回阀和自动排气阀,要经常检查其工作是否正常,动作是否失灵,有问题就要及时修理和更换。

⑦对电力驱动的阀门,如电磁阀和电动调节阀,除了阀体部分的维护保养外,还要特别注意对电控元器件和线路的维护保养。此外,还要注意不能用阀门来支承重物,并严禁操作或检修时站在阀门上工作,以免损坏阀门或影响阀门的性能。

（3）水过滤器

安装在水泵入口处的水过滤器要定期清洗。新投入使用的系统、冷却水系统,以及使用年限较长的系统,清洗周期要短,一般3个月应拆开拿出过滤网清洗一次。

（4）膨胀水箱

膨胀水箱通常设置在露天屋面上,应每班检查一次,保证水箱中的水位适中,浮球阀的动作灵敏、出水正常;一年要清洗一次水箱,并给箱体和基座除锈、刷漆。

（5）支承构件

水管系统支承构件的维护保养,可参见风管系统支承构件的有关内容。

2.维护保养的主要内容

（1）冷却塔维修保养

相关设备人员每半年对冷却塔进行一次清洁、保养,如图6-2所示。

图6-2　冷却塔的维护

①用500 V摇表检测电机绝缘电阻应不低于0.5 MΩ,否则应干燥处理电机线圈,干燥处理后仍达不到0.5 MΩ以上时则应拆修电机线圈。

②检查电机、风扇是否转动灵活,如有阻滞现象则应加注润滑油,如有异常摩擦声则应更换同型号规格的轴承。

③检查皮带是否开裂或磨损严重,如是则应更换同规格皮带;检查皮带是否太松,如是则应调整(每半个月检查一次);检查皮带轮与轴配合是否松动,如是则应整修。

④检查布水器是否布水均匀,否则应清洁管道及喷嘴。

⑤清洗冷却塔(包括填料、集水槽),清洁风扇风叶。

⑥检查补水浮球阀是否动作可靠,否则应修复(不定期)。

⑦拧紧所有紧固件。

⑧清洁整个冷却塔外表。

（2）冷凝器、蒸发器维修保养

制冷技工每半年对冷凝器、蒸发器进行一次清洁、保养。

①柜式蒸发器维修保养：

a. 每周清洗一次空气过滤网。

b. 清洁蒸发器散热片。

c. 清洁接水盘。

②水冷式冷凝器、蒸发器维修保养（清除污垢）：

a. 配制 10% 的盐酸溶液（每 1 kg 酸溶液里加 0.5 g 缓蚀剂）。

b. 拆开冷凝器、蒸发器两端控制进出水的法兰式封闭堵头，然后向里注满酸溶液，酸洗时间为 24 h；也可用酸泵循环清洗，清洗时间为 12 h。

c. 酸洗完后用 1% 的 NaOH 溶液或 5% Na_2CO_3 溶液清洗 15 min，最后再用清水冲洗 3 次以上。

d. 全部清洗完毕后，检查是否漏水，如漏水则申请外委维修；如不漏水则重新装好（如法兰的密封胶垫已老化则应更换）。

（3）冷却水泵机组、冷冻水泵机组维修保养

制冷技工每半年对冷却水泵机组、冷冻水泵机组进行一次清洁、保养，如图 6-3 所示。

图 6-3　冷冻水泵的维护

①电动机维修保养：

a. 用 500 V 摇表检测电动机线圈绝缘电阻是否在 0.5 MΩ 以上，否则应进行干燥处理或修复。

b. 检查电动机轴承有无阻滞现象，如有则应加润滑油，如加润滑油后仍不行则更换同型号规格的轴承。

c. 检查电动机风叶有无擦壳现象，如有则应修整处理。

②水泵维修保养：

a. 转动水泵轴，观察是否有阻滞、碰撞、卡住现象，如是轴承问题则对轴承加注润滑油或更换轴承；如是水泵叶轮问题则应拆修水泵。

b. 检查压盘根处是否漏水成线,如是则应加压盘根(不定期)。

③检查弹性联轴器有无损坏,如损坏则应更换弹性胶垫(不定期)。

④清洗水泵过滤网。

⑤拧紧水泵机组所有紧固螺栓。

⑥清洗水泵机组外壳,如脱漆或锈蚀严重,则应重新油漆一遍。

(4)管路的保养

制冷技工每半年对冷冻水管路、送冷风管路、风机盘管路进行一次保养,检查冷冻水管路、送冷风管路、风机盘管路处是否有大量的凝结水或保温层是否已破损,如是则应重新做保温层。

(5)层阀类维修保养

制冷技工每半年对阀类进行一次保养。

①节制阀与调节阀的维修保养:

a. 检查是否泄漏,如是则应加压填料。

b. 检查阀门开闭是否灵活,如阻力较大则应对阀杆加注润滑油。

c. 如阀门破裂或开闭失效,则应更换同规格阀门。

d. 检查法兰连接处是否渗漏,如是则应拆换密封胶垫。

②电磁调节阀、压差调节阀维修保养:

a. 干燥过滤器:检查干燥过滤器是否已脏堵或吸潮,如是则更换同规格的干燥过滤器。

b. 电磁调节阀、压差调节阀:

• 通断电检查电磁调节阀、压差调节阀是否动作可靠,如有问题则更换同规格电磁调节阀、压差调节阀。

• 对压差调节阀间阀杆加润滑油,如压填料处泄漏则应加压填料。

(6)压缩机维修保养

制冷技工每年对压缩机进行一次检测、保养。

①检查压缩机油位、油色。如油位低于观察镜的 1/2 位置,则应查明漏油原因并排除故障后再充润滑油;如油已变色则应彻底更换润滑油。

②检查制冷系统内是否存在空气,如有则应排放空气。

③具体检查压缩机如下参数:

a. 压缩机电机绝缘电阻(正常 0.5 MΩ 以上)。

b. 压缩机运行电流(正常为额定值,三相基本平衡)。

c. 压缩机油压(正常 $10 \sim 15$ kgf/cm²)。

d. 压缩机外壳温度(正常 85 ℃ 以下)。

e. 吸气压力(正常 $4.9 \sim 5.4$ kgf/cm²)。

f. 排气压力(正常 12.5 kgf/cm²)。

g. 检查压缩机是否有异常噪音振动。

h. 检查压缩机是否有异常气味。

通过上述检查综合判断压缩机是否有故障,如有则应更换压缩机(外委维修)。

④拧紧所有紧固件并清洁压缩机。

三、中央空调水系统常见故障分析

中央空调水系统在日常的运行过程中,其水循环系统常发生结垢、堵塞、管道变形、效率降低等一系列问题,严重时影响中央空调系统的正常运行,增大运行成本,同时缩短设备的正常使用寿命。中央空调水系统故障原因及解决办法,见表6-1、表6-2。

表6-1　水管常见故障及处理办法

故障现象	故障原因	处理办法
漏水	①丝扣连接处拧得不够紧 ②丝扣连接所用的填料不够 ③法兰连接处不严密 ④管道腐蚀穿孔	①拧紧 ②在渗漏出涂抹憎水性密封胶或重新加填料连接 ③拧紧螺栓或更换橡胶垫 ④补焊或更换新管道
保温层受潮或滴水	①保温管道漏水 ②保温层或防潮层破损	①先解决漏水问题,参见上述方法,再更换保温层 ②受潮和含水部分全部更换
管道内有空气	①自动排气阀不起作用 ②自动排气阀设置过少 ③自动排气阀位置设置不当	①修理或更换 ②在支环路较长的转弯处增设自动排气阀 ③应设在水管路的最高处
阀门漏水或产生冷凝水	①阀杆或螺纹、螺母磨损 ②无保温或保温不完整、破损	①更换 ②进行保温或补完整

表6-2　阀门常见故障及处理办法

故障现象	故障原因	处理办法
阀门关不严	①阀芯与阀座之间有杂物 ②阀芯与阀座密封面磨损或有伤痕	①清除 ②研磨密封面或更换损坏部分
阀体与阀盖间有渗漏	①阀盖旋压不紧 ②阀体与阀盖间的垫片过薄或损坏 ③法兰连接的螺栓松紧不一	①旋压紧 ②加厚或更换 ③均匀拧紧
填料盒有泄漏	①填料压盖未压紧或压得不正 ②填料填装不足 ③填料变质失效	①压紧、压正 ②补装足 ③更换
阀杆转动不灵活	①填料压得过紧 ②阀杆或阀盖上的螺纹磨损 ③阀杆弯曲变形卡住 ④阀杆或阀盖螺纹中结水垢 ⑤阀杆下填料接触的表面腐蚀	①适当放松 ②更换阀门 ③矫直或更换 ④清除水垢 ⑤清除腐蚀产物
止回阀阀芯不能开启	①阀座与阀芯黏住 ②阀芯转轴锈住	①清除水垢或铁锈 ②清除铁锈,使之活动

任务实施

一、任务提出

到学校物业服务中心实习,负责校园中央空调水系统的维护管理。

二、任务目标

1. 能独立进行校园中央空调水系统的管理维护。

2. 能维修简单的中央空调水系统故障。

三、实施步骤

1. 教师进行分组教学,3~5人一组。

2. 分批跟随校园物业负责中央空调水系统管理维护的技术人员进行实习,边做边学。

3. 填写中央空调水系统维护作业记录表,见表6-3。

4. 维修1~2个简单中央空调水系统故障,记录到表6-4中。

四、任务总结

1. 任务实施过程中,要时刻遵守各项安全制度。教学采用分组形式,实施前要进行实训安全教育。

2. 利用2课时,进行实习总结。每一组都要做实习分享。

3. 任务结束后,学生要完成相应的实训报告书。

 思考与练习

1. 简述中央空调水系统的组成。

2. 学校报告厅中央空调系统总是漏水,简述产生故障的原因及处理方法。

3. 中央空调冷却水塔的作用是什么? 如何对其进行维保?

4. 指出中央空调压缩机所在的位置,并简述如何对压缩机进行日常维护保养。

表6-3　中央空调水系统维护保养记录表

检查项目	检查要求	检查结果	备注
水泵电动机	压缩机及冷凝器		
	清理电动机外部污垢,测量绝缘电阻		
	检查接线盒内的接线是否松动、损坏		
	检查各固定螺钉(地脚、端盖、轴承盖)是否紧固		
	检查接地是否良好		
	检查前后轴承是否缺油、漏油		
	检查轴承有无杂音及磨损情况		

续表

检查项目	检查要求	检查结果	备注
水泵	检查泵体是否完好,有无裂纹		
	检查(水泵、风机)叶轮在泵体内有无摩擦,有无碰撞刮现象		
	检查(水泵、风机)联轴有无磨损,中心位置有无位移、有无窜动		
	检查(水泵、风机)轴承是否活动自如,有无磨损,轴承有无变形损坏,与油室轴承卒是否配合紧,有无松动、移位,有无异常响声、卡位现象		
	检查油室油密封圈有无老化、磨损,垫片有无破损,检查水密封是否紧,填料有无老化、僵硬变质,紧固位置是否有漏水现象		
	检查油位是否正常无泄漏现象		
	检查电机、水泵连轴活接靠背轮是否磨损		
	检查阀门能否开启、关闭,有无滴水现象		
管路系统	检查管道有无凝结水		
	更换或修补破损、潮湿保温棉		
	对漏水阀门进行紧固或更换盘根		
	调整阀门开度,润滑阀门活动件		
	检查电动阀是否动作、限位准确		

维护人: 　　　　　　　　　　　　　　　　　　　　　　　　审核人:

表 6-4 中央空调水系统故障维修记录表

使用单位	
维修单位	
故障表现	

续表

故障原因	
故障处理方法	
需要更换的设备或构配件报价	
使用单位签字（盖章）	年　月　日
维修单位签字（盖章）	年　月　日

任务二　风系统的运行管理与维护

教学目标

终极目标：会进行日常管理及维护维修中央空调风系统。

促成目标：1. 能讲解中央空调风系统的组成。

2. 会进行日常管理中央空调风系统。

3. 会维修中央空调风系统的简单故障。

工作任务

1. 维护中央空调风系统(以校园为对象)。
2. 进行简单故障的维修。

相关知识

一、中央空调风系统组成

中央空调系统主要分为全空气系统、风机盘管加新风的空气系统。中央空调风系统主要包含三大空气循环系统,即室内空气循环系统、室外空气循环系统及新风系统。

全空气系统是指室内负荷全部由经过处理的空气来负担的空调系统,如图6-4所示。此种系统所需空气量多,因而风道断面尺寸较大。空气处理机组是全空气中央空调系统的主要组成装置之一,对空调房间冷热量的需求和冷热源的冷热量供应起着承上启下的作用,同时空调房间的空气参数也要通过它来控制。因此,其运行管理工作至关重要。

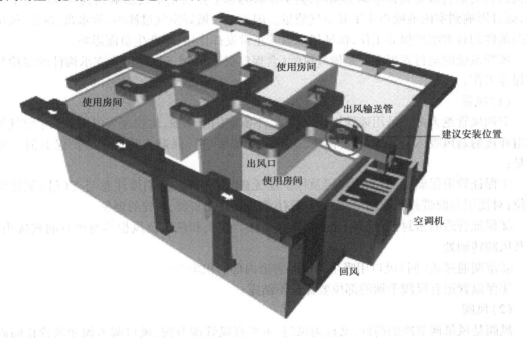

图6-4　全空气系统中央空调

风机盘管加新风的空气系统是目前在我国民用建筑中使用最广泛的空调系统,特别是在写字楼和酒店这类有大量小面积房间的建筑内,几乎全部采用这种系统,如图6-5所示。风机盘管式空调系统由一个或多个风机盘管机组和冷热源供应系统组成,包括风机、盘管和过滤器等部件。它作为空调系统的末端装置,分散地装设在各个空调房间内,可独立地对空气进行处理,而空气处理所需的冷热水则由空调机房集中制备,通过供水系统提供给各个风机盘管机组。考虑到卫生标准要求,绝大多数风机盘管系统另外还配有独立新风系统。

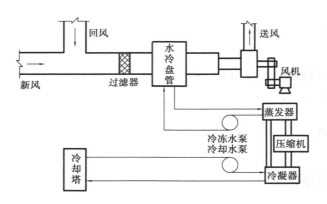

图 6-5 风机盘管加新风的空气系统

二、中央空调风系统运行维护

由于风机盘管都是由其所安装房间的使用者直接手动操作开停机,或手动开机运行,在设定温度达到后自动停机。因此,风机盘管运行管理工作的重点不是运行操作,而是维护保养。风机盘管通常直接安装在空调房间内,其工作状态和工作质量不仅影响到其应发挥的空调效果,而且影响到室内的噪声水平和空气质量。因此必须做好空气过滤网、滴水盘、盘管、风机等主要部件的日常维护保养工作,保证风机盘管正常发挥作用,不产生负面影响。

风管系统的运行管理主要是做好风管(含保温层)、风阀、风口、风管支承构件的巡检与维护保养工作。

(1)风管

空调风管绝大多数是用镀锌钢板制作的,不需要刷防锈漆,比较经久耐用。除了空气处理机组外接的新风吸入管通常用裸管外,送回风管都要进行保温。其日常维护保养的主要任务是:

①保证管道保温层、表面防潮层及保护层无破损和脱落,特别要注意与支(吊)架接触的部位;对使用黏胶带封闭防潮层接缝的,要注意粘胶带无胀裂、开胶的现象。

②保证管道的密封性,绝对不漏风,重点是法兰接头和风机及风柜等与风管的软接头处,以及风阀转轴处。

③定期通过送(回)风口用吸尘器清除管道内部的积尘。

④保温管道有风阀手柄的部位要保证不结露。

(2)风阀

风阀是风量调节阀的简称,又称为风门,主要有风管调节阀、风口调节阀和风管止回阀等几种类型。风阀在使用一段时间后,会出现松动、变形、移位、动作不灵、关闭不严等问题,不仅会影响风量的控制和空调效果,还会产生噪声。因此,日常维护保养除了做好风阀的清洁与润滑工作以外,重点是要保证各种阀门能根据运行调节的要求,变动灵活,定位准确、稳固;关则严实,开则到位;阀板或叶片与阀体无碰撞,不会卡死;拉杆或手柄的转轴与风管结合处应严密不漏风;电动或气动调节阀的调节范围和指示角度应与阀门开启角度一致。

（3）风口

风口有送风口、回风口、新风口之分,其型式与构造多种多样,但就日常维护保养工作来说,主要是做好清洁和紧固工作,不让叶片积尘和松动。根据使用情况,送风口3个月左右拆下来清洁一次,回风口和新风口则可以结合过滤网的清洁周期一起清洁。

对于可调型风口(如球形风口),在根据空调或送风要求调节后要能保证调后的位置不变,而且转动部件与风管的结合处不漏风;对于风口的可调叶片或叶片调节零部件(如百叶风口的拉杆、散流器的丝杆等),应松紧适度,既能转动又不松动。

金属送风口在送冷风时,还要特别注意不能有凝结水产生。

（4）支承构件

风管系统的支承构件包括支(吊)架、管箍等,它们在长期运行中会出现断裂、变形、松动、脱落和锈蚀。在日常巡视和检查时要注意发现这些问题,并分析其原因:

①断裂、变形是因为所用材料的机械强度不高或用料太小,在管道及保温材料的重量和热胀冷缩力的作用下造成的,还是因为构件制作质量不高造成的? 是人为损坏还是支承构件的距离过大压坏的?

②松动、脱落是因为安装不够牢固造成的,还是因为构件受力太大或管道振动造成的?

③锈蚀是因为原油漆质量不好,还是刷的质量不高造成的?

根据支承构件出现的问题和引起的原因,有针对性地采取相应措施来解决,该更换的更换,该补加的补加,该重新紧固的重新紧固,该补刷油漆的补刷油漆。

（5）空气过滤网

空气过滤网是风机盘管用来净化回风的重要部件,通常采用的是化纤材料做成的过滤网或多层金属网板。由于风机盘管安装的位置、工作时间的长短、使用条件的不同,其清洁的周期与清洁的方式也不同。一般情况下,在连续使用期间应一个月清洁一次,如果清洁工作不及时,过滤网的孔眼堵塞非常严重,就会使风机盘管的送风量大大减少,其向房间的供冷(热)量也就相应大大降低,从而影响室温控制的质量。

空气过滤网的清洁方式从方便、快捷、工作量小的角度考虑,应首选吸尘器吸清方式,该方式的最大优点是清洁时不用拆卸过滤网。对那些不容易吸干净的湿、重、黏的粉尘,则要采用拆下过滤网用清水加压冲洗或刷洗,或用药水刷洗的清洁方式。

空气过滤网的清洁工作是风机盘管维护保养工作中最频繁、工作量最大的作业,必须给予充分的重视和合理的安排。

（6）滴水盘

当盘管对空气进行降温去湿处理时,所产生的凝结水会滴落在滴水盘(又叫接水盘、集水盘)中,并通过排水口排出。由于风机盘管的空气过滤器一般为粗效过滤器,一些细小粉尘会穿过过滤器孔眼而附着在盘管表面,当盘管表面有凝结水形成时就会将这些粉尘带落到滴水盘里。因此,对滴水盘必须进行定期清洗,将沉积在滴水盘内的粉尘清洗干净。否则,沉积的粉尘过多,一会使滴水盘的容水量减小,在凝结水产生量较大时,由于排泄不及时造成凝结水从滴水盘中溢出损坏房间天花板的事故;二会堵塞排水口,同样发生凝结水溢出情况;三会成为细菌甚至蚊虫的滋生地,对所在房间人员的健康构成威胁。

滴水盘一般一年清洗两次,如果是季节性使用的空调,则在空调使用季节结束后清洗一次。清洗方式一般采用水来冲刷,污水由排水管排出。为了消毒杀菌,还可以对清洁干净了的滴水盘再用消毒水(如漂白水)刷洗一遍。

(7)盘管

盘管担负着将冷热水的冷热量传递给通过风管的空气的重要使命。为了保证高效率传热,要求盘管的表面必须尽量保持光洁。但是,由于风机盘管一般配备的均为粗效过滤器,孔眼比较大,在刚开始使用时,难免有粉尘穿过过滤器而附着在盘管的管道或肋片表面。如果不及时清洁,就会使盘管中冷热水与盘管外流过的空气之间的热交换量减少,使盘管的换热效能不能充分发挥出来。如果附着的粉尘很多,甚至将肋片间的部分空气通道都堵塞的话,则同时还会减小风机盘管的送风量,使其空调性能进一步降低。

盘管的清洁方式可参照空气过滤器的清洁方式进行,但清洁的周期可以长一些,一般一年清洁一次,如图 6-6 所示。如果是季节性使用的空调,则在空调使用季节结束后清洁一次。不到万不得已,不采用整体从安装部位拆卸下来清洁的方式,以减小清洁工作量和拆装工作造成的影响。

图 6-6　中央空调系统的保养

(8)风机

风机盘管一般采用的是多叶片双进风离心风机,这种风机的叶片形式是弯曲的。由于空气过滤器不可能捕捉到全部粉尘,因此漏网的粉尘就有可能黏附到风机叶片的弯曲部分,使得风机叶片的性能发生变化,而且重量增加。如果不及时清洁,风机的送风量就会明显下降,电耗增加,噪声加大,使风机盘管的总体性能变差。

风机叶轮由于有蜗壳包围着,不拆卸下来清洁工作就比较难做。可以采用小型强力吸尘器吸的清洁方式。一般一年清洁一次,或一个空调季节清洁一次。

用 500 V 摇表检测风机电机线圈绝缘电阻应不低于 0.5 MΩ,否则应整修处理。检查电容有无变形、鼓胀或开裂,如有则应更换同规格电容;检查各接线头是否牢固,是否有过热痕迹,如是则作相应整修。

此外,平时还要注意检查温控开关和电磁阀的控制是否灵敏、动作是否正常,有问题要及时解决。

三、中央空调风系统常见故障分析

一般来说,一年中,中央空调只是使用某一段时间。使用期间,空调负荷相对较大,开关频率较高。另外,中央空调停机不用的时间也较长。由于中央空调这种间歇性的使用特点,其故障率一直较高,需要进行维护保养。中央空调常见故障见表6-5、表6-6。

表6-5 风管系统常见故障

故障现象	故障原因	处理办法
漏风	法兰连接处不严密	拧紧螺栓或更换橡胶垫
	其他连接处不严密	用玻璃胶或万能胶封堵
保温层脱落	黏结剂失效	重新粘贴牢固
	保温钉从管壁上脱落	拆下保温棉,重新粘牢保温钉后再包保温棉
保温层受潮	被保温风管漏风	先解决漏风问题,再更换保温层
	保温层或防潮层破损	受潮或含水部分全部更换
风阀不够灵活	异物卡住	除去异物
	传动连杆接头生锈	加煤油松动,并加润滑油
风阀关不严	安装或使用后变形	校正
	阀本身质量不好	更换
风阀活动叶片不能定位或松动	调控手柄不能定位	改善定位条件
	活动叶片太松	适当紧固
送风口结露、滴水	送风温度低于室内空气露点温度	提高送风温度,使其高于室内空气露点温度2~3℃
送风口吹风感太强	送风速度过大	开大风口调节阀或增大风口面积
	送风口活动导叶位置不合适	调整到合适位置
	送风口型式不合适	更换
风口出风量过小	支风管或风口阀门开度不够	开大到合适开度
	管道阻力过大	加大管截面或提高风机全压
	风机方面的原因	维修风机
风机不运转或不出风	停电	查明原因,等待复电
	保险丝熔断	更换保险丝
	缺相	补接所缺相
	接触器触头接触不良或线圈烧坏	更换
	电机故障	维修电机
	风机反转	改变电机任意两根的接线位置

表 6-6　风机盘管常见故障

故障现象	故障原因	处理办法
风机旋转但风量较小或不出风	送风挡位置不当	调整到合适挡位
	过滤网积尘过多	清洁
	盘管肋片间积尘过多	清洁
	电压偏低	检查供电系统
	风机反转	调换接线相序
吹出的风不够冷（热）	温度挡位设置不当	调整到合适挡位
	盘管内有空气	开盘管放气阀排除
	供水温度异常	检查冷热源
	供水不足	开大水阀或加大支管径
	盘管肋片氧化	更换盘管
振动与噪声偏大	风机轴承润滑不好或损坏	加润滑油或更换
	风机叶片积尘太多或损坏	清洁或更换
	风机叶轮与机壳摩擦	消除摩擦或更换风机
	出风口与外接风管或送风口不是软连接	用软连接
	盘管和滴水盘与供回水管及排水管不是软连接	用软连接
	风机盘管在高速挡下运行	调到中、低速挡
	固定风机的连接件松动	紧固
	送风口百叶松动	紧固
漏水	排水口堵塞导致滴水盘溢水	用吸、通、吹、冲等方式疏通，或加大排水管坡度或管径
	滴水盘倾斜	调整，使排水口处最低
	放气阀未关	关闭
	各管接头连接不严密	连接严密并紧固
有异物吹出	过滤网破损	更换
	机组或风管内积尘太多	清洁
	风机叶片表面锈蚀	更换风机
	盘管翅片氧化	更换盘管
	机组或风管内保温材料破损	修补或更换

续表

故障现象	故障原因	处理办法
机组外壳结露	机组内贴保温材料破损或与内壁脱离	修补或粘贴好
	机壳破损漏风	修补
凝结水排放不畅	外接管道水平坡度过小	调整坡度≥8%
	外接管道堵塞	疏通
滴水盘结露	滴水盘底部保温层破损或与盘底脱离	修补或粘贴好

 任务实施

一、任务提出

到学校物业服务中心实习,负责校园中央空调风管的维护保养。

二、任务目标

1. 能独立进行校园中央空调风管的维护保养。

2. 能维修简单的中央空调风管故障。

三、实施步骤

1. 教师进行分组教学,3~5人一组。

2. 分批跟随校园物业负责中央空调管理维护的技术人员进行实习,边做边学。

3. 填写中央空调风管维护作业记录表,见表6-7。

4. 维修1~2个简单中央空调风管故障,记录到表6-8中。

四、任务总结

1. 任务实施过程中,要时刻遵守各项安全制度。教学采用分组形式,实施前要进行实训安全教育。

2. 利用2课时,进行实习总结。每一组都要做实习分享。

3. 任务结束后,学生要完成相应的实训报告书。

 思考与练习

1. 简述中央空调风系统的组成。

2. 学校报告厅中央空调吹出来的风总是不够冷,简述引起此故障的原因及处理方法。

3. 学校报告厅中央空调吹出来的风量总是很小,简述引起此故障的原因及处理方法。

4. 由于学校中央空调长时间不用,滤网布满灰尘,如何对其进行清洁?

表 6-7　中央空调风系统维护保养记录表

检查项目	检查要求	检查结果	备注
机组	检查是否有松动、振动及噪声		
	检查机组是否漏氟		
	检查制冷剂(雪种)量是否合适		
	检查油位是否适中		
	检查各项参数及计算机工作程序		
	检查油压是否正常		
	检查回油系统是否工作正常		
	检查蒸发器及冷凝器换热效果		
	检查保养制冷,热循环系统		
	保养启动电控柜		
风机	机组外表面除尘除锈,清洗过滤网		
	检查接水盘是否积水并清洗污物		
	检查是否有松动、振动及噪声		
	检查保温棉,并作适当整理修补		
	检查电气线路并整理保养		
	检查电机运行情况		
	检查轴承运行情况并润滑加油		
	检查出风量及风压是否正常		
	保养启动电控柜		
风机盘管	检查管道有无凝结水		
	更换或修补破损、潮湿保温棉		
	对漏水阀门进行紧固或更换盘根		
	调整阀门开度,润滑阀门活动件		
	检查电动阀是否动作、限位准确		
	检查电磁阀是否工作正常		

维护人:　　　　　　　　　　　　　　　　　　　审核人:

260

表 6-8　中央空调风系统故障维修记录表

使用单位		
维修单位		
故障表现		
故障原因		
故障处理方法		
需要更换的设备或构配件报价		
使用单位签字（盖章）		年　月　日
维修单位签字（盖章）		年　月　日

任务三　控制系统的运行管理与维护

教学目标

终极目标:会进行日常管理及维护维修中央空调控制系统。
促成目标:1.能讲解中央空调控制系统的组成。
　　　　　2.会进行日常管理中央空调控制系统。
　　　　　3.会维修中央空调控制系统的简单故障。

工作任务

1.维护中央空调控制系统(以校园为对象)。
2.进行简单故障的维修。

相关知识

一、中央空调控制系统组成

中央空调制冷系统由冷冻机组及其附属设备冷冻泵、冷却泵和冷却塔等组成。要使整个系统能稳定、安全地运行,除各个设备的电动机需有各自的控制电路外,还需正确安排各个设备的开、停机顺序,并且对它们实行联锁安全保护。中央机房设总控制室和总控制台,以便对整个制冷系统进行监测、手动控制和自动控制。

(1)制冷系统各设备的开、停机顺序

要使冷冻机组启动后能正常运行,必须保证:

①冷凝器散热良好,否则会因冷凝温度及对应的冷凝压力过高,使冷冻机组高压保护器件动作而停机,甚至导致故障。

②蒸发器中冷冻水应先循环流动,否则会因冷冻水温度偏低,导致冷冻温度保护器件动作而停机;或因蒸发温度及对应的蒸发压力过低,使冷冻机组的低压保护器件动作而停机;甚至导致蒸发器中冷冻水结冰而损坏设备。

因此,制冷系统各设备的开机顺序应为:冷却塔电动阀→冷却泵→冷却塔风机,同时冷冻泵开启,延时 3 min 后冷冻机组开启。停机顺序应为:冷冻机组停机,延时 3 min 后,按冷却塔风机→冷却泵→冷却塔电动阀顺序停机,同时冷冻泵停机。

(2)制冷系统各设备的联锁安全保护

为实现制冷系统各设备的联锁安全保护,应保证:

①只要冷却塔风机、冷却泵和冷冻泵未先启动,冷水机组就不能启动。

②冷冻泵启动后,应延时 3 min(不同类型冷水机组的延时长短不尽相同,参见产品样本要求)冷水机组才启动。

③冷冻泵、冷却泵、冷却塔风机三者中任一设备因故障而停机时,冷水机组应能自动停机。

（3）多套制冷系统的切换运行

中央空调制冷系统一般都设置两台或两台以上的冷水机组,相应配备有两台或两台以上的冷冻泵、冷却泵和冷却塔,而且冷冻泵和冷却泵往往都还设有备用泵。

因此,控制电路设计,通常应做到使各制冷系统设备既能组成两套或两套以上独立运行的制冷系统,又可根据需要通过手动切换组合成新的系统（需与制冷系统冷冻和冷却水系统的管路设计相一致）。

（4）制冷系统的运行监测

冷水机组上有显示屏,显示各个电气设备正常运行的电压和电流、制冷剂的压力和温度、冷却水和冷冻水的压力和温度,如图6-7所示。

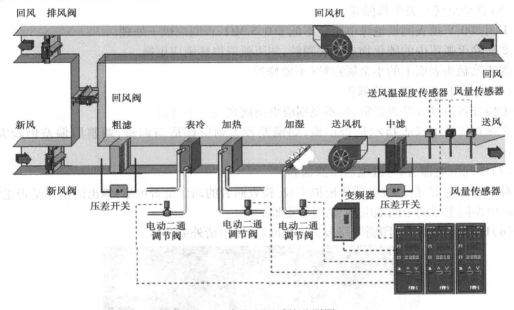

图6-7　中央空调系统监测图

二、中央空调控制系统运行维护

制冷系统维护保养人员每半年要对中央空调监测系统、控制部分进行一次保养,如图6-8所示。

（1）监测器件（温度计、压力表、传感器）维修保养

①对于读数模糊不清的温度计、压力表应拆换。

②送检温度计、压力表合格后方可再使用。

③检测传感器参数是否正常并作模拟实验,对于不合格的传感器应拆换。

④检查装检测器的部位是否渗漏,如渗漏则应更换密封胶垫。

（2）控制部分维修保养

①清洁控制柜内外的灰尘、脏物。

②检查、紧固所有接线头,对于烧蚀严重的接线头应更换。

（3）交流接触器维修保养

①清除灭弧罩内的碳化物和金属颗粒。

②清除触头表面及四周的污物（但不要修锉触头），如触头烧蚀严重则应更换同规格交流接触器。

③清洁铁芯上的灰尘及脏物。

④拧紧所有紧固螺栓。

（4）热继电器维修保养

①检查热继电器的导线接头处有无过热或烧伤痕迹，如有则应整修处理，处理后达不到要求的应更换

②检查热继电器上的绝缘盖板是否完整，如损坏则应更换。

（5）自动空气开关维修保养

①用 500 V 摇表测量绝缘电阻应不低于 0.5 MΩ，否则应烘干处理。

②清除灭弧罩内的碳化物或金属颗粒，如灭弧罩损坏则应更换。

③清除触头表面上的小金属颗粒（不要修锉）。

（6）信号灯、指示仪表维修保养

①检查各信号灯是否正常，如不亮则应更换同规格的小灯泡。

②检查各指示仪表指示是否正确，如偏差较大则应作适当调整，调整后偏差仍较大应更换。

（7）中间继电器、信号继电器维修保养

对中间继电器、信号继电器作模拟实验，检查两者的动作是否可靠，输出的信号是否正常，否则应更换同型号的中间继电器、信号继电器。

（8）PC 中央处理器、印刷线路板如出现问题，则申请外委维修。

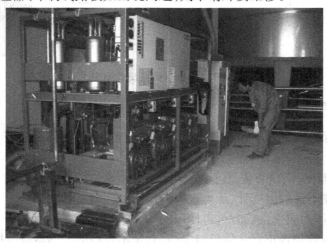

图 6-8　中央空调控制系统维护

三、中央空调控制系统常见故障分析

（1）关机后，室内风机慢慢转动，开机后发出刺耳噪声

故障原因：由故障现象，初步判断为室内电机供电故障，检查室内风机供电电压，关机状态

下电机上有100 V电压,关机后室内电机仍缓慢连续运行,室内电机发热使塑料的电机架遇热变形,塑封电机位置偏移,这样则导致贯流风叶要与底盘相碰,发出难听的噪声,而且有一股烧焦的味道。由此判定为风机控制可控硅损坏。

处理办法:换主控板。分体挂机室内机风机转速是由可控硅来控制的,当电源电压较低或波动较大时,会造成可控硅单相击穿,停机时室内风机仍有电压,电机仍会慢转,由于可控硅为单相击穿,电机供电电源非正弦波形,电机运转不平稳,噪声较大。

（2）关机后,室内风机不停、未开机风机就运行

故障原因:由故障现象知,通电即发现室内风机运行,用遥控开机后关机,室内风机仍在运行,初步判断为室内电机供电故障,检查室内风机供电电压,通电状态或关机状态下电机上有158 V电压输出,因此通电后室内电机就运行,由此判定为风机控制可控硅损坏。

处理办法:更换同型号控制器后试机正常。分体挂机室内机风机转速是由可控硅来控制的,当电源电压较低或波动较大时,会造成可控硅单相击穿,停机或关机时室内风机仍有电压,室内风机不能关闭。

（3）遥控不开机

故障原因:检查遥控器,用遥控器对准普通收音机,按遥控器上的任何键,收音机均有反应,说明遥控器正常,故障在室内机主控板或者遥控接收器。打开室内机外盖,检查220 V输入电源及12 V与5 V电压均正常,用手动启动空调,空调能正常启动运转,说明主控板无问题,故障部位在遥控接收器元器件上,经检查,发现原因在于控制器接收回路上瓷片电容（103 Z/50 V）绝缘电阻偏小,只有几千欧,质量好的瓷片电容应该在10 000 MΩ以上,漏电电流偏大而引起的遥控不接收。

处理办法:将103电容直接剪除或更换显示板后,空调器一直运转正常。造成不接收遥控信号的原因很多,除上述电容漏电外,元件虚焊也会造成不接收,另外空调使用环境对遥控接收影响很大,当环境湿度高时,冷凝水在遥控显示板背部焊接点脚与脚凝结,线路板发霉,绝缘性能下降,焊点之间有漏电导致遥控不开机或遥控器失灵,清洁线路板,用吹风机干燥处理后,在遥控显示板背部焊接一层玻璃胶,遥控能够正常接收。用收音机AM挡可检测遥控器是否发射信号,如手动开机后空调运行正常,可以排除主控板故障,由此可确定问题出在接收器,维修时不能简单地更换配件,尤其是短期内重复维修时,应仔细分析一下配件损坏原因。

（4）空调制热效果差,风速始终很低

故障原因:空调开机制热,风速很低,出风口很热,转换空调模式,在制冷和送风模式下风速可高、低调整,高、低风速明显,证明风扇电机正常,怀疑室内管温传感器特性改变。

处理办法:更换室内管温传感器后试机。空调制热时,由于有防冷风功能,室内温传感器室内换热器达到25 ℃以上时内风机以微风工作,温度达到38 ℃以上时以设定风速工作。以上故障首先观察发现风速低,且出风温度高,故检查风机是否正常,当判定风速正常后,分析可能传感器检查温度不正确,造成室内风机不能以设定风速运转,故更换传感器。

温度传感器故障在空调故障中占有比较大的比例,要准确判断首先要了解其功能,空调控制部分共设有3个温度传感器:

①室温传感器:主要检测室内温度,当室内温度达到设定要求时,控制内外机的运行,制冷时外机停,内机继续运行,制热时内机吹余热后停。

②室内管温传感器:主要检测室内蒸发器的盘管温度,在制热时起防冷风、防过热保护、温

度自动控制作用。刚开机盘管温度如未达到 25 ℃,室内风机不运行,达到 25 ℃以上 38 ℃以下时内风机以微风工作,温度达到 38 ℃以上时以设定风速工作;当室内盘管温度达到 57 ℃持续 10 s 时,停止室外风机运行,当温度超过 62 ℃持续 10 s 时,压缩机也停止运行,只有等温度下降到 52 ℃时室外机才投入运行,因此当盘管阻值比正常值偏大时,室内机可能不能启动或一直以低风速运行,当盘管阻值偏小时,室外机频繁停机,室内机吹凉风。在制冷时起防冻结保护作用,当室内盘管温度低于 −2 ℃连续 2 min 时,室外机停止运行,当室内管温度上升到 7 ℃时或压缩机停止工作超过 6 min 时,室外机继续运行,因此当盘管阻值偏大时,室外机可能停止运行,室内机吹自然风,出现不制冷故障。

③室外化霜温度传感器:主要检测室外冷凝器盘管温度,当室外盘管温度低于 −6 ℃连续 2 min 时间,内机转为化霜状态,当室外盘管传感器阻值偏大时,室内机不能正常工作。

根据故障现象,逐个排除,维修人员要有一定的电路工作原理的维修经验,检测故障时应遵循由简到繁,避免走弯路(根据以上所述,调整相序后,开机压缩机反转,此时只需调整压缩机接线,使压缩机正转,问题即可解决),在安装时安装人员有时将相线与零线接反也造成压机不启动,在维修时要特别注意。

 任务实施

一、任务提出

到学校物业服务中心实习,负责校园中央空调系统的维护管理。

二、任务目标

1. 能独立进行校园中央空调控制系统的管理维护。

2. 能维修简单的中央空调控制系统故障。

三、实施步骤

1. 教师进行分组教学,3~5 人一组。

2. 分批跟随校园物业负责中央空调系统管理维护的技术人员进行实习,边做边学。

3. 填写中央空调控制系统维护作业记录表,见表 6-9。

4. 维修 1~2 个简单中央空调控制系统故障,记录到表 6-10 中。

四、任务总结

1. 任务实施过程中,要时刻遵守各项安全制度。教学采用分组形式,实施前要进行实训安全教育。

2. 利用 2 课时,进行实习总结。每一组都要做实习分享。

3. 任务结束后,学生要完成相应的实训报告书。

 思考与练习

1. 简述中央空调控制系统的控制流程。

2. 根据中央空调控制系统维护保养要求,完成表 6-9,并用此表进行维护保养实训。

3. 上网进行资料检索,简述中央空调控制系统发展过程。

表 6-9　中央空调控制系统维护保养记录表

检查项目	检查要求	检查结果	备注

维护人：　　　　　　　　　　　　　　　　　　　　　　　审核人：

表 6-10　中央空调控制系统故障维修记录表

使用单位		
维修单位		
故障表现		
故障原因		
故障处理方法		
需要更换的设备或构配件报价		
使用单位签字（盖章）		年　　月　　日
维修单位签字（盖章）		年　　月　　日

项目七
电梯系统的运行管理与维护

　　电梯是一种以电动机为动力的垂直升降机,用于多层建筑乘人或载运货物的运输工具,广义上电梯也包括自动扶梯及自动人行步道,一般人们所说的电梯指的是垂直升降电梯。本章内容主要讲解垂直升降电梯(通俗称电梯)的维护保养。

　　《电梯技术条件》(GB 10058—2009)中指出电梯具有一个轿厢,运行在至少两列垂直的或倾斜角小于 15° 的刚性导轨之间,可分为有机房电梯(图 7-1)和无机房电梯(图 7-2)。

　　电梯系统由 4 大空间,共 8 个系统组成。4 大空间指的是机房部分、井道部分、轿厢部分、层站部分。8 个系统指的是曳引系统、导向系统、电梯轿厢、门系统、重量平衡系统、电力拖动系统、电气控制系统、安全保护系统。

　　电梯的 8 个系统可简单分成机械结构系统、电气控制系统及安全保护系统 3 个部分。

图 7-1　有机房电梯

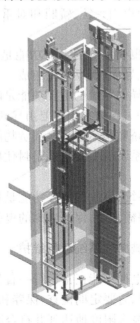

图 7-2　无机房电梯

任务一 机械结构系统的运行管理与维护

教学目标

终极目标:会进行日常管理及维护维修电梯机械部件。

促成目标:1. 能讲解电梯机械部件的组成。

2. 会进行日常管理电梯机械部件。

3. 会维修电梯机械部件的简单故障。

工作任务

1. 维护电梯机械部件(以校园电梯为对象)。

2. 进行简单故障的维修。

相关知识

一、电梯机械结构系统组成

机械系统由曳引系统、轿厢和对重装置、导向系统、层门、轿门、开关门系统等组成,如图 7-3 所示。

曳引系统:曳引系统的主要功能是输出与传递动力,使电梯运行。曳引系统主要由曳引机、曳引钢丝绳、导向轮、反绳轮组成。

导向系统:导向系统的主要功能是限制轿厢和对重的活动自由度,使轿厢和对重只能沿着导轨作升降运动。导向系统主要由导轨、导靴和导轨架组成。

电梯轿厢:轿厢是运送乘客和货物的组件,是电梯的工作部分,由轿厢架和轿厢体组成。

门系统:门系统的主要功能是封住层站入口和轿厢入口。门系统由轿厢门、层门、开门机、门锁装置组成。

重量平衡系统:系统的主要功能是相对平衡轿厢重量,在电梯工作中能使轿厢与对重间的重量差保持在限额之内,保证电梯的曳引传动正常。系统主要由对重和重量补偿装置组成。

二、电梯机械结构系统运行维护

长期以来,电梯不能正常运行一直是乘客投诉的焦点。"三分产品,七分维保"。电梯与其他机电设备一样,需要定期检查、保养和维护,如图 7-4 所示。通过对电梯设备的定期保养、维护,可以使电梯最大限度地达到并符合原设计、制造的标准和技术要求,并可保证电梯设备的安全可靠运行,降低故障率和延长电梯设备的使用寿命。

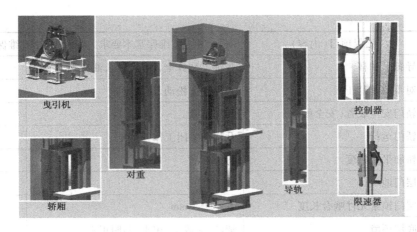

图 7-3 电梯的机械结构系统

图 7-4 电梯机械部件的维护

《电梯维修规范》(GB 18775—2002)规定电梯维保单位需取得当地特种作业检验所的许可;在授权的许可范围内维保;维保人员需持有有效的电梯维修作业人员证书。电梯维保周期严格按照要求,至少每 15 日进行一次维保。维保作业内容见表 7-1—表 7-5。

表 7-1 半月维保项目(内容)和要求

序号	维保项目(内容)	维保基本要求	维保结果
1	机房、滑轮间环境	清洁,门窗完好、照明正常	
2	手动紧急操作装置	齐全,在指定位置	
3	曳引机	运行时无异常振动和异常声响	
4	制动器各销轴部位	润滑,动作灵活	
5	制动器间隙	打开时制动衬与制动轮不应发生摩擦	
6	限速器各销轴部位	润滑、转动灵活,电气开关正常	
7	轿顶	清洁,防护栏安全可靠	

续表

序号	维保项目(内容)	维保基本要求	维保结果
8	导靴上油杯	吸油毛毡齐全,油量适宜,油杯无泄漏	
9	对重块及其压板	对重块无松动,压板紧固	
10	轿门安全装置(安全触板)	功能有效	
11	轿门运行	开启和关闭工作正常	
12	轿厢平层精度	符合标准	
13	层门地坎	清洁	
14	层门锁紧元件啮合长度	不小于 7 mm	
15	底坑环境	清洁,无渗水、积水,照明正常	
维护保养人员(签字)		保养日期	
使用单位安全管理人员确认(签字)		日 期	

表 7-2　月维保项目(内容)和要求

序号	维保项目(内容)	维保基本要求	维保结果
1	机房、滑轮间环境	清洁,门窗完好、照明正常	
2	手动紧急操作装置	齐全,在指定位置	
3	曳引机	运行时无异常振动和异常声响	
4	制动器各销轴部位	润滑,动作灵活	
5	制动器间隙	打开时制动衬与制动轮不应发生摩擦	
6	限速器各销轴部位	润滑、转动灵活,电气开关正常	
7	轿顶	清洁,防护栏安全可靠	
8	导靴上油杯	吸油毛毡齐全,油量适宜,油杯无泄漏	
9	对重块及其压板	对重块无松动,压板紧固	
10	轿门安全装置(安全触板)	功能有效	
11	轿门运行	开启和关闭工作正常	
12	轿厢平层精度	符合标准	
13	层门地坎	清洁	
14	层门自动关门装置	正常	
15	层门锁紧元件啮合长度	不小于 7 mm	
16	底坑环境	清洁,无渗水、积水,照明正常	
维护保养人员(签字)		保养日期	
使用单位安全管理人员确认(签字)		日 期	

表 7-3　季维保项目(内容)和要求

序号	维保项目(内容)	维保基本要求	维保结果
1	机房、滑轮间环境	清洁,门窗完好、照明正常	
2	手动紧急操作装置	齐全,在指定位置	
3	曳引机	运行时无异常振动和异常声响	
4	制动器各销轴部位	润滑,动作灵活	
5	制动器间隙	打开时制动衬与制动轮不应发生摩擦	
6	限速器各销轴部位	润滑、转动灵活,电气开关正常	
7	轿顶	清洁,防护栏安全可靠	
8	导靴上油杯	吸油毛毡齐全,油量适宜,油杯无泄漏	
9	对重块及其压板	对重块无松动,压板紧固	
10	轿门安全装置(安全触板)	功能有效	
11	轿门运行	开启和关闭工作正常	
12	轿厢平层精度	符合标准	
13	层门地坎	清洁	
14	层门自动关门装置	正常	
15	层门锁紧元件啮合长度	不小于 7 mm	
16	底坑环境	清洁,无渗水、积水,照明正常	
17	减速机润滑油	油量适宜,除蜗杆伸出端外均无渗漏	
18	制动衬	清洁,磨损量不超过制造单位要求	
19	曳引轮槽、曳引钢丝绳	清洁、无严重油腻,张力均匀	
20	限速器轮槽、限速器钢丝绳	清洁、无严重油腻	
21	靴衬、滚轮	清洁,磨损量不超过制造单位要求	
22	层门、轿门系统中传动钢丝绳、链条、胶带	按照制造单位要求进行清洁、调整	
23	层门门导靴	磨损量不超过制造单位要求	
24	耗能缓冲器	电气安全装置功能有效,油量适宜,柱塞无锈蚀	
25	限速器张紧轮装置	工作正常	
维护保养人员(签字)		保养日期	
使用单位安全管理人员确认(签字)		日　期	

表 7-4 半年维保项目(内容)和要求

序号	维保项目(内容)	维保基本要求	维保结果
1	机房、滑轮间环境	清洁,门窗完好、照明正常	
2	手动紧急操作装置	齐全,在指定位置	
3	曳引机	运行时无异常振动和异常声响	
4	制动器各销轴部位	润滑,动作灵活	
5	制动器间隙	打开时制动衬与制动轮不应发生摩擦	
6	限速器各销轴部位	润滑、转动灵活,电气开关正常	
7	轿顶	清洁,防护栏安全可靠	
8	导靴上油杯	吸油毛毡齐全,油量适宜,油杯无泄漏	
9	对重块及其压板	对重块无松动,压板紧固	
10	轿门安全装置(安全触板)	功能有效	
11	轿门运行	开启和关闭工作正常	
12	轿厢平层精度	符合标准	
13	层门地坎	清洁	
14	层门自动关门装置	正常	
15	层门锁紧元件啮合长度	不小于 7 mm	
16	底坑环境	清洁,无渗水、积水,照明正常	
17	减速机润滑油	油量适宜,除蜗杆伸出端外均无渗漏	
18	制动衬	清洁,磨损量不超过制造单位要求	
19	曳引轮槽、曳引钢丝绳	清洁、无严重油腻,张力均匀	
20	限速器轮槽、限速器钢丝绳	清洁、无严重油腻	
21	靴衬、滚轮	清洁,磨损量不超过制造单位要求	
22	层门、轿门系统中传动钢丝绳、链条、胶带	按照制造单位要求进行清洁、调整	
23	层门门导靴	磨损量不超过制造单位要求	
24	耗能缓冲器	电气安全装置功能有效,油量适宜,柱塞无锈蚀	
25	限速器张紧轮装置	工作正常	
26	电动机与减速机连轴器螺栓	无松动	
27	曳引轮、导向轮轴承部	无异常声,无振动,润滑良好	
28	曳引轮槽	磨损量不超过制造单位要求	

序号	维保项目(内容)	维保基本要求	维保结果
29	井道、对重、轿顶各反绳轮轴承部	无异常声,无振动,润滑良好	
30	曳引绳、补偿绳	磨损量、断丝数不超过要求	
31	曳引绳绳头组合	螺母无松动	
32	限速器钢丝绳	磨损量、断丝数不超过制造单位要求	
33	层门、轿门门扇	门扇各相关间隙符合标准	
34	对重缓冲距	符合标准	
35	补偿链(绳)与轿厢、对重接合处	固定、无松动	
维护保养人员(签字)		保养日期	
使用单位安全管理人员确认(签字)		日　期	

表 7-5　年度维保项目(内容)和要求

序号	维保项目(内容)	维保基本要求	维保结果
1	机房、滑轮间环境	清洁,门窗完好、照明正常	
2	手动紧急操作装置	齐全,在指定位置	
3	曳引机	运行时无异常振动和异常声响	
4	制动器各销轴部位	润滑,动作灵活	
5	制动器间隙	打开时制动衬与制动轮不应发生摩擦	
6	限速器各销轴部位	润滑,转动灵活,电气开关正常	
7	轿顶	清洁,防护栏安全可靠	
8	导靴上油杯	吸油毛毡齐全,油量适宜,油杯无泄漏	
9	对重块及其压板	对重块无松动,压板紧固	
10	轿门安全装置(安全触板)	功能有效	
11	轿门运行	开启和关闭工作正常	
12	轿厢平层精度	符合标准	
13	层门地坎	清洁	
14	层门自动关门装置	正常	
15	层门锁紧元件啮合长度	不小于 7 mm	
16	底坑环境	清洁,无渗水、积水,照明正常	
17	减速机润滑油	油量适宜,除蜗杆伸出端外均无渗漏	
18	制动衬	清洁,磨损量不超过制造单位要求	

续表

序号	维保项目（内容）	维保基本要求	维保结果
19	曳引轮槽、曳引钢丝绳	清洁、无严重油腻，张力均匀	
20	限速器轮槽、限速器钢丝绳	清洁、无严重油腻	
21	靴衬、滚轮	清洁，磨损量不超过制造单位要求	
22	层门、轿门系统中传动钢丝绳、链条、胶带	按照制造单位要求进行清洁、调整	
23	层门门导靴	磨损量不超过制造单位要求	
24	耗能缓冲器	电气安全装置功能有效，油量适宜，柱塞无锈蚀	
25	限速器张紧轮装置	工作正常	
26	电动机与减速机连轴器螺栓	无松动	
27	曳引轮、导向轮轴承部	无异常声，无振动，润滑良好	
28	曳引轮槽	磨损量不超过制造单位要求	
29	井道、对重、轿顶各反绳轮轴承部	无异常声，无振动，润滑良好	
30	曳引绳、补偿绳	磨损量、断丝数不超过要求	
31	曳引绳绳头组合	螺母无松动	
32	限速器钢丝绳	磨损量、断丝数不超过制造单位要求	
33	层门、轿门门扇	门扇各相关间隙符合标准	
34	对重缓冲距	符合标准	
35	补偿链（绳）与轿厢、对重接合处	固定、无松动	
36	减速机润滑油	按照制造单位要求适时更换，保证油质符合要求	
37	制动器铁芯（柱塞）	进行清洁、润滑、检查，磨损量不超过制造单位要求	
38	制动器制动弹簧压缩量	符合制造单位要求，保持有足够的制动力	
39	限速器安全钳联动试验（每两年进行一次限速器动作速度校验）	工作正常	
40	轿顶、轿厢架、轿门及其附件安装螺栓	紧固	
41	轿厢和对重的导轨支架	固定、无松动	

序号	维保项目(内容)	维保基本要求	维保结果
42	轿厢和对重的导轨	清洁,压板牢固	
43	层门装置和地坎	无影响正常使用的变形,各安装螺栓紧固	
44	安全钳钳座	固定、无松动	
45	轿底各安装螺栓	紧固	
46	缓冲器	固定、无松动	
维护保养人员(签字)		保养日期	
使用单位安全管理人员确认(签字)		日 期	

三、电梯机械结构系统常见故障分析

电梯机械系统的故障在电梯全部故障中所占的比重比较少,但是一旦发生故障,可能会造成长时间的停机待修或电气故障甚至会造成严重设备和人身事故。进一步减少电梯机械系统故障是维修人员努力争取的目标。

(1)机械系统的常见故障

①润滑系统的故障。由于润滑不好或润滑系统某个部件故障,造成转动部位发热或抱轴现象,使滚动和滑动部位的零件损坏。

②机件带伤运转。忽视了日常的预检修,未发现机械零件的转动、滑动和滚动部件的磨损,使机械零件带伤工作,造成电梯故障,被迫停机修理。

③连接部位松动。电梯的机械系统中,有许多部件是由螺栓连接的,运行过程中,由于振动等原因使螺栓松动、零部件移位造成磨损或撞毁机械零件,被迫停机。

④平衡系统的故障。当平衡系数与标准要求相差较远时,会造成轿厢蹲底或冲顶,限速器、闸瓦动作,被迫停机。

⑤门系统故障。一般表现为开门、关门过程中门扇抖动、有卡阻现象。主要原因为:踏板滑槽内有异物阻塞;吊门滚轮的偏心轮松动,与上坎的间隙过大或过小;吊门滚轮与门扇连接螺栓松动或滚轮严重磨损;吊门滚轮滑道变形或门板变形。因此,要及时清扫踏板滑槽内异物;修复调整偏心轮;调整或更换吊门滚轮;修复滑道门板。

⑥电梯运行时轿厢内有异常的噪声和振动。主要原因:导靴轴承磨损严重;导靴靴衬磨损严重;传感器与隔磁板有碰撞现象;反绳轮、导向轮轴承与轴套润滑不良;导轨润滑不良;门刀与层门锁滚轮碰撞,或碰撞层门地坎;随行电缆刮导轨支架;曳引钢丝绳张力调整不良;补偿链蹭导向装置或底坑地面。排除方法:更换导靴轴承;更换导靴靴衬;调整感应器与隔磁板位置尺寸;润滑反绳轮、导向轮轴承;润滑导轨;调整门刀与层门锁滚轮、门刀与层门地坑间隙;调整或重新捆绑电缆;调整曳引钢丝绳张力;提升补偿链或调整导向装置。

(2)机械系统常见故障的预防与修理

加强电梯的维护和保养是减少或避免电梯机械故障的关键,同时对机械故障的出现起到预防作用。一是要及时润滑有关部件;二是要紧固螺栓。做好这两项工作,机械系统的故障就

会大大减少。

　　发生故障后，维修人员要向司乘人员了解故障时的情况和现象。若电梯还能运行，维修人员应到轿厢内亲自控制电梯上下运行数次，通过眼看、耳听、鼻闻、触摸等实地考察、分析和判断，找出故障部位，并进行修理。修理时，应按照有关文件的技术要求和修理步骤，认真地把故障部件进行拆卸、清洗、检查、测量。符合要求的部件重新安装使用，不符合要求的部件一定要更换。修理后的电梯，在投入使用前必须经过认真的调试和试运行后，才能投入使用。

　　电梯轿厢被安全钳卡在导轨上，使其不能上下移动是电梯的一种特有故障。出现这种故障后，必须用承载能力大于轿厢重量，挂在机房楼板上的手动葫芦（导链）把轿厢上提 150 mm 左右，一般情况下安全钳可复位。然后，慢慢放下轿厢，撤去手动葫芦，把上梁的安全钳开关复位，机房的限位开关复位。经过这样的处理，一般电梯可恢复运行。但是，必须查明故障原因，采取相应的措施，并修复导轨卡痕后，才能交付使用。

　　电梯发生紧急故障停车时，往往出现异常振动和声响，被关在轿厢内的乘客容易恐惧和混乱。电梯维护人员赶到现场时，要稳定乘客情绪，采取应急措施，盘车救人，将乘客安全送出轿厢。盘车救人的流程如图 7-5 所示。

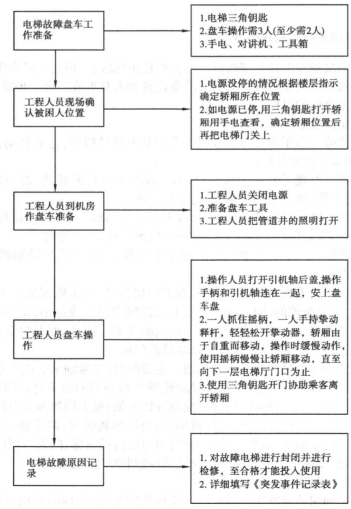

图 7-5　盘车救人流程

任务实施

一、任务提出

到学校物业服务中心实习,负责校园电梯系统的维护管理。

二、任务目标

1. 能独立进行校园电梯机械系统的管理维护。

2. 能维修简单的电梯机械系统故障。

三、实施步骤

1. 教师进行分组教学,3～5 人一组。

2. 分批跟随校园物业负责电梯机械系统管理维护的技术人员进行实习,边做边学。

3. 填写电梯机械系统维护作业记录表,见表7-6。

4. 维修 1～2 个简单电梯机械系统故障,记录到表7-6 中。

四、任务总结

1. 任务实施过程中,要时刻遵守各项安全制度。教学采用分组形式,实施前要进行实训安全教育。

2. 利用 2 课时,进行实习总结。每一组都要做实习分享。

3. 任务结束后,学生要完成相应的实训报告书。

思考与练习

1. 简述电梯机械系统的组成。

2. 学校电梯突然停电,并且有学生关在电梯里面,简述如何进行盘车救人。

3. 上网进行资料检索,简述地震后,电梯的修复工作有哪些?

4. 电梯门关不上,电梯不运行,简述引起此故障的原因及处理方法。

5. 电梯运行时,在轿厢中总是听到"咔咔"噪声,简述引起此故障的原因及处理方法。

表 7-6　电梯机械系统故障维修记录表

使用单位	
维修单位	
故障表现	

续表

故障原因		
故障处理方法		
需要更换的设备或构配件报价		
使用单位签字（盖章）		年　　月　　日
维修单位签字（盖章）		年　　月　　日

任务二　电气控制系统的运行管理与维护

教学目标

终极目标：会进行日常管理及维护维修电梯电气控制系统。

促成目标：1. 能讲解电梯电气控制系统的组成。

　　　　　2. 会进行日常管理电梯电气控制系统。

　　　　　3. 会维修电梯电气控制系统的简单故障。

工作任务

1. 维护电梯电气控制系统(以校园电梯为对象)。
2. 进行简单故障的维修。

相关知识

一、电梯电气控制系统组成

电梯的控制主要是指对电梯曳引电动机的启动、减速、停止、运行方向、选层停车、层楼显示、层站召唤、轿厢内指令、安全保护等信号进行处理和管理及对开关门电动机控制。

电梯控制系统一般包括轿厢操纵箱、指层器、召唤盒、平层装置、检修开关、层楼检测器、安全保护器件、曳引电动机、电磁制动器、开关门电器等,如图7-6所示。

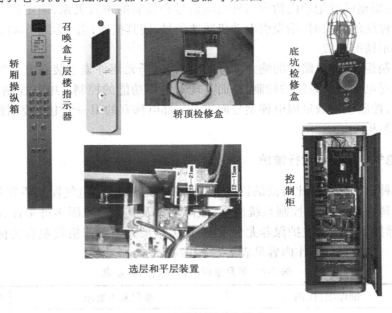

图7-6 电梯控制系统组成

①轿厢操纵箱:包含运行方式开关、指令按钮、方向按钮、开关门按钮、检修运行开关、警铃按钮、直驶按钮、风扇开关、召唤蜂鸣器、召唤楼层和召唤方向指示灯、照明开关。

②层楼指示器:有信号灯、数码管、液晶显示等形式。

层楼信息获得方法:

a. 通过机械选层器获得:动触点接通不同的层楼灯。此方式已逐渐被淘汰。

b. 通过装在井道中的感应器获得:其原理是电梯运行时,安装在轿厢上的隔磁板插入某层的感应器时,感应器触点动作,发出一个开关信号,指示相应楼层。

c. 通过微机选层器获得:通过脉冲计数,计算出运行距离,得到层楼信号。

③召唤盒:供厅外乘用人员召唤电梯。

④检修开关盒:通常在电梯机房控制柜、轿厢内与轿厢顶,设有电梯检修开关盒,盒内一般有检修开关、急停按钮、开关门按钮以及慢上、慢下按钮。轿顶检修开关盒还装有电源插座、照明灯及其开关等。

⑤平层装置:用于轿厢平层判定。有些具有预开门功能及自动再平层功能。

a. 隔磁板与干簧管感应器平层装置:由 U 形永磁钢、干簧管、盒体组成。

工作原理:由 U 形永磁钢产生磁场对干簧管感应器产生作用,使干簧管内的触点动作,即动合(常开)触点闭合,动断(常闭)触点断开。当隔磁板插入 U 形永磁钢与干簧管中间空隙时,永磁钢磁路被隔磁板断路,使干簧管失磁,其触点恢复原来的状态,即动合(常开)触点断开,动断(常闭)触点闭合。当隔磁板离开感应器后,磁场又重新形成,干簧管内的触点又动作,达到控制继电器发出指令的目的。

b. 圆形永久磁铁与双稳态开关平层装置。

工作原理:在干簧管上设置两个极性相反、磁性较小的磁铁,它使干簧管中的触点维持现有状态,只有受到外界同极性磁场作用时,触点吸合,受到异极性磁场作用时,触点断开。

⑥选层器:根据已登记的内指令与外召唤信号和轿厢的位置关系,确定运行方向;当电梯将要到达所需停站的楼层时,给曳引电动机减速信号,使其换速;当平层停车后,消去已应答的指令信号并指示轿厢位置。

⑦电气控制柜:电梯电路中的绝大部分的电器、电子元器件集中装在电气控制柜中,其主要作用是完成对电力拖动系统的控制,从而实现对电梯功能的控制。电气控制柜通常安装在电梯的机房里,控制柜的数量因电梯型号而定。一部电梯有的用一个电气控制柜,有的用两个或 3 个电气控制柜。

二、电梯电气控制系统运行维护

电梯是一种自动化程度比较高的机电合一的垂直运输设备,电气控制环节多,元件安装分散。电梯的故障多数是电气控制系统故障,故障现象及其故障原因多种多样,故障点较为广泛。因此,电梯控制系统的维护保养尤为重要,相关维护人员要严格按照有关标准,进行日常维护保养工作。维护保养工作内容见表 7-7—表 7-11。

表 7-7 半月维保项目(内容)和要求

序号	维保项目(内容)	维保基本要求	维保结果
1	编码器	清洁,安装牢固	
2	轿顶检修开关、急停开关	工作正常	
3	井道照明	齐全、正常	
4	轿厢照明、风扇、应急照明	工作正常	
5	轿厢检修开关、急停开关	工作正常	
6	轿内报警装置、对讲系统	工作正常	
7	轿内显示、指令按钮	齐全、有效	
8	轿门安全装置(光幕、光电等)	功能有效	
9	轿门门锁电气触点	清洁,触点接触良好,接线可靠	

序号	维保项目（内容）	维保基本要求	维保结果
10	层站召唤、层楼显示	齐全、有效	
11	层门门锁电气触点	清洁，触点接触良好，接线可靠	
12	底坑急停开关	工作正常	
维护保养人员（签字）		保养日期	
使用单位安全管理人员确认（签字）		日　期	

表 7-8　月维保项目（内容）和要求

序号	维保项目（内容）	维保基本要求	维保结果
1	编码器	清洁，安装牢固	
2	轿顶检修开关、急停开关	工作正常	
3	井道照明	齐全、正常	
4	轿厢照明、风扇、应急照明	工作正常	
5	轿厢检修开关、急停开关	工作正常	
6	轿内报警装置、对讲系统	工作正常	
7	轿内显示、指令按钮	齐全、有效	
8	轿门安全装置（光幕、光电等）	功能有效	
9	轿门门锁电气触点	清洁，触点接触良好，接线可靠	
10	层站召唤、层楼显示	齐全、有效	
11	层门门锁电气触点	清洁，触点接触良好，接线可靠	
12	底坑急停开关	工作正常	
13	验证轿门关闭的电气安全装置	工作正常	
维护保养人员（签字）		保养日期	
使用单位安全管理人员确认（签字）		日　期	

表 7-9　季维保项目（内容）和要求

序号	维保项目（内容）	维保基本要求	维保结果
1	编码器	清洁，安装牢固	
2	轿顶检修开关、急停开关	工作正常	
3	井道照明	齐全、正常	
4	轿厢照明、风扇、应急照明	工作正常	
5	轿厢检修开关、急停开关	工作正常	

续表

序号	维保项目（内容）	维保基本要求	维保结果
6	轿内报警装置、对讲系统	工作正常	
7	轿内显示、指令按钮	齐全、有效	
8	轿门安全装置（光幕、光电等）	功能有效	
9	轿门门锁电气触点	清洁，触点接触良好，接线可靠	
10	层站召唤、层楼显示	齐全、有效	
11	层门门锁电气触点	清洁，触点接触良好，接线可靠	
12	底坑急停开关	工作正常	
13	位置脉冲发生器	工作正常	
14	选层器动静触点	清洁，无烧蚀	
15	验证轿门关闭的电气安全装置	工作正常	
16	消防开关	工作正常，功能有效	
17	限速器电气安全装置	工作正常	
维护保养人员（签字）		保养日期	
使用单位安全管理人员确认（签字）		日 期	

表 7-10　半年维保项目（内容）和要求

序号	维保项目（内容）	维保基本要求	维保结果
1	编码器	清洁，安装牢固	
2	轿顶检修开关、急停开关	工作正常	
3	井道照明	齐全、正常	
4	轿厢照明、风扇、应急照明	工作正常	
5	轿厢检修开关、急停开关	工作正常	
6	轿内报警装置、对讲系统	工作正常	
7	轿内显示、指令按钮	齐全、有效	
8	轿门安全装置（光幕、光电等）	功能有效	
9	轿门门锁电气触点	清洁，触点接触良好，接线可靠	
10	层站召唤、层楼显示	齐全、有效	
11	层门地坎	清洁	
12	层门门锁电气触点	清洁，触点接触良好，接线可靠	
13	底坑急停开关	工作正常	
14	位置脉冲发生器	工作正常	

序号	维保项目(内容)	维保基本要求	维保结果
15	选层器动静触点	清洁,无烧蚀	
16	验证轿门关闭的电气安全装置	工作正常	
17	消防开关	工作正常,功能有效	
18	限速器电气安全装置	工作正常	
19	制动器上检测开关	工作正常,制动器动作可靠	
20	控制柜内各接线端子	各接线紧固,整齐,线号齐全清晰	
21	控制柜各仪表	显示正确	
22	上下极限开关	工作正常	
维护保养人员(签字)		保养日期	
使用单位安全管理人员确认(签字)		日　期	

表 7-11　年度维保项目(内容)和要求

序号	维保项目(内容)	维保基本要求	维保结果
1	编码器	清洁,安装牢固	
2	轿顶检修开关、急停开关	工作正常	
3	井道照明	齐全、正常	
4	轿厢照明、风扇、应急照明	工作正常	
5	轿厢检修开关、急停开关	工作正常	
6	轿内报警装置、对讲系统	工作正常	
7	轿内显示、指令按钮	齐全、有效	
8	轿门安全装置(光幕、光电等)	功能有效	
9	轿门门锁电气触点	清洁,触点接触良好,接线可靠	
10	层站召唤、层楼显示	齐全、有效	
11	层门门锁电气触点	清洁,触点接触良好,接线可靠	
12	底坑急停开关	工作正常	
13	位置脉冲发生器	工作正常	
14	选层器动静触点	清洁,无烧蚀	
15	验证轿门关闭的电气安全装置	工作正常	
16	消防开关	工作正常,功能有效	
17	限速器电气安全装置	工作正常	
18	制动器上检测开关	工作正常,制动器动作可靠	

续表

序号	维保项目(内容)	维保基本要求	维保结果
19	控制柜内各接线端子	各接线紧固,整齐,线号齐全清晰	
20	控制柜各仪表	显示正确	
21	上下极限开关	工作正常	
22	控制柜接触器,继电器触点	接触良好	
23	导电回路绝缘性能测试	符合标准	
24	上行超速保护装置动作试验	工作正常	
25	随行电缆	无损伤	
26	轿厢称重装置	准确有效	
维护保养人员(签字)		保养日期	
使用单位安全管理人员确认(签字)		日　期	

三、电梯电气控制系统常见故障分析

1. 按故障发生原因分类

电梯故障绝大多数是电气控制系统的故障。按照故障发生原因分类,电气系统的故障大致可以分为两类:

①断路故障。电路中往往会发现电气元件入线和出线的压接螺钉松动或焊点虚焊造成电气回路断路或接触不良。断路时必须马上进行检查修理;接触不良久而久之会使引入或引出线拉弧烧坏接点和电器元件。断路故障的检查方法:a. 电阻法;b. 电压法;c. 短路法;d. 灯泡法;f. 程序法。

②短路故障。当电路中发生短路故障时,轻则会烧毁熔断器,重则烧毁电气元件,甚至会引起火灾。常见的有接触器或继电器的机械和电器连锁失效,可能产生接触器或继电器抢动造成短路。接触器的主接点接通或断开时,产生的电弧使周围的介质击穿而产生短路。电气元件绝缘材料老化、失效、受潮也会造成短路。短路故障的检查方法:采用分区分段方法查找短路故障。

2. 按发生故障部件分类

若按照常发生故障部件分类,大致分为 4 类:

①门系统故障。采用自动开关门的电梯,其故障多为各种电器元件的触点接触不良所致,而触点接触不良主要是由于元器件本身的质量,安装调整的质量,维护保养的质量等存在问题所致。

②继电器故障。电梯控制电路包含许多继电器,故障一般出在继电器的触点上。触点通断时的电弧使触点烧坏,使其不能闭合或长期粘连,造成断路或短路。

③各类电气开关绝缘老化。电器元件受潮通电时产生的热量,都加速了绝缘的老化,使绝缘击穿造成短路。

④外界干扰。电子技术的发展,使可编程控制器和计算机等先进设备应用在电梯的控制系统中,发展为无触点电气控制系统。这种控制系统避免了继电控制系统的触点故障。但是,这种系统中的控制信号较小,容易受到外界干扰,如果屏蔽不好,常使电梯产生误动作。

电梯的电气控制系统结构复杂而又分散,要想迅速排除电气系统的故障,维修人员必须掌握一定的方法,要不断分析、研究和总结经验,做到准确判断故障发生点,并迅速排除故障,如图 7-7 所示。维修人员应掌握电梯电气控制系统的电原理图、接线图、安装位置图;熟悉电梯的启动、加速、满速运行、到站提前换速、平层、开门等全部控制过程;掌握各电器元件间的控制关系,继电器、接触器接点的作用;了解各电器元件的安装位置和机电间的配合关系。

图 7-7　电梯控制系统的维修

3. 电梯常见故障的维修方法

(1)电网供电正常,电梯没有快车和慢车

主要原因:

①主电路或控制回路的熔断器熔体烧断。

②电压继电器损坏,其他电路中安全保护开关的接点接触不良、损坏。

③经控制柜接线端子至电动机接线端子的接线,未接到位。

④各种保护开关动作未恢复。

排除方法:

①检查主电路和控制电路的熔断器熔体是否熔断,是否安装,熔断器熔体是否夹紧到位。根据检查的情况排除故障。

②查明电压继电器是否损坏;检查电压继电器是否吸合,检查电压继电器线圈接线是否接通;检查电压继电器动作是否正常。根据检查的情况排除故障。

③检查控制柜接线端子的接线是否到位;检查电机接线盒接线是否到位夹紧;根据检查情况排除故障。

④检查电梯的电流、过载、弱磁、电压、安全回路各种元件接点或动作是否不正常,根据检查的情况排除故障。

(2)电梯下行正常,上行无快车

主要原因:

①上行第一、第二限位开关接线不实,开关接点接触不良或损坏。

②上行控制接触器、继电器不吸合或损坏。

③控制回路接线松动或脱落。

排除方法:

①将限位开关接点的接线接实,更换限位开关的接点,更换限位开关。

②将下行控制接触器继电器线圈的接线接实,更换接触器继电器。

③将控制回路松动或脱落的接线接好。

（3）电梯轿厢到平层位置不停车

主要原因：

①上、下平层感应器的干簧管接点接触不良,隔磁板或感应器相对位置尺寸不符合标准要求,感应器接线不良。

②上、下平层感应器损坏。

③控制回路出现故障。

④上、下方向接触器不复位。

排除方法：

①将干簧管接点接好,将感应器调整好,调整隔磁板或感应器的尺寸。

②更换平层感应器。

③排除控制回路的故障。

④调整上、下方向接触器。

（4）轿厢运行到所选楼层不换速

主要原因：

①所选楼层换速感应器接线不良或损坏。

②换速感应器与感应板位置尺寸不符合标准要求。

③控制回路存在故障。

④快速接触器不复位。

排除方法：

①更换感应器或将感应器接线接好。

②调整感应器与感应板的位置尺寸,使其符合标准。

③检查控制回路,排除控制回路故障。

④调整快速接触器。

（5）电梯有慢车没快车

主要原因：

①轿门、某层门的厅门电锁开关接点接触不良或损坏。

②上、下运行控制继电器、快速接触器损坏。

③控制回路有故障。

排除方法：

①调整修理层门及轿门电锁接点或更换接点。

②更换上、下行控制继电器或接触器。

③检查控制回路,排除控制回路故障。

（6）轿厢运行未到换速点突然换速停车

主要原因：

①开门刀与层门锁滚轮碰撞。

②开门刀与层门锁调整不当。

排除方法：

①调整开门刀或层门锁滚轮。

②调整开门刀或层门锁。

（7）轿厢平层准确度误差过大

主要原因：

①轿厢超负荷。
②制动器未完全打开或调整不当。
③平层感应器与隔磁板位置尺寸发生变化。
④制动力矩调整不当。
排除方法：
①严禁超负荷运行。
②调整制动器，使其间隙符合标准要求。
③调整平层传感器与隔磁板位置尺寸。
④调整制动力矩。
（8）选层记忆并关门后电梯不能启动运行
主要原因：
①层轿门电联锁开关接触不良或损坏。
②制动器抱闸未能松开。
③电源电压过低。
④电源断相。
排除方法：
①修复或更换层轿门联锁开关。
②调整制动器使其松闸。
③待电源电压正常后再投入运行。
④修复断相。
（9）电梯启动困难或运行速度明显降低
主要原因：
①电源电压过低或断相。
②电动机滚动轴承润滑不良。
③曳引机减速器润滑不良。
④制动器抱闸未松开。
排除方法：
①检查修复。
②补油、清洗、更换润滑油。
③补油或更换润滑油。
④调整制动器。
（10）直流门机开关门过程中冲击声过大
主要原因：
①开关门限位电阻调整不当。
②开关门限速电阻调整不当或调整环接触不良。
排除方法：
①调整限位电阻位置。
②调整电阻环位置或者调整电阻环接触压力。
（11）电梯到达平层位置不能开门
主要原因：
①开关门电路熔断器熔体熔断。

②开关门限位开关接点接触不良或损坏。

③提前开门传感器插头接触不良、脱落或损坏。

④开门继电器损坏或其控制电路有故障。

⑤开门机传动带脱落或断裂。

排除方法：

①更换熔断器的熔体。

②更换或修复限位开关。

③更换或修复传感器插头。

④更换断电器、修复控制电路故障。

⑤调整或更换开门机皮带。

（12）按关门按钮不能自动关门

主要原因：

①开关门电路的熔断器熔体熔断。

②关门继电器损坏或其控制回路有故障。

③关门第一限位开关的接点接触不良或损坏。

④安全触板未复位或开关损坏。

⑤光电保护装置有故障。

排除方法：

①更换熔断器熔体。

②更换继电器或检查电路故障并修复。

③更换限位开关。

④调整安全触板或更换安全触板开关。

⑤修复或更换门光电保护装置。

 任务实施

一、任务提出

到学校物业服务中心实习，负责校园电梯系统的维护管理。

二、任务目标

1. 能独立进行校园电梯系统的管理维护。

2. 能维修简单的电梯控制系统故障。

三、实施步骤

1. 教师进行分组教学，3～5人一组。

2. 分批跟随校园物业负责电梯系统管理维护的技术人员进行实习，边做边学。

3. 填写电梯控制系统维护作业记录表，见表7-7。

4. 维修1～2个简单电梯控制系统故障，记录到表7-12中。

四、任务总结

1. 任务实施过程中，要时刻遵守各项安全制度。教学采用分组形式，实施前要进行实训安全教育。

2. 利用2课时，进行实习总结。每一组都要做实习分享。

3. 任务结束后，学生要完成相应的实训报告书。

思考与练习

1. 简述电梯控制系统的组成。

2. 学校电梯总是不能平层,简述引起此故障的原因及处理方法。

3. 学校一台无机房电梯突然停电,并关人,如何进行盘车救人?

4. 电梯到达层站的时候,总是不减速而突然停止,简述引起此故障的原因及处理方法。

5. 电梯的呼梯按钮摁下去没反应,指示灯也不亮,简述引起此故障的原因及处理方法。

表 7-12 电梯电气系统故障维修记录表

使用单位	
维修单位	
故障表现	
故障原因	
故障处理方法	
需要更换的设备或构配件报价	
使用单位签字 (盖章)	年　　月　　日
维修单位签字 (盖章)	年　　月　　日

任务三 安全保护系统的运行管理与维护

教学目标

终极目标:会进行日常管理及维护维修电梯安全保护系统。

促成目标:1.能讲解电梯安全保护系统的组成。

2.会进行日常管理电梯安全保护系统。

3.会维修电梯安全保护系统的简单故障。

工作任务

1.维护电梯安全保护系统(以校园电梯为对象)。

2.进行简单故障的维修。

相关知识

一、安全保护系统组成

电梯中设置了多种机械、电气安全装置(图7-8):超速保护装置——限速器、安全钳;超越行程的保护装置——强迫减速开关、终端限位开关、终端极限开关,分别达到强迫减速、切断方向控制电路、切断动力输出(电源)的三级保护;冲顶(蹲底)保护装置——缓冲器;门安全保护装置——层门门锁与轿门电气联锁及门安全触板(光幕);轿厢超载保护装置及各种装置的状态检测保护装置——限速器断绳开关、安全钳启动开关等;确保功能完好下电梯工作以及电气安全保护系统——供电系统保护、电机过载、过流等装置及报警装置等;电梯维修人员在轿顶施工保护装置——轿顶护栏。这些装置共同组成了电梯安全保护系统,以防止任何不安全的情况发生。只有每个安全部件都在正常的情况下,电梯才能运行,否则电梯立即停止运行。

所谓安全回路,就是在电梯各安全部件都装有一个安全开关,把所有的安全开关串联,控制一只安全继电器。只有所有安全开关都在接通的情况下,安全继电器吸合,电梯才能得电运行。

常见的安全回路开关有:

机房:控制屏急停开关,相序继电器、热继电器、限速器开关。

井道:上极限开关、下极限开关(有的电梯把这两个开关放在安全回路中,有的则用这两个开关直接控制动力电源)。

地坑:断绳保护开关、地坑检修箱急停开关、缓冲器开关。

轿内:操纵箱急停开关。

轿顶:安全窗开关、安全钳开关、轿顶检修箱急停开关。

门:为保证电梯必须在全部门关闭后才能运行,在每扇厅门及轿门上都装有门电气联锁开关。只有全部门电气联锁开关在全部接通的情况下,控制屏的门锁继电器方能吸合,电梯才能运行。

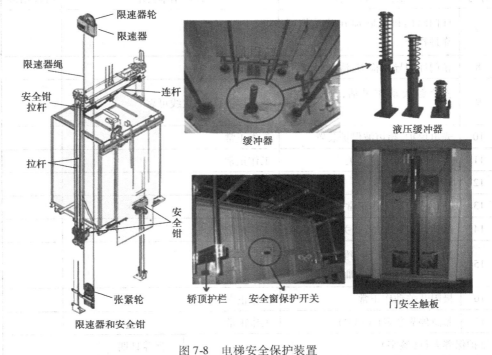

图 7-8 电梯安全保护装置

二、安全保护系统运行维护

电梯的维护和使用必须随时注意,随时检查安全保护装置的状态是否正常有效,很多事故就是由于未能发现、检查到电梯状态不良和未能及时维护检修,以及不正确使用造成的。电梯安全保护系统维保项目(每次维护保养均需检查)见表 7-13。

表 7-13 维保项目(内容)和要求

序号	维保项目(内容)	维保基本要求	维保结果
1	张紧轮(离地距离,清洁加油,断绳开关间隙)	清洁,安装牢固,位置满足标准	
2	对重缓冲距,轿厢缓冲距检查,对重防护栏补偿连接可靠,运行正常	距离符合国标要求	
3	上下限位开关动作可靠性检查	工作正常	
4	安全钳间隙检查调整,清洁,开关动作正常	间隙符合标准,开关工作正常	
5	底坑安全开关工作正常	工作正常	
6	液压缓冲器油位检查,限位开关动作正常	工作正常	

续表

序号	维保项目(内容)	维保基本要求	维保结果
7	厅门轿门机电联锁开关动作可靠性检查	工作正常	
8	轿门厅门导轨检查,清洁润滑	门开关顺畅	
9	安全触板动作灵活,开关接线可靠	触点接触良好,接线可靠	
10	光电保护,超声波保护装置	工作正常	
11	轿顶安全窗限位开关	工作正常	
12	轿顶检修箱开关	工作正常	
13	轿顶感应器工作正常,清洁调整	工作正常	
14	限速器铅封完整,开关运作正常	工作正常	
15	制动器动作灵活,维持电压正常,间隙调整,轴销加油润滑	工作正常	
16	极限开关动作正常	工作正常	
17	紧急停靠装置(MELD)	工作正常	
维护保养人员(签字)		保养日期	
使用单位安全管理人员确认(签字)		日 期	

三、安全保护系统常见故障分析

(1)安全回路故障

当电梯处于停止状态,所有信号不能登记,快车慢车均无法运行,首先怀疑是安全回路故障,应该到机房控制屏观察安全继电器的状态。如果安全继电器处于释放状态,则应判断为安全回路故障。

故障原因:

①输入电源的相序错或有缺相引起相序继电器动作。

②电梯长时间处于超负载运行或堵转,引起热继电器动作。

③可能限速器超速引起限速器开关动作。

④电梯冲顶或沉底引起极限开关动作。

⑤地坑断绳开关动作,可能是限速器绳跳出或超长。

⑥安全钳动作,应查明原因,可能是限速器超速动作、限速器失油误动作、地坑绳轮失油、地坑绳轮有异物(如老鼠等)卷入、安全钳锲块间隙太小等。

⑦安全窗被人顶起,引起安全窗开关动作。

⑧可能有的急停开关被人按下。

⑨如果各开关都正常,应检查其触点接触是否良好,接线是否有松动等。

另外,目前较多电梯虽然安全回路正常,安全继电器也吸合,但通常在安全继电器上取一付常开触点再送到微机(或 PC 机)进行检测,如果安全继电器本身接触不良,也会引起安全回路故障的状态。

（2）门锁回路故障

在全部门关闭的状态下,到控制屏观察门锁继电器的状态,如果门锁继电器处于释放状态,则应判断为门锁回路断开。

故障原因:

由于目前大多数电梯在门锁断开时快车慢车均不能运行,因此门锁故障虽然容易判断,却很难找出是哪道门故障。

①首先应重点怀疑电梯停止层的门锁是否故障。

②询问是否有三角钥匙打开过层门,在厅外用三角钥匙重新开关一下厅门。

③确保在检修状态下,在控制屏分开短接厅门锁和厅门锁,分出是厅门部分还是轿门部分故障。

④如是厅门部分故障,确保检修状态下,短接厅门锁回路,以检修速度运行电梯,逐层检查每道厅门联锁接触情况(别忘了被动门),如图7-9 所示。

注意:在修复门锁回路故障后,一定要先取掉门锁短接线,方能将电梯恢复到快车状态。

另外,目前较多电梯虽然门锁回路正常,门锁继电器也吸合,但通常在门锁继电器上取一付常开触点再送到微机(或 PC 机)进行检测,如果门锁继电器本身接触不良,也会引起门锁回路故障的状态。

图7-9　门锁维护保养

（3）安全触板(门光电、门光幕)故障

①电梯门关不上:电梯在自动位时不能关闭,或没有关完就反向开启,检修时却能关上。

故障原因:安全触板开关坏,或被卡住,或开关调整不当,安全触板稍微动作即引起开关动作。门光电(或光幕)位置偏或被遮挡,或门光电无(光幕)供电电源,或光电(光幕)已坏。

②安全触板不起作用:安全触板开关坏,或线已断。

（4）井道上下强迫减速限位故障

①故障现象:电梯快车不能向上运行,但慢车可以。

故障原因:可能是向上强迫减速限位已坏,处于断开状态。

②故障现象：电梯快车不能向下运行，但慢车可以。

故障原因：可能是向上强迫减速限位已坏，处于断开状态。

③故障现象：电梯处于故障状态，程序起保护。可能用故障代码显示为换速开关故障。

故障原因：可能是向上或向下强迫减速限位已坏。因为强迫减速限位在电梯安全中显得相当重要，许多电梯程序都被设计成对该限位有检测功能，如果检测到该限位坏，即起程序保护，电梯处于"死机"状态。

 任务实施

一、任务提出

到学校物业服务中心实习，负责校园电梯系统的维护管理。

二、任务目标

1. 能独立进行校园电梯安全保护系统的管理维护。

2. 能维修简单的电梯安全保护系统故障。

三、实施步骤

1. 教师进行分组教学，3～5人一组。

2. 分批跟随校园物业负责电梯系统管理维护的技术人员进行实习，边做边学。

3. 填写电梯安全保护系统维护作业记录表，见表7-13。

4. 维修1～2个简单的电梯安全保护系统故障，记录到表7-14中。

四、任务总结

1. 任务实施过程中，要时刻遵守各项安全制度。教学采用分组形式，实施前要进行实训安全教育。

2. 利用2课时，进行实习总结。每一组都要做实习分享。

3. 任务结束后，学生要完成相应的实训报告书。

 思考与练习

1. 简述电梯安全保护系统的组成。

2. 学校电梯门保护不起作用，存在很大危险，简述引起此故障的原因及处理方法。

3. 学校电梯所有层门均关闭，但是电梯却不能运行（包括上行和下行），简述引起此故障原因及处理方法。

表7-14　电梯安全保护系统故障维修记录表

使用单位	
维修单位	

续表

故障表现			
故障原因			
故障处理方法			
需要更换的设备或构配件报价			
使用单位签字（盖章）		年　月　日	
维修单位签字（盖章）		年　月　日	

项目八
给排水系统的运行管理与维护

  建筑给排水由两组独立的子系统组成,一个进净水,一个出废水,如图 8-1 所示。接入住宅的水具有一定的水压。足够的压强使水得以流到楼上,流过弯角,以及流到任何需要它的地方。在水进入住宅时,会流过一个测量用水量的仪表。仪表附近一般都有一个控制水流的总阀门。当管道系统出现紧急情况时,迅速关闭总阀门极为关键。否则,一旦水管发生爆裂,屋内顷刻间就会成为汪洋。不过,如果只是水槽、浴缸或马桶出了问题,此时并不希望切断整个水源。因此,大多数洁具都应该设有独立的关闭阀门。

  《建筑给水排水设计规范》(GB 50015—2010)指出给排水系统是为人们的生活、生产提供用水和废水排除设施的总称。给排水系统是任何建筑都必不可少的重要组成部分。随着经济和科技的发展,现代许多建筑除了拥有生活给水系统、生活排水系统外,还设计安装有中水系统,达到环保节能效果。这几个系统都是楼宇自动化系统重要的监控对象。

  由于消防水系统与火灾自动报警系统、消防自动灭火系统关系密切,国家技术规范规定消防给水应由消防系统统一控制管理,因此,消防给水系统由消防联动控制系统进行控制。

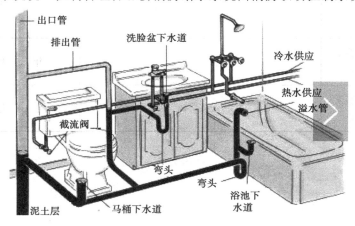

图 8-1　建筑给排水系统

任务一　给水系统的运行管理与维护

教学目标

终极目标:会进行日常管理及维护维修建筑给水系统。
促成目标:1.能讲解建筑给水系统的组成。
　　　　　2.会进行日常管理建筑给水系统。
　　　　　3.会维修建筑给水系统的简单故障。

工作任务

1.维护建筑给水系统(以校园供水系统为对象)。
2.进行简单故障的维修。

相关知识

一、给水系统组成

给水系统主要是对建筑给水的状态、参数进行监控与控制,保证系统的运行参数满足建筑的供水要求以及供水系统的安全。室内给水系统一般由引入管、水表、管道系统、配水装置和给水附件等部分组成,如图8-2所示。引入管又称进户管,自室外给水管将水引入室内的管段。水表是安装在引入管上的水表及其前后设置的阀门和泄水装置的总称,如图8-3所示。管道系统一般由干管、立管和支管等组成。配水装置指的是各类配水龙头和配水阀等。给水附件为管道系统中调节和控制水量的各类阀门。

给水方式一般有:

①室外给水管网直接供水。如果室外给水管网能保证最不利点的卫生器具和用水设备连续工作所需要的水压和水量,可直接用作室内生活或生产给水系统的水源。

②高位水箱供水。如果室外给水管网中的水压周期性地不足,可采用这种方式。

③由加压水泵和高位水箱供水。如果室外给水管网的水压经常不足而用水量又很不均匀,必须用水泵加压,并由水箱调节储存。为防止用水泵直接自室外管网吸水,影响相邻建筑的正常供水,一般要求设吸水池。

④用气压罐供水。如果室外给水管网中的水压经常不足而室内又不能设置高位水箱,可采用此方式。这种供水方式用水泵自吸水池吸水送入充满压缩空气的密闭罐内,靠压缩空气的压力,向各用水点供水。与高位水箱供水方式比较,优点是设置地点灵活;缺点是占地面积大,造价高,存水量少,安装和操作比较复杂,不如高位水箱供水安全。

⑤水泵连续运转供水。现代一些高层建筑,多采用吸水池贮水;用自动化装置控制水泵和保持管内水压。

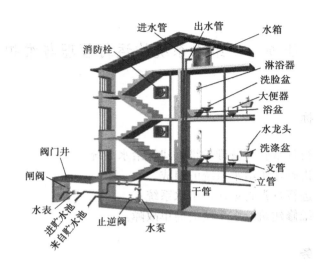

图 8-2　建筑给水系统

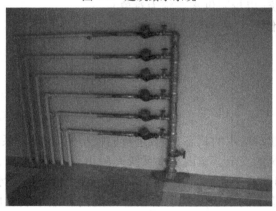

图 8-3　水表和水阀

二、给水系统运行维护

1. 室内给水系统的管理范围和管理内容

（1）室内给水系统的管理范围

对于一般居住小区，如果物业管理公司管理的对象是高层楼房，以楼内供水泵房总计费表为界；如果是多层楼房，则以楼外自来水表井为界。界线以外（含计费水表）的供水管线及设备有供水部门负责维护、管理。供水管线及管线上设置的地下消防井、消火栓等消防设施，由供水部门负责维护管理，公安消防部门负责监督检查；高低层消防供水系统，包括泵房、管道，并接受公安消防部门的检查。

（2）室内给水系统的管理内容

①防止二次供水的污染，对水池、水箱定期消毒，保持其清洁卫生。

②对供水管道、阀门、水表、水泵、水箱进行经常性维护和定期检查，确保供水安全。

③发生漏水、停水故障，应及时抢修。

④保持消防水系统的正常工作，并应将系统检查报告送交当地消防部门备案。

⑤露于空间的管道及设备,需定期进行检查和刷防腐涂料,以延长设备的使用寿命。北方寒冷地区还应注意管道冬季防冻。

⑥对于临时停用设备和备用设备,要按规定的时间进行一次使用试验,使设备经常处于备用状态。

⑦检查水泵、电机有无异常声响,如发现情况要及时处理。对使用到期或过期的残旧设备应及时更换,防止重大事故的发生。

2. 室内给水系统的管理要求

建立正常供水、用水制度是对物业管理公司室内给水系统管理的基本要求,具体要做到:

①加强配水管网的管理。大型物业的配水管网是比较复杂的,需要做好管网的压强、流量测量工作,搞好平差计算和管网分析,全面掌握管网负荷、压力和完好程度。有计划地调整和更新不合理的管道,充分发挥管网的配水能力。

②狠抓节约用水,防止跑冒滴漏。大力宣传节约用水,订立奖罚制度,建立节水管理机构,努力提高水的利用效率;做好供水量的计量和收费,定期进行数据的统计和分析,发现异常情况应及时处理;建立责任制,由专人负责日常供水、用水的监督检查,做好巡视工作,保证供水的安全进行,防止大面积跑水事故的发生。

③搞好供水设备和设施的维护,制订管理办法。明确规定各项设施设备的维修周期、技术要求和质量标准,按规定进行设备设施的检修、改造、更新,定期进行性能测定,保证设备效率。

3. 室内给水系统的维护

1)给水管道的养护及维修

(1)给水管道的养护

①给水管道的检查。维修养护人员应对给水系统十分熟悉,经常检查给水管道及阀门(地上、地下及屋顶等)的使用情况,经常注意地下有无漏水、渗水、积水等异常情况,如果发现有漏水现象,应及时进行维修,如图8-4所示。

②给水管道的保温防冻工作。在每年冬季来临之前,维修人员要注意做好室内外的管道、阀门、消防栓等的防冻保温工作。

图8-4　室内给水系统维护

（2）给水管道的维修

①管道漏水。漏水是给水管道及配件常见的主要问题。明装管道可沿管线检查，即可发现渗漏部分；对于埋地直管，首先进行观察，对地面长期潮湿、积水和冒水的管段进行检漏，同时参考原设计图纸和现有的阀门位置，准确确定渗漏位置，进行挖开修理。

渗漏管道的维修常有以下方法：

a. 哈夫夹堵漏法。用铅楔或木楔打入洞眼内，然后垫以 2～3 mm 厚的橡皮布，最后用尺寸合适的哈夫夹夹固。

b. 换管法。对于严重锈蚀的管段则需进行更换。地下水管的更换有时需锯断管子的一头或两头，再截取长度合适的新水管，用活接头予以重新连接。

②管道冻裂。对发生冰冻的上水管道，宜采用浇以温水逐步升温或包保温材料的方法，让其自然化冻。对已经冻裂的水管，可根据具体情况，采取补焊或换管的方法处理。

2）给水水池、水箱的维护与管理

（1）贮水池的清洗

根据环保和卫生防疫部门的要求，为确保水池水质，每季度应对水池清理一次。操作要求如下：

①准备工作：

a. 操作人员必须持有卫生防疫部门核发的体检合格证。

b. 通知监控室开始清洗水池，以免发生误报警。

c. 关闭双联水池进水阀门，安排临时排风设施、临时水源，打开水池进口盖。

②清洗操作：

a. 当双联水池内水位降低到1/2 或1/3 时，将待洗水池出水阀关闭，打开底部排污阀，打开另一联进水阀以确保正常供水。不允许一只水池排空清洗，另一只水池满水工作，这样会因负荷不均，造成水池壁受压变形，产生裂纹。

b. 清洗人员从进口处沿梯子下至水池底部，用百洁布将水池四壁和底部擦洗干净，用清水反复冲洗干净。

c. 水池顶上要有一名监护人员，负责向水池内送新风，防止清扫人员中毒，并控制另一联水池的水位。

③结束工作：

a. 清洗结束。关闭清洗水池的排污阀，打开水池进水阀开始蓄水。

b. 当两个水池水位接近时，打开清洗水池的出水阀门，收好清洗工具。将水池进水盖盖上并上锁。

c. 通知监控室清洗结束，作好相关记录。

（2）高位水箱的清洗消毒

高位水箱由于多种原因导致异物侵入而造成水质污染，从而达不到生活用水标准，故应每年进行一次水箱清洗工作，每 3 年进行一次水箱消毒工作。

（3）高位水箱渗漏及浮球阀的维修

水箱渗漏的主要原因是产生裂缝。修复裂缝的方法是向裂缝中灌注环氧树脂。

浮球阀关不住的原因主要是胶皮磨损，维修时应换胶皮垫。

浮球阀不出水的原因主要是挑杆锈蚀、水眼被堵，维修时应除锈通眼。

3）水泵房的管理

（1）水泵房管理的规定

①值班人员应对水泵房进行日常巡视,检查水泵、管道接头和阀门有无渗漏。

②经常检查水泵控制柜的指示灯状况,观察停泵时水泵压力表指示。在正常情况下,生活水泵、消防水泵、喷淋泵、稳压泵的选择开关应置于自动位置。

③生活水泵规定每星期至少轮换一次,消防泵每月自动和手动操作一次,确保消防泵在事故状态下正常启动。

④泵房每星期由分管负责人员打扫一次,确保泵房地面和设备外表的清洁。

⑤水池观察孔应加盖并上锁,钥匙由值班人员管理,透气管应用不锈钢网包扎,以防杂物掉入水池中。

⑥按照水泵保养要求定期对其进行维修保养。

⑦保证水泵房的通风、照明及应急灯在停电状态下的正常使用。

（2）离心水泵的检修

水泵的一般检查方法可以总结为"听""看""摸""闻""试",如图 8-5 所示。

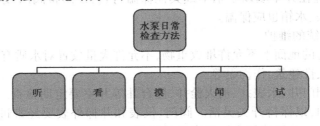

图 8-5　水泵的检查方法

听:水泵有无杂音或摩擦声。

看:水泵有无跑、冒、滴、漏现象。

摸:水泵有无异常振动,有无异常温升。

闻:电机有无异味等。

试:对于日常较少使用的泵(如消防泵),应经常试验。

水泵的检查内容如下:

①离心水泵零部件的缺陷:泵壳体发生裂纹或局部凹陷,轴和叶轮磨损,出现裂纹,弯曲或断轴,密封环磨损,密封填料泄漏,轴承损坏。

②离心水泵的拆卸步骤:拆下联轴器护罩的固定螺栓,取下护罩,拆卸电动机地脚螺栓,拆下电动机;拆卸联轴和附属管线;卸下泵盖;拧下螺帽,用木锤沿叶轮四周轻轻敲击拆下,若叶轮锈结在轴上,可用煤油浸洗后再拆下叶轮;拆下泵体与托架间的连接螺母,取下泵体,卸下填料压盖,取出填料函体内的填料后,再卸下泵体;顺序卸下托架上的前后轴承压盖,再用母锤敲击(向联轴器方向敲击),拆下泵轴。

③设备检查前应先将污垢冲刷干净,再用煤油(柴油)将轴、叶轮、密封环、填料盒、水封环、引水管、挡水环、轴套等零件及滚珠轴承清洗干净,并依次排列好,然后检查壳体有无裂纹。如果有裂纹,用锤轻轻敲打,会发出破哑声音。应查出裂纹的起点和终点;检查轴和叶轮有无裂纹和磨损的程度以及轴是否弯曲;密封环表面光洁度有无破坏;滚珠轴承有无破碎或损伤等。

④对于裂纹的泵壳体,可在裂纹两头钻孔,打上销钉,使裂纹不致进一步扩大,然后在裂纹两边开 V 形槽,再用电、气焊焊补。

⑤25 mm 以下的弯曲泵轴,可在欲敲击处垫上软金属板,用水锤校直;25 mm 以上的弯曲泵轴,可在压床上校正。出现裂纹的轴应更换新轴。对磨损轴常用镀烙、堆焊的方法修复。对叶轮的裂纹可用焊补后再车、锉光滑的办法修复。

⑥修后的离心泵应按拆卸的相反程序进行装配。注意:填料密封时应先将填料做成填料环切开 45°斜口,相邻两道填料切口应相互错开,错开角度大于 90°,且每装一道后,随时压紧。水封环外圆槽要对准填料函的进液孔。轴承压盖止口上所开的缺口,应与轴承箱上的进油孔的位置一致。

4. 小区给水管道的维护与管理

(1)小区给水管道的管理内容

①熟悉小区给水管线的位置及基本布置情况。

②检查阀门井的井盖是否严密,防止杂物落入,给修理工作造成麻烦。

③每年冬季到来之前,要做好室外管道及设备的防寒保温工作。对盖不严密的阀门井,水表井、消火栓井,都应在井中填以干稻草或其他保温材料,以防将阀门、水表、消火栓等冻结。对设在室外的水龙头、水箱也应保温。

(2)小区给水系统的维护

①埋设给水管道的地面上不允许堆放重物,不允许大量放置对水质有严重污染的物质,不允许在地面上盖永久性建筑,作沟渠等。

②给水系统的阀门井、水表井、消火栓井、接合井等井室要定期检查。阀件要定期试水和给转动杆件加润滑油,以保持开关灵活。阀门、仪表和井梯外表要经常进行除污、除锈处理。垫片、螺栓、手轮、压盖、井体等如有损坏应及时修理。

③消火栓要按消防部门的规定定期试水,以保持其状态完好。室外用消防器材必须放置在具有明显标志的消防箱内。消防水龙带要保持干燥无损,试水后必须晾晒。各种移动式消防灭火器要设置在明显的地方,定期检查容器内的灭火剂是否失效。

三、给水系统常见故障分析

住户在使用过程中,由于使用不当或前期隐患,给水系统会出现各种各样的问题,需要进行及时维修。

①个别楼层停水。先关掉总阀,打开支管阀门,检查堵塞原因,及时更换或清洗。告知用户如有楼层停水应及时通知管理处,以便派专业人员前来检查维修。

②墙内水管爆裂。关闭室内所有水阀门,查看水表,如转动说明墙内水管破损漏水。然后关闭水表前阀门,打通漏水处墙面,取出破损水管,装入新水管。再打开总阀看是否漏水,如无漏水,补好水泥,恢复装修饰面。告知用户不得擅自改动墙内水管。

③阀门接头漏水。关闭自来水总阀,查找原因。若是阀门、接头未扭紧的缘故,应拆下阀门接头,在外丝处旋上几道水胶带,再把阀门接头装上扭紧。如因破损配件而漏水应及时更换阀门或接头。然后告知用户,应爱护使用,旋钮阀门不要用力过度。

④水龙头漏水。若是水龙头未上紧而漏水,应先拆下水龙头,在外丝上旋上几道水胶带,再把水龙头装上扭紧。如是内芯断裂应更换内芯,如是水龙头自身有泥沙而漏水,应更换水龙头。检修完毕后,打开总阀门,反复开关水龙头,开关自如不漏水即可。然后告知用户,旋钮开关不要用力过度,不要用硬物通。

⑤地漏堵塞。先用抽子试通,不能查明原因则打开检查口检查,不通时再使用疏通机直至通畅为止,然后用胶管试水检验。并告知用户,使用时不要向管道乱丢杂物。

⑥洗菜(脸)盆下漏水。如是存水弯头管处漏水,先拆下存水管弯管,检查两接口处是否有破损情况,情况严重更换弯管,不严重可用生胶带密封接口破损处,达到不漏水为止。告知用户,不要随意乱动盆下弯管和接口处,防止漏水,不要随意移动或用力撞击洗菜(脸)盆。

⑦水泵运行电流过大电机发热,电机烧坏。由于水泵长久没有得到解体检修,平时观察水泵的启动电流与运行电流高出很多,经解体发现平衡鼓与泵体之间的间隙全被锈渣塞满,泵体内积满了杂物及锈渣,泵轴与泵体的间隙也很小,叶轮大部分被锈蚀。上述几个原因是造成水泵流量小,电机运行负荷加大的主要原因,因此水泵电机发热烧坏也在情理之中。

⑧水泵停止,水锤现象造成管道异响,经常出现管道爆裂。由于楼层偏高,水泵又是工频运行,况且楼层中间段又没有安装减压阀,每当停泵时管网内的水急速下回造成水锤现象。解决水锤的最好方式是水泵安装变频器软启动,用净音式止回阀或活塞式止回阀,最好还要在水泵出口的止回阀上端管网上安装泻压阀。

⑨变频器电容漏液爆炸,造成变频报废并停水故障。水泵变频器是水泵控制的重要部件,但解体保养较少。变频器最少应两年解体保养一次,清洁积尘、检查电容等部件。变频器电容寿命一般为 2 ~ 5 年,如果不及时更换,电容可能会漏液爆炸。

 任务实施

一、任务提出
到学校物业服务中心实习,负责校园给水系统的维护管理。
二、任务目标
1. 能独立进行校园给水系统的管理维护。
2. 能维修简单的校园给水系统故障。
三、实施步骤
1. 教师进行分组教学,3 ~ 5 人一组。
2. 分批跟随校园物业负责校园给水系统管理维护的技术人员进行实习,边做边学。
3. 填写给水系统维护作业记录表,见表 8-1。
4. 维修 1 ~ 2 个简单的给水系统故障,记录到表 8-1 中。
四、任务总结
1. 任务实施过程中,要时刻遵守各项安全制度。教学采用分组形式,实施前要进行实训安全教育。
2. 利用 2 课时,进行实习总结。每一组都要做实习分享。
3. 任务结束后,学生要完成相应的实训报告书。

 思考与练习

1. 简述给水系统的组成。
2. 上网进行资料检索,简述恒压供水的原理。
3. 学校洗手间洗手台水龙头爆裂,如何进行维修?
4. 学校水泵房水泵发热严重,应该如何处理?

表 8-1　给水系统巡检维保记录表

保养及检查日期：　　　　　　　工作内容：

项目		维保内容	检查结果	问题记载	处理结果
给水系统	水泵	系统运行状态检查、记录			
		线路绝缘测试			
		接线端紧固			
		仪表检查			
		防腐处理			
	变频控制箱	除尘			
		指示灯按钮检查			
		变频器检查			
		控制线路检查			
		压力指示检查			
	管路	阀门丝杆加油			
		进水阀门检查			
		管路渗漏水检查			
		水表检查			
	绿化给水	绿化取水口检查			
		绿化给水计量表检查			
		给水管检查			
	景观水池给水	给水阀门检查			
		给水计量表检查			
		控制箱控制线路检查			
		控制箱指示灯按钮检查			
		景观灯及喷头检查			
备注					

注：在检查结果栏中填√正常；△良好；×不良

审核：＿＿＿＿＿　　　　　　　检查巡视维保人：＿＿＿＿＿

任务二 排水系统的运行管理与维护

教学目标

终极目标:会进行日常管理及维护维修建筑排水系统。
促成目标:1.能讲解建筑排水系统的组成。
2.会进行日常管理建筑排水系统。
3.会维修建筑排水系统的简单故障。

工作任务

1.维护建筑排水系统(以校园排水系统为对象)。
2.进行简单故障的维修。

相关知识

一、排水系统组成

排水系统是将室内人们在日常生活中使用过的水分别汇集起来,直接或经过局部处理后,及时排入室外污水管道,如图8-6所示。为排除屋面的雨、雪水,有时要设置室内雨水道,把雨水排入室外雨水道或合流制的下水道。

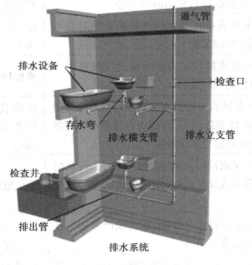

图8-6 建筑排水系统的组成

建筑室内排水系统主要由卫生器具、排水管道系统、通气管系统和清通设备等部分组成。卫生器具又称卫生洁具、卫生设备,是供水并接受、排出污废水或污物的容器或装置。

卫生器具是建筑内部排水系统的起点,是用来满足日常生活和生产过程中各种卫生要求,收集和排除污废水的设备。

排水管道系统由器具排水管、排水横支管、排水立管和排出管等组成:①器具排水管是指连接卫生洁具与排水横支管之间的短管。除了坐便器外,其他的器具排水管均应设水封装置。②排水横支管:作用是将器具排水管都送来的污水转输到立管中去。应有一定的坡度,坡向立管。③排水立管:用来收集其上所接的各横支管排来的污水,然后再排至排出管。④排出管:用来收集一根或几根立管排出的污水,并将其排至室外排水管网中去。排出管是室内排水立管与室外排水检查井之间的连接管段,其管径不得小于其连接的最大立管管径。

通气管的作用是把管道内产生的有害气体排至大气中,以免影响室内的环境卫生,减轻废水、废气对管道的腐蚀,并在排水时向管内补给空气,减轻立管内的气压变化幅度,防止洁具的水封受到破坏,保证水流通畅,其管径不得小于其并排连接的最大立管管径。

清通设备是为了疏通排水管道,在室内排水系统中,一般均需设置清扫口、检查口、检查井等清通设备。

二、排水系统运行维护

在建筑排水系统中排水管道、器具及地漏的水封是阻止管道中的有害气体和害虫进入室内,保护室内空气质量,防止疾病传播,保障人们生活质量、身体健康及生命安全的一个非常重要的环节。随着人们居住条件的改善,对居家环境卫生要求越来越高,人们对建筑排水系统中水封安全问题越来越关注。因此,建筑排水系统保养维护显得尤为重要,通常排水系统维护保养标准见表8-2。

表8-2　排水系统设施设备维护保养标准

序号	维修保养内容	维护保养流程	维护保养实效	最长周期
1	潜水泵排污泵	检查潜水泵或排污泵进水口积淤泥,轮叶磨损和积淤泥情况,进行全面清除干净	提高排水效率,减少水泵损耗	日常巡查观察
		检查潜水泵或排污泵上所连接的软管是否牢固,如松弛则应紧固	保持良好的排水	日常巡查观察
		检查潜水泵或排污泵安装及提升支架是否牢固,如有松动则应紧固	避免拉脱管道	日常巡查观察
		用500 V兆欧表检测潜水泵或排污泵绝缘电阻是否在0.25 MΩ以上,否则应拆开潜水泵或排污泵,对线圈进行烘干处理	保持良好的绝缘性能,防止漏电	半年
		检查潜水泵或排污泵轴承磨损情况,如转动时有明显阻滞或异常声响,则应更换同型号规格轴承	避免电机损坏	半年
		清洁潜水泵或排污泵外壳,如锈蚀严重则应在表面处理后重新油漆	保持良好的设备完好	半年
		检查潜水泵或排污泵上连接导线,如有老化现象则应立即进行更换	保持良好的导电与安全	半年

序号	维修保养内容	维护保养流程	维护保养实效	最长周期
2	集水坑	检查集水坑内滑梯是否安装牢固,如有松动现象则应进行紧固,如产生锈蚀现象,则应对锈蚀部位进行除锈处理	保持设施完好	日常巡查观察
		检查集水坑内是否有杂物及淤泥存在,如有则应手工进行清除确保集水坑内干净	防止水泵阻塞	半年
		检查集水坑铁盖板是否牢固,如锈蚀、脱漆现象严重则应彻底铲除铁锈、脱落层油漆后重新油漆,如锈蚀现象已经严重影响安全的则应进行更换;如为混凝土盖板,出现断裂、缺角等影响安全的现象,则应重新浇注	保持设施完好,避免安全事故	半年
3	排污管道阀门压力表	启动水泵,检查压力表是否处于正常位置,如压力表无显示压力,先检查管道、阀门有无堵塞,如无堵塞,再卸下压力表,检查压力表连接管是否通畅,压力表接口部位是否堵塞,如有堵塞现象则进行清除,否则更换同型号规格配件	保持良好的检测数据	日常巡查观察
		检查排污管路上闸阀、止回阀是否通畅,如有堵塞则进行清除	保持排水畅通	日常巡查观察
		检查各连接处是否有漏水现象,如漏水则应维修	减少渗漏	日常巡查观察
		检查排污管路上闸阀、止回阀保护漆是否完好,如脱漆较严重则应重新油漆一遍	保持设施整洁	半年
		检查支架托架是否牢固,否则应加强	避免拉脱管道	半年
4	排污泵控制	检查浮球开关在自动控制时是否灵敏,到上限位能正常停机,下限位自动开机,同时清除浮球开关及导线上污垢,如不能进行浮动开关电机,则应进行维修更换	保持良好的工作状态	日常巡查观察
		检查泵的手动/自动是否能切换正常运行,一用一备泵组的主泵/副泵能否切换正常运行,如若不能则应进行维修	保持良好的工作状态	日常巡查观察
		检查浮球开关下限位是否定位不得低于进水口应高于进水口约 10 cm 处,如有偏差则应作相应调整	避免水泵空转	季度

续表

序号	维修保养内容	维护保养流程	维护保养实效	最长周期
5	排水管	检查排水横管、排水支管吊杆是否安装牢固，如有松动则应对松动部位进行紧固	避免拉脱管道	半年
		用15 mm×200 mm左右尺寸实心金属棍对排水横管、排水支管轻轻敲打，如果是空心声则表示管道通畅，如果是实心声则有堵塞现象，应利用管道检修口或清扫口用相应的管道疏通机进行疏通清理	保持良好的排水功能	日常巡查观察
		排水立管检查管道支架是否安装牢固，如有松动则应对松动部位进行紧固	避免拉脱管道	日常巡查观察
		检查通气管与污水管道是否连接牢固，如有松脱则应对该部位进行维修	避免渗漏	日常巡查观察
		检查管道接头是否有渗漏现象，直接、弯头、三通接头部位是否有裂开、下垂等现象，如有则应更换同型号同规格的配件进行维修	避免渗漏	日常巡查观察
		检查地漏盖是否完好无损，是否能有效地阻挡杂物进入排水管道，如损坏则应进行更换，同时定期清理地漏周围的杂物	保持良好的排水功能	日常巡查观察
		检查管道检修口、清扫口是否有渗漏现象，如有则先更换其密封圈，如还有渗漏现象，则应更换同型号同规格的配件	避免渗漏	半年
6	室外排水	检查屋面地漏盖是否完好无损，能有效地阻挡杂物进入排水管道，如损坏则应进行更换，同时定期清理地漏周围杂物	保持良好的排水功能	日常巡查观察
		检查屋面排气立管与屋面交接处的防水挡圈是否完好，如有开裂、脱落现象，则应先铲除老化层，对修补部位清理干净，用堵漏王按原样进行修补	防止渗漏	日常巡查观察
		检查屋面排水沟有无积淤，如有则进行清除	避免阻塞	半年
		检查屋面排水沟盖板是否完好，如有锈蚀现象则应对锈蚀部位进行处理再油漆	保持设施完好	半年
		检查屋面排气立管风帽或网罩是否完好，如有遗失则应补齐	避免杂物进入管道	半年
		检查屋面排气立管是否牢固，如有松动则应进行固定	避免拉脱管道	一年

续表

序号	维修保养内容	维护保养流程	维护保养实效	最长周期
7	室外雨水管道雨水井排水明/暗沟	检查室外排水明(暗)沟、排(雨)水井盖板有无缺少、损坏,对缺少的进行补齐;对损坏的,材料用混凝土的,则进行修补,用大理石、铸铁、复合材料的,则进行更换,用铁栅栏的则用电焊进行修补,再进行除锈、油漆	保持良好的安全性	日常巡查观察
		检查室外地埋排(雨)水管道两端排(雨)水井水位有无明显液位差,如有则应对此段进行疏通	保持良好的导水	半年
		检查室外立面排(雨)水管道安装是否牢固,如有松动则应对松动部位进行紧固	避免渗漏	半年
		检查室外立面排(雨)水管道表面油漆或涂料有无大面积脱落影响立面整体颜色现象,如有则应先彻底铲除剥落层,再用同色号同规格的材料进行修补	保持外立面	半年
		检查路面排(雨)水井盖有无松动现象,如有则应做好防震垫圈	减少噪声	半年
		室外排水明沟沟体应完好,检查沟体内壁粉刷层有无脱落、沟体有无应沉降造成断裂,如有则用混合砂浆进行修补	避免渗漏	半年
		定期对室外排水明(暗)沟、排(雨)水井进行清淤,在对较深的排水井下井清淤前,应用燃着的蜡烛放入池底不会熄灭,以确定空气充足	保持良好的排水功能	半年
8	化粪池	检查化粪池盖板是否安全、可靠,如有损坏立即更换	保持良好的安全性	日常巡查观察
		定期检查化粪池内表面污泥层是否过厚,如沉积过厚则应通知当地环卫部门进行吸污	保持良好的隔污排水功能	一年
		定期检查化粪池内通气孔或隔栅不被堵塞,如有堵塞情况则进行疏通	保持良好的排水功能	一年

三、排水系统常见故障分析

1)室内排水管道的渗漏

多是因为在横管或存水弯处有砂眼或裂缝所致。

处理方法:①对砂眼可用打楔的方法堵漏;②裂缝可用哈夫夹堵漏法;③承插接口渗漏可用水泥重新封口;④对于塑料管接口处渗漏可用胶封,开裂不大的,可用热塑料补漏。

2)室内下水道堵塞

多因杂物进入管道,造成水流不畅,排泄不通。

处理方法:修理时应首先判断堵塞物的位置,在靠近检查口、清扫口、通气管等处,采用人工和机械疏通,无效时采用尖錾剔洞疏通,或进行大开控以排除堵塞。

3）室外排水管道堵塞

多是因为检查井中有沉积物所致。

处理方法：首先应将检查井中的沉积物用钩勺掏净，然后用毛竹片进行疏通，再用中间扎有铁丝球的麻绳来回拉刷，同时防水冲淤，无效时则应在堵塞位置上进行破土开挖局部志管疏通。

4）卫生设备的修理

卫生设备包括大便器、小便器、洗脸盆等。

（1）大便器高低水箱常见故障

①不下水；②天平架挑杆铁丝断；③漂球定得过低；④自泄（漂球失灵、漂杆腐蚀坏、漂子门销子折断、漂球与漂杆连接断裂、球被浸在水中、漂子门不严）；⑤锁母漏水（高水箱不稳、填料失效）；⑥排水母漏（垫料失效、垫料弹性不够）。

（2）大便器故障

①大便器堵塞、污水不流或流得慢（存水弯中有堵塞物，排水管中有堵塞物）；②胶皮碗漏水，致使地面渗漏（皮碗或铜丝蚀烂，铜丝绑扎不良）；③瓷存水弯损坏，不下水（更换存水弯）。

（3）小便器常见故障

①不下水（尿碱或异物堵塞存水弯）；②存水弯漏（承接口漏、活接漏、丝堵漏）；③直角水门漏（皮垫或塑料芯损坏，阀体损坏、阀杆滑扣）。

（4）瓷脸盆常见故障

①水咀处漏水（盖母漏、锁母漏）；②排水栓漏水（螺母松、托架不稳）；③不下水或接口处漏水（排水栓或存水弯堵塞或排水管道内有异物堵塞）。

任务实施

一、任务提出

到学校物业服务中心实习，负责校园排水系统的维护管理。

二、任务目标

1. 能独立进行校园排水系统的管理维护。

2. 能维修简单的排水系统故障。

三、实施步骤

1. 教师进行分组教学，3~5 人一组。

2. 分批跟随校园物业负责排水系统管理维护的技术人员进行实习，边做边学。

3. 填写排水系统维护作业记录表，见表 8-3。

4. 维修 1~2 个简单排水系统故障，记录到表 8-3 中。

四、任务总结

1. 任务实施过程中，要时刻遵守各项安全制度。教学采用分组形式，实施前要进行实训安全教育。

2. 利用 2 课时，进行实习总结。每一组都要做实习分享。

3. 任务结束后，学生要完成相应的实训报告书。

思考与练习

1. 简述排水系统的组成。

2. 上网进行资料检索，简述地漏水封的设计要求。

3.学校某间宿舍排水管总是漏水,简述引起此故障的原因及处理方法。

4.学校一楼某间宿舍总是从地漏冒出臭味,简述引起此故障的原因及处理方法。

5.学校卫生间水箱不出水,简述引起此故障的原因及处理方法。

表8-3 排水系统巡视维保记录表

维保及检查日期: 工作内容:

项目		维保内容	检查结果	问题记载	处理结果
排水系统	排污控制室	污水泵堵塞情况检查			
		污水泵运转情况			
		排水管止回阀检查			
		集水井浮球开关检查			
		集水井垃圾清理			
		控制箱 卫生清洁			
		接线端紧固			
		自动手动检查			
	室外排污	地沟检查清理			
		天沟、地漏检查清理			
		天台(平台)检查清理			
		路面阴井阴沟检查清理			
		污水管检查清理			
		污水井检查清理			
		市政排污总管检查疏通			
		雨水管检查清理			
		雨水管井检查清理			
		废水管检查清理			
		废水井检查清理			
		化粪池检查清理			
	景观水池排水	水池排水管阀检查			
		排水井检查清理			
备注					
注:在检查结果栏中填√正常;△良好;×不良					

审核:_____ 检查维保人:_____

任务三　中水系统的运行管理与维护

教学目标

终极目标:会进行日常管理及维护维修建筑中水系统。

促成目标:1.能讲解建筑中水系统的组成。

2.会进行日常管理建筑中水系统。

3.会维修建筑中水系统的简单故障。

工作任务

1.维护建筑中水系统。

2.进行简单故障的维修。

相关知识

一、建筑中水系统组成

"中水"一词来源于日本,因其水质介于给水(上水)和排水(下水)之间,故名中水。建筑中水系统是将建筑或小区内使用后的生活污水、废水经适当处理后回用于建筑或小区作为杂用水的供水系统,它适用于严重缺水的城市和淡水资源缺乏的地区。经处理后的中水可用到厕所冲洗、园林灌溉、道路保洁等。采用中水技术既能节约水源,又能使污水无害化,是防治水污染的重要途径,也是我国目前及将来长时间内重点推广的新技术、新工艺。

中水处理系统是将用过的生活污水集中在调水池中,由充氧机进行充氧,充氧后的水由提升泵提至生化池,由充氧机进行两级生化。在处理过程中要对生化过的水进行加药、消毒、搅拌等工序,使其能够达到二次使用的可能。处理过的中水由加压泵打到回用池中,由供水泵供给用户再利用,如图8-7所示。

二、建筑中水系统运行维护

1.建筑中水系统维护保养分级

建筑中水系统维护保养一般分三级:

①日常维护保养:是指设备操作人员所进行的经常性的保养工作。主要包括定期检查、清洁和润滑,发现小故障及时排除,作好必要的记录等。

②一级保养:是由操作人员和设备维修人员按照计划进行的保养工作。主要包括对设备进行局部解体,进行清洗、调整,按照设备的磨损规律进行定期保养。

③二级保养:是指设备维修人员对设备进行全面清洗,部分解体检查和局部维修,更换或

修复磨损件,使设备能挂钩到达完好状态的保养。

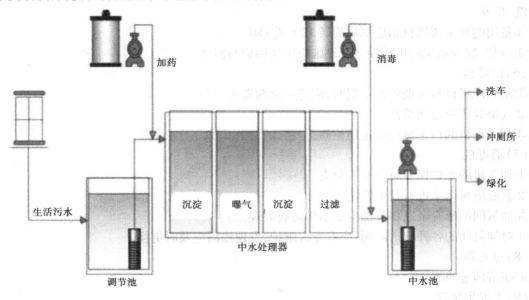

图 8-7　建筑中水系统组成

2.建筑中水系统维护保养内容

(1)格栅

①发现链条式除污机的链瓣有断裂现象等,应立即更换。

②格栅应保持清洁。

(2)泵

①检查、补充、替换润滑油,油质变色、有铁屑就全部替换。

②泄漏检查:盘根良好,泵体无渗水、溢水、沙眼,泵轴渗水无漏到地面。

③转动灵活、无卡壳,泵轴与电机轴在同一中心线、机座紧固、螺丝无锈(有防锈措施),垫片齐。

④外观整洁,油漆完好,标志清楚,铭牌字迹清晰。

⑤应至少半年检查、调整、更换水泵进出水闸阀填料一次。

⑥应定期检修集水池水标尺或液位计及其转换装置。

⑦备用泵应每月至少进行一次试运转。环境温度低于 0 ℃时,必须放掉泵壳内的存水。

(3)调节池

①应定期检修刮泥机电刷、橡胶板等易磨损件。

②应每年对斜板沉淀池的斜板进行检修。

③应定期检修行走机构、电器设备,并测试其各项技术性能。

(4)曝气设施

①应每年放空、清理曝气池一次,清通曝气头,检修曝气装置。

②各类曝气机、射流曝气器等曝气设备,应定期进行维修。

(5)鼓风设施

①通风廊道,应每月检修一次。

②帘式过滤器的滤布应每月更换一次。滤袋应3个月更换一次。静电除尘过滤装置应定期清洗、检修。

③备用的转子或风机轴应每周旋转120°或180°。

④冷却、润滑系统的机械设备及设施应定期检修与清洗。

（6）沉淀池

①刮吸泥机设备长期停置不用时,应将主梁两端加支墩。

②气提装置应定期检修。

③刮吸泥机的行走机构应定期检修。

（7）消毒机

①加氯机的维护保养应由专人负责。

②氯瓶应每两年进行技术鉴定一次。

③加氯间的所有金属部件都应定期作防腐处理。

④对加氯间的各种管道闸阀,应有专人维护,发现渗漏应及时更换。

（8）过滤器

定期清理过滤器。

（9）毛发聚集器

定期清理毛发。

（10）管道、阀门、附件

①阀门开闭灵活,无卡阻,关闭严密,内外无漏水。

②阀体、手柄完好,阀杆润滑好,外观整洁。

③单向阀动作灵活,无漏水。

④压力表指针灵活,指示准确,表盘清晰,位置便于观察,紧固良好,表阀及接头无渗水,定期检测。

三、建筑中水系统常见故障分析

建筑中水系统常见故障及排除方法见表8-4。

表8-4　建筑中水系统常见故障及排除方法

序号	故障	可能原因	排除方法
1	水泵噪声	1. 叶轮轴承损坏或转动部分松动	停泵联系检修
		2. 泵内吸入杂物	停泵、检查处理
		3. 超负荷运行	调整负荷
2	水泵振动大	1. 泵内有空气或出口门开度太小	排除泵内空气、开大出口门
		2. 地脚螺丝松动	紧固螺丝
		3. 电机轴线找不平衡,轴承与转动部分磨损	停泵检修
		4. 转动部分零件松动或破损	停泵检修
		5. 超负荷运行	降低负荷运行

序号	故障	可能原因	排除方法
3	电动机跳闸	1.电流过大、超负荷	关小出口门
		2.启动开关失灵	停泵联系电气检修
		3.出口门未关或开度太大	关小出口门
		4.三相中一相中断	联系检修
		5.转动部分严重磨损或卡住	联系检修
		6.叶轮与泵壳摩擦	联系检修
		7.轴弯曲、轴承破损	联系检修
4	超滤不能启动	1.中水水池液位低	正常保护,等待水池补水
		2.仪表空气压力低	将压力调到正常
		3.超滤产水箱液位高	正常保护
5	SDI15 > 5	进水水质变差、加药量不正确	测量进水水质、调整絮凝剂加入量
6	UF 透膜压差高	超滤膜污染严重	加强反洗,必要时进行药剂清洗
7	RO 不能启动	1.前级水箱液位低	正常保护
		2.后级水箱液位高	正常保护
		3.加药装置故障	排除加药装置故障
8	RO 产水量低,运行压力高	1.水温下降	提高运行压力
		2.RO 膜污染	根据污染情况选择合理药剂清洗
9	RO 压差升高	1.浓水流量过大	提高运行压力
		2.RO 膜污染	根据污染情况选择合理药剂清洗
10	RO 产水电导高	1.RO 系统工作参数变化	调整有关参数
		2.RO 膜污染	根据污染情况选择合理药剂清洗

 **任务实施**

一、任务提出

到学校所在地污水处理中心实习,负责污水处理系统的维护管理。

二、任务目标

1.能独立进行污水处理系统的管理维护。

2.能维修简单的污水处理系统故障。

三、实施步骤

1.教师进行分组教学,3～5人一组。

2.分批跟随负责污水处理系统管理维护的技术人员进行实习,边做边学。

3.填写污水处理系统维护作业记录表,见表8-5。

4.维修1～2个简单污水处理系统故障,记录到表8-5中。

四、任务总结

1.任务实施过程中,要时刻遵守各项安全制度。教学采用分组形式,实施前要进行实训安全教育。

2.利用2课时,进行实习总结。每一组都要做实习分享。

3.任务结束后,学生要完成相应的实训报告书。

 思考与练习

1.简述建筑中水系统的组成。

2.简述中水系统的处理流程。

3.中水系统的电动机总是跳闸,简述引起此故障的原因及处理方法。

表8-5 中水系统巡视维保记录表

维保及检查日期: 工作内容:

项目		维保内容	检查结果	问题记载	处理结果
中水系统	动力设备	格栅机			
		自吸泵			
		提升泵			
		消毒器			
		冲洗泵			
		风机			
	水流系统	进水口			
		出水口			
		流量计			
	蓄水系统	曝气池			
		厌氧池			
		沉淀池			

项目		维保内容	检查结果	问题记载	处理结果
中水系统	控制系统	供电系统(稳压、UPS 等)			
		通信系统(本地通信、远程通信等)			
		控制系统(PLC、工控机等)			
备注					
注:在检查结果栏中填√正常；△良好；×不良					

审核:＿＿＿＿＿　　　　　　　　　　　　　　　　　　检查维保人:＿＿＿＿＿

项目九
建筑设备监控系统的运行管理与维护

　　建筑设备监控系统,简称楼宇自控或楼宇自动化控制系统(Builing Automation System,简称 BAS),是将建筑物(或建筑群)内的电力、照明、空调、运输、防灾、保安、广播等设备以集中监视、控制和管理为目的而构成的一个综合系统。它的目的是使建筑物成为安全、健康、舒适、温馨的生活环境和高效的工作环境,并能保证系统运行的经济性和管理的智能化。因此,广义地说,楼宇自动化(BA)应包括:①楼宇普通机电设备自动化;②消防报警与灭火系统自动化(FA);③安全防范系统自动化(SA)。但由于我国目前的管理体制要求等因素,消防系统和安防系统要求独立设置,既独立自行进行设置监视与控制管理系统,同时又希望与楼宇自动化系统(BA)集成在一起,以便更好地、更全面地进行监视,但一般不独立控制。楼宇自控系统(普通机电设备系统)主要以空调、给排水、供配电、照明为主,消防通常只监不控。楼宇自动化系统(BAS)包含的监控内容及范围如图 9-1 所示。

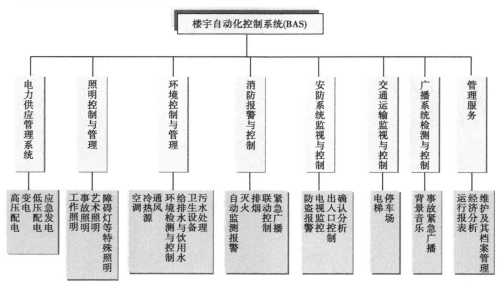

图 9-1　楼宇自控系统范围

　　楼宇自控系统(或称楼宇管理系统)是由中央管理站、各种 DDC 控制器及各类传感器、执行机构组成的,能够完成多种控制及管理功能的网络系统。它是随着计算机在环境控制中的应用而发展起来的一种智能化控制管理网络。目前,系统中的各个组成部分已从过去的非标准化的设计产生,发展成标准化、专业化产品,从而使系统的设计安装及扩展更加方便、灵活,系统的运行更加可靠,系统的投资大大降低。同时,楼宇自控系统通过合理组织设备运行,使大楼的运行费用为最低。即以能耗值最低为控制目标,进行优化系统控制。楼宇自控系统软件设有节能程序,可以控制设备得以合理运行。另外,通过现场检测、远程报警等方式,使大楼对机电设备突发故障具备有效的预防手段,以确保设备和财产安全。

BAS系统的维护一般分为以下4种类型:

①常规维护:常规维护是定期对BA系统的运行情况进行检查,对各设备进行表面性检查,并对需要保养的相关设备进行保养,以达到早期发现系统或设备的隐患,防患于未然的目的。

②适应性维护:适应性维护是针对用户使用要求上的变化、BA系统监控内容的变化、BA系统使用环境上的变化等进行相适应调整的维护。例如,由于房间功能使用上的变化,需要在中央空调控制温度的基础上增加对湿度的控制,那么就需要增加除湿、加湿的设备,而BA系统就需要增加控制这些设备的I/O模块,并增加检测房间湿度的传感器,并重新设计程序,控制房间的温湿度。

③临时维护:临时维护包括一般性维护和紧急性维护,一般性故障是指对BA系统的使用不构成关键性影响的故障,可以允许维护方在一定的时间内对系统进行调整和修复。

紧急性维护是对系统的紧急性故障进行维护的过程,一旦发生紧急性故障,维护方应在承诺的时间内到达现场进行处理,因此,在维护保养合同中对紧急性故障进行约定是一个比较重要的条款。一般来讲,紧急性故障是指影响程度到无法使用(或部分丧失使用)BA系统的故障,或者是影响到关键功能实现的故障。其一般包括BA系统的中央系统软件及其各子系统中央主机管理控制程序、时间程序出现异常的故障;系统宕机、通信中断等故障;现场DDC控制器出现异常的故障;现场各子系统关键部位传感器或执行机构异常的故障。

④系统性维护:系统性维护是对BA系统进行全面的检测、调整的服务。其实质是对整个系统的功能进行全面的测试,相当于一次简化的系统调试过程。每年系统性维护的最佳时间应在暖通过渡季节(转换制冷/热之前)。系统性维护对提高BA系统的使用寿命,保证BA系统的正常使用具有关键性作用。

系统性维护检测内容包括:a.检查中央站主机的硬件是否完好;软件模块是否能正常使用,各种功能使用正常。b.检查DDC工作是否正常,各输入输出模块工作是否正常;检查DDC接线端子是否有松动情况;检测DDC工作环境是否符合要求。c.使用相关仪器检测传感器精度是否在误差范围内;检查执行机构是否能够按照指令平滑、准确执行指令。d.检查BA系统在各现场配电箱内接线情况。e.检测各主要软件功能是否能够实现,控制流程、联动关系、控制精度是否符合要求。

任务一　直接数字控制器(DDC)的运行管理与维护

教学目标

终极目标:会进行日常管理及维护维修直接数字控制(DDC)系统。

促成目标:1. 能讲解直接数字控制(DDC)系统的组成。

2. 会进行日常管理直接数字控制(DDC)系统。

3. 会维修直接数字控制(DDC)系统的简单故障。

工作任务

1. 维护直接数字控制(DDC)系统。

2. 进行简单故障的维修。

相关知识

一、直接数字控制(DDC)系统组成

DDC 系统是利用微信号处理器来做执行各种逻辑控制功能,最大特点就是从参数的采集、传输到控制等各个环节均采用数字控制功能来实现。同时一个数字控制器可实现多个常规仪表控制器的功能,可有多个不同对象的控制环路。

DDC 控制器是现场设备与上位管理机之间的枢纽,起着举足轻重的作用,现场设备的维护需从控制柜入手,首先要了解控制柜分布及各控制器所控设备,如图 9-2 所示。

图 9-2　DDC 控制器及外围设备

①接线端子:用来连接现场设备与控制器的接线。这是检测现场设备信号的着手处,如果发现上位机画面某信号显示不正常可在此处检测其信号是否正常。DI 点可通过现场设备的开与关,在此处检测过来的信号是否为短路与断路,如开对应短路,关对应断路,则信号正常;DO 点可通过上位发送开关信号,在此处检测发出的信号是否为短路与断路,如开对应短路,关对应断路,则信号正常;AI 点在此处可检测现场过来的信号是否为 0 ~ 10 V 直流电压或电阻值为 1 kΩ 左右(只有温度信号是电阻值),若在此范围内,均属正常;AO 点可通过上位画面

发出指令,在此处检测是否有 0 ~ 10 V 的直流电压。

②空气开关:控制现场传感器、执行器、控制器的电源。

③继电器:协助 DO 点完成启停控制,有与强电隔离作用。当 DO 模块发出开的指令,使继电器线包得电,通过触点控制现场设备的起停。用上位控制 DO 点输出,相应继电器应吸合并发出"啪"的声音。如果没有反应,应先检查 DO 点是否输出电压,如果输出正常,则应检查继电器是否损坏。

④电源:为控制器、继电器、现场传感器、执行器供电。

DDC 控制系统是一个可以独立运行的(下位机)计算机监控系统,对现场各种传感器、变送器的过程信号不断进行采集、计算、控制、报警等,通过通信网络传送到(上位机)中央管理站的数据库,供中央管理站进行实时显示、控制、报警、打印等。检测子系统的项目如下:启停建筑设备,观察各相关设备与执行机构动作的顺序是否符合工艺要求;改变建筑设备工况的设定值,观察各相关执行机构动作的顺序/趋势是否符合工艺要求;人为制造中央管理站停机,观察各子系统(DDC 站)能否正常工作;人为制造子系统(DDC 站)失电,重新恢复送电后,子系统能否自动恢复失电前设置的运行状态;人为制造子系统(DDC 站)与中央管理站通信网络中断,现场设备是否保持正常的自动运行状态,且中央管理站是否有 DDC 站离线故障报警信号登录;检测子系统(DDC 站)时钟是否与中央管理站时钟保持同步,以实现中央管理站对各类子系统(DDC 站)进行监控。

二、直接数字控制(DDC)系统运行维护

直接数字控制器一年维护两次,其检修内容如下:

①确认控制器交流电源(AC220 V)供应是否正常。

②确认控制器插件是否接触良好。

③确认控制器箱内接线是否松动、脱落。

④对控制器清洁除尘。

⑤确认控制箱内设备是否变形、发热、损伤。

⑥确认控制器硬件功能测试(对控制器中的每个控制点进行测量,使得控制点和现场控制设备的连线准确无误)。

a. 数字输入量检测。

检查信号电平,动作试验:按上述不同信号的要求,用程序方式或手动方式对控制器抽样测试,并将测点之值记录下来。

b. 模拟输入量检测。

输入信号检查:按设备说明书和设计要求确认其有源或无源的模拟量输入的类型、量程(容量)、设定值(设计值)是否符合规定。

动作试验:用程序方式或手控方式对控制器抽样测试 AI 点,进行扫描测试并记录各测点的数值,确认其值是否与实际情况一致,将该值填入测试记录表。

模拟量输入精度测试:使用程序和手动方式测试其每一测试点,在其量程范围内读取 3 个测试点(全量程的 10%,50%,90%),其测试精度要达到该设备使用说明书规定的要求。

⑦确认控制器软件功能测试(对系统中的每个控制点进行实际操作,使得控制点能够按指令正确动作)。

a. 数字输出量检测。

检查信号电平,动作试验:用程序方式或手动方式对控制器抽样测试数字量输出,并记录其测试数值和观察受控设备的电气控制开关工作状态是否正常;如果受控单体受电试运行正常,则可以在受控设备正常受电情况下观察其受控设备运行是否正常。

b. 模拟输出量检测。

按设备使用说明书和设计要求确定其模拟量输出的类型、量程(容量)与设定值(设计值)是否符合要求。

模拟量输出精度测试:通过手控方式设置输出量为全量程的 0,50%,100%,测量输出电压,其测试精度要达到该设备使用说明书规定的要求。

动作试验:用程序或手控方式对控制器抽样测试 AO 点,逐点进行扫描测试,记录各测试点的数值,同时观察受控设备的工作状态和运行是否正常。

⑧确认外观及装置内外环境。

⑨确认内部 LED 点亮、动作。

⑩确认印刷线路板安装状态。

⑪确认输入电源、DC 电源的电压、存储器保护用蓄电池电源状态。

⑫确认各端子连接器连接状态。

⑬确认配线箱布线状态。

三、直接数字控制(DDC)系统常见故障分析

直接数字控制(DDC)系统的故障现象和类型是多种多样的,本节探讨系统维修中可能经常遇到的问题。

(1)软、硬件配置错误

由于操作人员无意中更改造成直接数字控制(DDC)系统的无法运行是一个常见的现象。因此,做好软、硬件配置的原始存档是至关重要的。

(2)线路故障

施工质量差,造成线路在接线端子上脱落和虚接。

(3)DDC 的 I/O 模块损坏

因外部环境的变化,造成 DDC 的 I/O 模块的损坏。如被控配电箱更改接线,造成 220V 串入 DI 模块,烧坏 DI 模块。

(4)DDC 程序故障

由于 DDC 程序的适应性较差,当外部应用环境发生变化时,DDC 程序无法适应相关的变化,造成故障,此时就需要更改 DDC 程序的设计来适应相应的变化。

(5)电磁干扰

电磁干扰是一个比较难解决的维护问题。因为其造成的故障忽有忽无,忽强忽弱,按照常规思路进行解决往往得不到理想的结果。

直接数字控制(DDC)系统是处在空间电磁场的包围中工作的,电磁干扰来源于变配电系统的变压器、输配电线路、变频器、驱动各种机械的电动机、电焊机等。现场使用的传感器、变送器,经传送线将信号送入 DDC 控制器。在信号传输过程中,有可能叠加上由电磁场形成的干扰信号,一起沿通道进入 DDC,信号到一定程度就会影响测量精度,严重时会造成控制的失误。解决干扰的问题从两个方面着手:一个是在电源系统抑制干扰;另一个是在模拟量输入通

道上进行抑止。

（6）DDC 离线

当操作站计算机显示某个 DDC 离线（Offline）时，可按以下方法检查：

①检查网络控制器至 DDC 之间的连线是否正常。

②检查 DDC 是否供电正常，是否保险丝烧了（控制器的电源保险丝及控制器的保险丝，DDC 的保险丝需打开面板才能见到）。

③检查设备本身是否出现故障，若是设备出现故障，一般需与生产厂家联系。

任务实施

一、任务提出

到一幢智能楼宇的物业工程部实习，负责 DDC 控制器的维护管理。

二、任务目标

1.能独立进行直接数字控制（DDC）系统的管理维护。

2.能维修简单的直接数字控制（DDC）系统故障。

三、实施步骤

1.教师进行分组教学，3~5 人一组。

2.分批跟随负责直接数字控制（DDC）系统管理维护的技术人员进行实习，边做边学。

3.填写直接数字控制（DDC）系统维护作业记录表，见表 9-1。

4.维修 1~2 个简单的直接数字控制（DDC）系统故障，记录到表 9-2 中。

四、任务总结

1.任务实施过程中，要时刻遵守各项安全制度。教学采用分组形式，实施前要进行实训安全教育。

2.利用 2 课时，进行实习总结。每一组都要做实习分享。

3.任务结束后，学生要完成相应的实训报告书。

思考与练习

1.简述直接数字控制（DDC）系统的组成。

2.某写字楼 DDC 控制器总是受到外界电磁干扰，简述干扰来源及解决办法。

3.某写字楼 DDC 控制器总是不能跟计算机连接，简述引起此故障的原因及处理方法。

表 9-1　BA 系统维保记录表

安装位置：＿＿＿＿＿＿＿＿＿＿＿＿＿＿＿　　　　　维护时间：＿＿＿＿＿＿＿＿＿＿＿＿＿＿＿

月度维护保养项目

控制主机系统

1.检查设备运行情况	□ 完成	□ 未完成
2.对主机进行系统检查杀毒，数据整理、备份、存档	□ 完成	□ 未完成
3.报警记录及相关程序进行调整	□ 完成	□ 未完成
4.主机设备清洁	□ 完成	□ 未完成

前端执行机构

日常例行巡查,各类阀门检查,检查设备启停情况	□ 完成	□ 未完成

信号传输系统

1.检查 DDC 控制箱供电情况,信息反馈情况	□ 完成	□ 未完成
2.DDC 控制箱清洁	□ 完成	□ 未完成
3.检查 DDC 控制箱接线情况	□ 完成	□ 未完成

季度维护保养项目

控制主机系统

1.对主机进行系统检查杀毒,数据整理、备份、存档	□ 完成	□ 未完成
2.对受 BA 监控的设备设施进行全面检查校对	□ 完成	□ 未完成
3.监控主机表面及内部清洁除尘	□ 完成	□ 未完成
4.监控软件程序检查及数据备份	□ 完成	□ 未完成
5.报警点测试	□ 完成	□ 未完成

信号传输系统

线路及通信模块检查	□ 完成	□ 未完成

前端执行机构

各类传感器检查校正	□ 完成	□ 未完成

本次工作中发现的问题及需要处理的事项:

1.＿＿＿＿＿＿＿＿＿＿＿＿＿＿＿＿＿＿＿＿＿ □已更换 □已维修
2.＿＿＿＿＿＿＿＿＿＿＿＿＿＿＿＿＿＿＿＿＿ □已更换 □已维修

维护人员签字:＿＿＿＿＿＿＿　　　　部门负责人签字:＿＿＿＿＿＿

表 9-2　BA 系统故障维修记录表

使用单位	
维修单位	
故障表现	

续表

故障原因	
故障处理方法	
需要更换的设备或构配件报价	
使用单位签字（盖章）	年　月　日
维修单位签字（盖章）	年　月　日

任务二　现场设备的运行管理与维护

教学目标

终极目标：会进行日常管理及维护 BA 系统的现场设备。

促成目标：1. 能讲解 BA 系统的现场设备组成。

　　　　　2. 会进行日常管理 BA 系统的现场设备。

　　　　　3. 会维修 BA 系统的现场设备的简单故障。

工作任务

1. 维护 BA 系统的现场设备。
2. 进行简单故障的维修。

相关知识

一、现场设备的组成

BA 系统的现场设备主要包括传感器、变送器、执行机构等,用来进行数据采集及功能检测。

根据系统设计监控要求,电信号分为模拟量和开关量。传感器、变送器是将各种物理量(温度、湿度、压差、流量、电动阀开度、液位、电压、电流、功率、功率因数、运行状态等)转换成相应的电信号的装置。

执行机构是根据 DDC 输出的控制信号进行工作的装置。现场执行器主要为风阀执行器和水阀执行器。水阀执行器使用 24 V(空调机为 220 V)交流电源供电,控制信号为 10 V 直流电源。正常情况下,当控制信号从 0 变到 10 V 时,阀的开度也应该从 0 变到 100%。风阀执行器使用 24 V 交流电源,控制信号 10 V 直流。

BA 系统对建筑设备的监控通常是按功能与区域实现的。因此,检测功能也是按区域进行的。以空调和公共照明区域为例。空调区域是人们工作、休息的场所,在 BA 系统的控制下,空调系统应保证提供舒适的室内温度和良好的空气品质。检测空调和公共照明区域的项目如下:检测中央管理站对空调系统的控制是否能按时间表进行;检测空调区域温度、湿度是否与中央管理站显示数据相符;检测室内二氧化碳含量是否符合卫生标准;检测能否根据时间程序,控制公共照明区域灯的开关和设置夜间照明,以达到节能的目的。通过对以上 3 个层次和功能的检测,可以对 BA 系统的实时性、可靠性、安全性、易操作性、易维护性、设备的安装质量、控制精度作出综合评价。

现场设备通过网络通信设备与直接数字控制器(DDC)连接,传输的信号共包含 4 类,即模拟量输入(AI)点、模拟量输出(AO)点、数字量输入(DI)点、数字量输出(DO)点。

①模拟量输入(AI)点:包括温度、湿度、二氧化碳、一氧化碳、新风流量等检测。

温度检测:当某一温度偏离正常情况下,如 −46 ℃ 或 121 ℃ 时,则表示此温度处于故障状态。传感器使用的是 10 kT 的热敏电阻,正常阻值小于 500 Ω,发生故障时,在对应的 DDC 控制的接线端子上测量其阻值是否在正常范围内,若为负数则表示现场短路;为无穷大则表示现场开路,检查端子至传感器的线,即可恢复正常。

湿度检测:当某一湿度与其他湿度值出现较大偏差,或长期为 88% 左右,则表示此湿度处于故障状态。湿度传感器的反馈信号为 0 ~ 10 V DC 电压,通过在对应端子处电压的测量,可判断线路或湿度传感器是否正常,针对维护,即可恢复正常。

②模拟量输出(AO)点:主要为阀位控制。水阀控制输出指令均为 0 ~ 10 V 电压。当阀位开度与上位人机界面的显示有较大出入时,可通过在端子上测量电压,看上位界面设置为

50%时,电压是否为5 V,顺线检测执行器端电压是否一致。如果端子电压与执行器端电压不一致,检查线路并更换。

③数字量输入(DI)点:主要包括各种状态、手/自动及故障点。DI点为无源触点,当受控设备处于闭合状态时,如果正常情况下,状态点不能返回,则应该用万用表测量二次回路控制柜对应端子是否闭合,如果端子未闭合,则为二次回路控制柜问题,由相关方调整。

④数字量输出(DO)点:主要是对设备的控制。发出控制指令会使相应的继电器吸合,使受控端线路闭合。用上位发出控制指令,是否有继电器吸合声,若无,则检查受控设备端线路。

二、现场设备的运行维护

现场设备的检测项目如下:检查现场的传感器、变送器、执行机构、DDC箱安装是否规范、合理,便于维护,如图9-3所示;检测中央管理站所显示的数据、状态是否与现场的读数、状态一致;检测执行机构的动作范围、动作顺序是否与设计的工艺相符;当参数超过允许范围时,是否产生报警信号;在中央管理站控制下的执行机构动作是否正常。

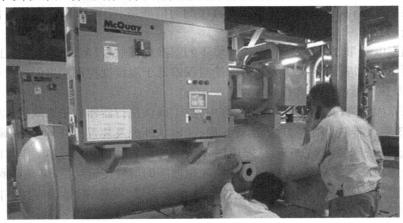

图9-3 现场设备维护

(1)通信干线的维护和检修

系统运作期间,确保通信线路的线路状况良好:①诊断、排除通信线路故障;②视需要,提出改善线路质量的方案或技术观点。通信干线的保障是整个BA系统稳定运行的一个重要因素,一旦通信干线出现故障,应属于首要解决的事件。

通信线路的维护保养内容包括信号端接检查、屏蔽端接检查、屏蔽接地检查、压降测试、线路整理等,可随DDC控制器维护同步进行。当发生通信线路故障时,先检查DDC箱体内部,确诊线路中间出现断路、短路等现象时,进行线路检修,必要时重新穿线。

(2)弱电供电线路的维护和检修

系统运作期间,确保弱电设备电力的持续稳定:①诊断、排除电路故障;②针对多发性故障,采用适用方法,消除隐患,增强供电稳定性。弱电供电线路的保障是整个BA系统稳定运行的一个重要因素,供电线路的故障将造成多个设备的关闭,会造成一定的影响。

弱电供电线路的维护保养内容包括电源端接检查、极性检查、空开检查、保险丝检查、压降测试、线路整理等,可随DDC控制器维护同步进行。当发生供电线路故障时,先检查DDC箱体内部,确诊线路中间出现断路、短路等现象时,进行线路检修,必要时重新穿线。

（3）温度传感器的维护和检修

一般的保养周期为每年两次。维护检修内容：①确认器件是否缺损、受潮；②确认外观及装置内外环境；③确认设备功能及检测；④确认DDC检测电源的电压电源状态；⑤确认各端子连接器连接状态；⑥确认设备与控制器直接的通信联络；⑦确认器件内外清洁；⑧确认器件安装是否松动。

（4）压力变送器的维护和检修

一般的保养周期为每年两次。维护检修内容：①确认器件是否缺损、受潮；②确认外观及装置内外环境；③确认设备功能及检测；④确认输入电源、DC电源的电压电源状态；⑤确认各端子连接器连接状态；⑥确认设备与控制器直接的通信联络；⑦确认器件内外清洁；⑧确认器件安装是否松动。

（5）温湿度传感器的维护和检修

一般的保养周期为每年两次。维护检修内容：①确认器件是否缺损、受潮；②确认外观及装置内外环境；③确认设备功能及检测；④确认输入电源、AC电源的电压电源状态；⑤确认各端子连接器连接状态；⑥确认设备与控制器直接的通信联络；⑦确认器件内外清洁；⑧确认器件安装是否松动。

用手持温湿度测量仪，检测任意监控环境下的温湿度，测量仪测试值与系统工作站显示的温湿度传感器检测值进行比较，当显示值的绝对误差低于温湿度控制精度时为合格。

（6）阀门及执行器的维护和检修

一般的保养周期为每年两次。维护检修内容：①确认执行器器件是否缺损；②确认器件接线是否良好；③确认器件手/自动是否运转正确；④确认外观及装置内外环境；⑤确认设备供电状况；⑥确认该设备安装状况；⑦确认停电时该设备的动作；⑧确认正常工作时的设备功能；⑨确认各端子连接器连接状态；⑩确认设备与控制器间的信号传输功能；⑪确认阀门的开关状态；⑫检测执行器的线性调节度；⑬确认电控器件是否变形、发热、损坏；⑭对器件清洗，除尘，润滑；⑮确认阀体是否渗水。

三、现场设备常见故障分析

现场设备工作环境恶劣，各种干扰并行存在，因此，现场设备故障率较高。

（1）执行器不动作

首先检查是否有24 V交流电源。如果没有，到柜子里相应位置检查，模块是否送出命令或者保险丝是否烧断。若无以上问题，检查线路是否正常。

（2）执行器动作方向相反

应调节执行器上的正反向旋钮，使其旋到另一方向。如果此时执行器动作方向仍无改变，则应检查是否有控制信号送出。到柜子里用万用表实际测量，如果实际测不到，可能通道损坏。如果模块正常，可能是线路问题，检查线路。

（3）执行器动作不到位

一般阀执行器采用24 V AC电源对调节阀进行驱动，0～10 V DC返回电压信号显示阀门的开度。当操作人员发现阀门开度与控制信号有很大差别时，可按下列方式检查：

①在现场切断相应控制箱的电源，然后打开相应的阀门驱动器外壳，手动转动驱动器上的齿轮，检看阀门是否淤塞。

②检查控制箱外部和内部的接线,查看是否有问题。

③检查控制器的输出电压是否正常,如不正常,则可能是控制器出现问题。请与生产厂家联系。

④如以上 3 项均正常,则可能是驱动器有问题,请与相应厂商联系,更换另一个新的驱动器。

(4)压差开关故障

压差开关为一个开关量信号,接至压差开关的信号线共有 2 条。当发现现场的信号与实际状态不符时,可按照下列方式检查:

①检查控制箱外部和内部的接线,查看是否有问题。

②试吹其中的一根"＋"管,如果有状态改变,则为正常。

③如②项不正常,则可能是传感器有问题,请与相应厂商联,更换另一个新的驱动器。

(5)液位开关故障

液位开关为一个开关量信号,接至液位开关的信号线共有两条。当发现现场的信号与实际状态不符时,可按照下列方式检查:

①检查控制箱外部和内部的接线,查看是否有问题。

②查看液位浮球朝向是否放反。

(6)传感器故障

系统运行时间较长后,风温度传感器结垢会造成风温不准。冷热源系统上安装的水温度传感器,在夏季的时候,由于室外温度很高,而水温度传感器只有 10 ℃左右,常由于水温度传感器与外界的封口不严密,造成空气中的水蒸气冷凝在水温度传感器的管道内,就会造成水温度传感器测温不准,这是个比较典型的维护问题。解决办法就是对水温度传感器的封口进行特殊处理。

 任务实施

一、任务提出

到一幢智能楼宇的物业工程部实习,负责 BA 系统现场设备的维护管理。

二、任务目标

1. 能独立进行 BA 系统现场设备的管理维护。

2. 能维修简单的 BA 系统现场设备故障。

三、实施步骤

1. 教师进行分组教学,3 ~ 5 人一组。

2. 分批跟随负责 BA 系统现场设备管理维护的技术人员进行实习,边做边学。

3. 填写 BA 系统现场设备维护作业记录表,见表 9-1。

4. 维修 1 ~ 2 个简单 BA 系统现场设备故障,记录到表 9-2 中。

四、任务总结

1. 任务实施过程中,要时刻遵守各项安全制度。教学采用分组形式,实施前要进行实训安全教育。

2. 利用 2 课时,进行实习总结。每一组都要做实习分享。

3. 任务结束后,学生要完成相应的实训报告书。

思考与练习

1. 简述 BA 系统现场设备的组成。

2. 学校报告厅中央空调每年开启之前,监测系统中的温度传感器应如何维护保养。

3. 学校报告厅中央空调风阀阀门总是不能完全打开,简述引起此故障的原因及处理方法。

4. 发现学校报告厅中央空调监测系统中的压差开关传递的现场信号总是与实际状态不符,简述引起此故障的原因及处理方法。

任务三　中央管理站的运行管理与维护

教学目标

终极目标:会进行日常管理及维护维修中央管理站系统。

促成目标:1. 能讲解中央管理站系统的组成。

　　　　　2. 会进行日常管理中央管理站系统。

　　　　　3. 会维修中央管理站系统的简单故障。

工作任务

1. 维护中央管理站系统。

2. 进行简单故障的维修。

相关知识

一、中央管理站系统组成

中央管理站是对楼宇内各子系统的 DDC 站数据进行采集、刷新、控制和报警的中央处理装置,如图 9-4 所示。一般是以 Windows NT 为操作平台,采用工业标准的应用软件、集散控制系统、二级网络结构,全中文化的图形化操作界面监视整系统的运行状态,提供现场图片、工艺流程图(如空调控制系统图)、实时曲线图、监控点表、绘制平面布置图,以形象直观的动态图形方式显示设备的运行情况。绘制平面图或流程图并嵌以动态数据,显示图中各监控点状态,提供修改参数或发出指令的操作指示。

可提供多种途径查看设备状态,如通过平面图或流程图,通过下拉式菜单或功能键进行常用功能操纵,以单击鼠标的方式可逐级细化地查看设备状态及有关参数。

图 9-4　中央管理站

能在中央站上通过对图形的操作即可对现场设备进行手动控制,如设备的 ON/OFF 控制;通过选择操作可进行运行方式的设定,如选择现场手动方式或自动运行方式;通过交换式菜单可方便地修改工艺参数。

对系统的操作权限有严格的管理,以保障系统的操作安全。对操作人员以通行证的方式进行身份的鉴别和管制。操作人员根据不同的身份可分为从低到高 5~10 个安全管理级别。

当系统出现故障或现场的设备出现故障及监控的参数越限时,均产生报警信号,报警信号始终出现在显示屏最下端,为声光报警,操作员必须进行确认报警信号才能解除,但所有报警多将记录到报警汇总表中,供操作人员查看。报警共分 4 个优先级别。

报警可设置实时报警打印,也可按时或随时打印。

对有研究与分析价值、应长期进行保存的数据,建立历史文件数据库:采用流行的通用标准关系型数据库软件包和硬盘作为大容量存储器建立数据库,并形成曲线图等显示或打印功能。

提供汇总报告,作为系统运行状态监视、管理水平评估、运行参数进一步优化及作为设备管理自动化的依据,如能量使用汇总报告,记录每天、每周、每月各种能量消耗及其积算值,为节约使用能源提供依据;又如设备运行时间、起停次数汇总报告(区别各设备分别列出),为设备管理和维护提供依据。

可提供图表式的时间程序计划,可按日历订计划,制订楼宇设备运行的时间表。可提供按星期、按区域及按月历及节假日的计划安排。

二、中央管理站系统运行维护

1. 中央管理站硬件维护内容

确认外观及装置内外环境状态;用毛刷及吸尘器对计算机内部灰尘进行清洁;确认内部 LED 点亮动作;确认印刷线路板安装状态;确认各输入电源、DC 电源的电压;确认各端子连接器连接状态;确认配线箱布线状态;计算机内部清洁除尘;定期进行数据备份;在中央管理站上观察现场状态的变化,中央管理站屏幕上的状态数据是否不断被刷新及其响应时间;通过中央管理站控制下属系统模拟输出量或数字输出量,观察现场执行机构或对象是否动作正确、有效及动作响应返回中央管理站的时间;人为在 DDC 站的输入侧制造故障时,观察在中央管理站屏幕是否有报警故障数据登录,并发出声响提示及其响应时间;人为制造中央管理站失电,重新恢复送电后,中央管理站是否丢失数据,能否自动恢复全部监控管理功能。

2. 中央管理站软件维护内容

①系统时间表设置检查:查看时间表设置的情况,各个设备开启时间、关闭时间的设置是否符合设备管理要求;查看各个启停点的设置,各个设备是否都处于定时模式;查看各个设备的开启、关闭状态,各个设备的实际运行状态是否符合时间表的要求。上述情况如有误操作,或者软件功能存在偏差,需进行修正。

②数据交换检查:系统软件应能正确反映现场各个 DDC 内部的数据,各类数据点包括模拟量、开关量点,应按规定的方式在图形上显示;检查中央工作站所有界面,当界面上存在坏点时,属于软件的问题,应进行完善。

③图形编辑功能测试:系统人机界面软件应具有丰富的图形库及灵活的空调、冷冻机房、锅炉房、给排水、供电、建筑结构平面等图形创建与编辑功能。各个图形可以根据用户的需要,进行少量调整和优化。

④数据趋势曲线显示检查:对于存储的模拟量数据,能用趋势曲线来显示、且时间刻度及信号幅度均可任意设置为合格。

⑤报警监测:检查工作站软件上的报警设置,是否与用户的要求相一致。利用管理员身份登录系统,对新增的报警点进行设置,对多余的报警点进行反设置。选择部分报警点,人为将其设置成报警信号,系统工作站立即弹出报警信号,在打印机上打印出与该报警信号有关的信息为合格。

⑥控制参数设置检查:在系统工作站将任意一台空调设备的温度设置值改变,则设备按新的设置值运行为合格。

⑦通信检查:在中央工作站打开系统拓扑图,所有的控制器都应反映在界面上,并且所有控制器都应属于在线状态;检查系统的波特率、通信口设置,与设计一致为合格;检查各个控制器的地址、波特率设置,与设计一致为合格。

3. 中央管理站控制功能测试

①系统调节功能检测:在中央设定各个调节量的设定值(如温度、湿度、压力等变量的设定值),各个受控变量能稳定在设定值,且系统的调节具有快速性、稳定性、跟踪性为合格。

②系统逻辑功能检测:部分控制对象的自控启停是基于约定的逻辑关系,如连锁控制、延时控制、阀值控制等。检查各个设备应处于正确的运行状态,符合设备的工艺要求,且具有快速动作、延时准确为合格。

③系统报警联动功能检测:现场模拟设备的报警,系统因报警而发生正常的联动为合格,如自动停机功能和切换功能。

④系统的联动测试:综合联动测试;所有子系统间的联动功能确认。

三、中央管理站系统常见故障分析

中央管理站出现故障概率相对较少,但是一旦出现故障,影响较大,可能会导致整个系统无法正常运行。

①网络控制器离线。当操作站计算机显示某台网络控制器离线(Offline)时,可按以下方法检查:

a. 检查中控室至网络控制器之间的连线是否正常。

b. 检查网络控制器的电源是否正常。

c. 检查网络控制器的灯关闪烁是否有红灯,及通信等闪烁是否在交替闪烁。

d. 如果以上 3 项均为正常,有可能是设备本身出现故障,请与生产厂家联系。

②DDC 有掉线(控制点位变黄并不停跳动)。ping 一下控制器的地址看是否可以连接到现场控制器(开始菜单里面运行里面输入 cmd,跳出一个对话框,里面输入 ping 192. 168. 1. 126(以这个地址为例),如果 received 的数据是 4,说明控制器连接正常,如果为零说明连接有问题,可以到弱电井看一下网线是否松脱。把网线插好即可恢复正常)。

③控制点位不停地跳动。说明控制器掉过电,只需将计算机重启即可恢复,点位将不再跳动。

④湿度、温度、反馈的信号显示不正常。首先检查控制柜 24 V 电源是不是正常,电压如果正常,就看接线是否有问题,如果都正常,就用万用表量一下对应端子是否有电压传输过来。如果没电压就是传感器损坏,要及时更换,如果有电压,可能是 DDC 控制器有问题要即时报修。

⑤变频器启动不正常(或起不来)。首先看一下对应端子的信号是否送到,再检查变频器是不是报故障,有可能会报过流或者过压,一般来说只需将变频器断电重启即可,如果重启之后还报故障,就要请变频器厂家维修。

⑥计算机突然操作不了,或者卡机,最简单的办法就是重启计算机。

⑦如果变频器失控,为了安全起见,造成不必要的损坏,可以打到手动控制,即时向厂家报修。

⑧对于副控计算机,如果显示不了控制界面(打不开控制界面),检查主控计算机是否开启,或者网线是否脱落。或者用 ping(上面详细说明过)来看通信是否正常。如果都正常,还是显示不了,就要及时报修。

 任务实施

一、任务提出

到一幢智能楼宇的物业工程部实习,负责 BA 系统中央管理站的维护管理。

二、任务目标

1. 能独立进行 BA 系统中央管理站的管理维护。

2. 能维修简单的 BA 系统中央管理站故障。

三、实施步骤

1. 教师进行分组教学,3～5 人一组。

2. 分批跟随负责 BA 系统中央管理站管理维护的技术人员进行实习,边做边学。

3. 填写 BA 系统中央管理站维护作业记录表,见表 9-1。

4. 维修 1～2 个简单 BA 系统中央管理站故障,记录到表 9-2 中。

四、任务总结

1.任务实施过程中,要时刻遵守各项安全制度。教学采用分组形式,实施前要进行实训安全教育。

2.利用2课时,进行实习总结。每一组都要做实习分享。

3.任务结束后,学生要完成相应的实训报告书。

 思考与练习

1.简述 BA 系统中央管理站的组成。

2.BA 系统启用时,中央管理站的功能应该如何进行测试?

3.中央管理站管理软件总是无法打开,应该怎样进行维修?

4.中央管理站组态界面显示数据与实际不对应,简述引起此故障的原因及处理方法。

参考文献

［1］吴斌.现代建筑智能化系统运行与维护管理手册［M］.北京:中国电力出版社,2013.

［2］杨少春.楼宇智能化工程技术［M］.北京:电子工业出版社,2012.

［3］吕景泉.楼宇智能化系统安装与调试［M］.北京:中国铁道出版社,2011.

［4］方忠祥.智能建筑设备自动化系统设计与实施［M］.北京:机械工业出版社,2013.

［5］黄河.建筑设备控制系统施工［M］.北京:中国建筑工业出版社,2005.

［6］百度文库中相关网络资源.

参考文献

[1] ...
[2] ... 中国电力出版社, 2012.
[3] ... 北京: 中国建筑工业出版社, 2011.
[4] ... 北京: 机械工业出版社, 2013.
[5] ... 北京: 中国电力出版社, 2005.
[6] ...